주기율표

주기 \ 족	1	2	3	4	5	6	7	8	9
1	H 1 Hydrogen 수소 1.007								
2	Li 3 Lithium 리튬 6.941	Be 4 Beryllium 베릴륨 9.0122							
3	Na 11 Sodium 소듐(나트륨) 22.9898	Mg 12 Magnesium 마그네슘 24.305							
4	K 19 Potassium 포타슘(칼륨) 39.0983	Ca 20 Calcium 칼슘 40.078	Sc 21 Scandium 스칸듐 44.9559	Ti 22 Titanium 타이타늄 47.867	V 23 Vanadium 바나듐 50.9415	Cr 24 Chromium 크로뮴 51.9961	Mn 25 Manganese 망가니즈 54.938	Fe 26 Iron 철 55.845	Co 27 Cobalt 코발트 58.9332
5	Rb 37 Rubidium 루비듐 85.4678	Sr 38 Strontium 스트론튬 87.62	Y 39 Yttrium 이트륨 88.9059	Zr 40 Zirconium 지르코늄 91.224	Nb 41 Niobium 나이오븀 92.9064	Mo 42 Molybdenum 몰리브데넘 95.94	Tc 43 Technetium 테크네튬 98.9063	Ru 44 Ruthenium 루테늄 101.07	Rh 45 Rhodium 로듐 102.9055
6	Cs 55 Cesium 세슘 132.9055	Ba 56 Barium 바륨 137.327		Hf 72 Hafnium 하프늄 178.49	Ta 73 Tantalum 탄탈럼 180.9479	W 74 Tungsten 텅스텐 183.84	Re 75 Rhenium 레늄 186.207	Os 76 Osmium 오스뮴 190.23	Ir 77 Iridium 이리듐 192.217
7	Fr 87 Francium 프랑슘 223.0197	Ra 88 Radium 라듐 226.0254		Rf 104 Rutherfordium 러더포듐 261.1088	Db 105 Dubnium 더브늄 262.1142	Sg 106 Seaborgium 시보귬 266.1219	Bh 107 Bohrium 보륨 264.1247	Hs 108 Hassium 하슘 269.13	Mt 109 Meitnerium 마이트너륨 268.1388

	주기						
란타넘족 (Lanthanides)	6	La 57 Lanthanum 란타넘 138.9055	Ce 58 Cerium 세륨 140.116	Pr 59 Praseodymium 프라세오디뮴 140.9077	Nd 60 Neodymium 네오디뮴 144.24	Pm 61 Promethium 프로메튬 146.9151	Sm 62 Samarium 사마륨 150.36
악티늄족 (Actinides)	7	Ac 89 Actinium 악티늄 227.0278	Th 90 Thorium 토륨 232.0381	Pa 91 Protactinium 프로트악티늄 231.0359	U 92 Uranium 우라늄 238.0289	Np 93 Neptunium 넵투늄 237.0482	Pu 94 Plutonium 플루토늄 244.0642

금속 (Metal)

준금속 (Semimetal)

비금속 (Nonmetal)

원소 기호 → C 6 ← 원자 번호
영어명 → Carbon
한글명 → 탄소
원자량 → 12.011

Periodic Table of the Elements

10	11	12	13	14	15	16	17	18
								He 2 Helium 헬륨 4.0026
			B 5 Boron 붕소 10.811	C 6 Carbon 탄소 12.011	N 7 Nitrogen 질소 14.0067	O 8 Oxygen 산소 15.9994	F 9 Fluorine 플루오린 18.9984	Ne 10 Neon 네온 20.1797
			Al 13 Aluminium 알루미늄 26.9815	Si 14 Silicon 규소 28.0855	P 15 Phosphorus 인 30.9738	S 16 Sulfur 황 32.0650	Cl 17 Chlorine 염소 35.4533	Ar 18 Argon 아르곤 39.948
Ni 28 Nickel 니켈 58.6934	Cu 29 Copper 구리 63.546	Zn 30 Zinc 아연 65.409	Ga 31 Gallium 갈륨 69.723	Ge 32 Germanium 저마늄 72.64	As 33 Arsenic 비소 74.9216	Se 34 Selenium 셀레늄 78.96	Br 35 Bromine 브로민 79.904	Kr 36 Krypton 크립톤 83.798
Pd 46 Palladium 팔라듐 106.42	Ag 47 Silver 은 107.8682	Cd 48 Cadmium 카드뮴 112.411	In 49 Indium 인듐 114.818	Sn 50 Tin 주석 118.71	Sb 51 Antimony 안티모니 121.76	Te 52 Tellurium 텔루륨 127.6	I 53 Iodine 아이오딘 126.9045	Xe 54 Xenon 제논 131.293
Pt 78 Platinum 백금 195.078	Au 79 Gold 금 196.9666	Hg 80 Mercury 수은 200.59	Tl 81 Thallium 탈륨 204.3833	Pb 82 Lead 납 207.2	Bi 83 Bismuth 비스무트 208.9804	Po 84 Polonium 폴로늄 208.9824	At 85 Astatine 아스타틴 209.9871	Rn 86 Radon 라돈 222.0176
Ds 110 Darmstadtium 다름스타튬 271.15	Rg 111 Roentgenuim 뢴트게늄 272.1535	Cn 112 Copernicium 코페르니슘 (277)	Nh 113 Nihonium 니호늄 (284.18)	Fl 114 Flerovium 플레로븀 (289.19)	Mc 115 Moscovium 모스코븀 (288.19)	Lv 116 Livermorium 리버모륨 (293)	Ts 117 Tennessine 테네신 (294)	Og 118 Oganesson 오가네손 (294)

Eu 63 Europium 유로퓸 151.964	Gd 64 Gadolinium 가돌리늄 157.25	Tb 65 Terbium 터븀 158.925	Dy 66 Dysprosium 디스프로슘 162.5	Ho 67 Holmium 홀뮴 164.93	Er 68 Erbium 어븀 167.259	Tm 69 Thulium 툴륨 168.9342	Yb 70 Ytterbium 이터븀 173.04	Lu 71 Lutetium 루테튬 174.967
Am 95 Americium 아메리슘 243.0614	Cm 96 Curium 퀴륨 247.0703	Bk 97 Berkelium 버클륨 247.0703	Cf 98 Californium 캘리포늄 251.0796	Es 99 Einsteinium 아인슈타이늄 252.083	Fm 100 Fermium 페르뮴 257.0951	Md 101 Mendelevium 멘델레븀 258.0984	No 102 Nobelium 노벨륨 259.101	Lr 103 Lawrencium 로렌슘 262.1097

GENERAL CHEMISTRY

대학 일반화학실험

이주운 · 김현주 · 오영호 · 전종석 지음

LABORATORY EXPERIMENT

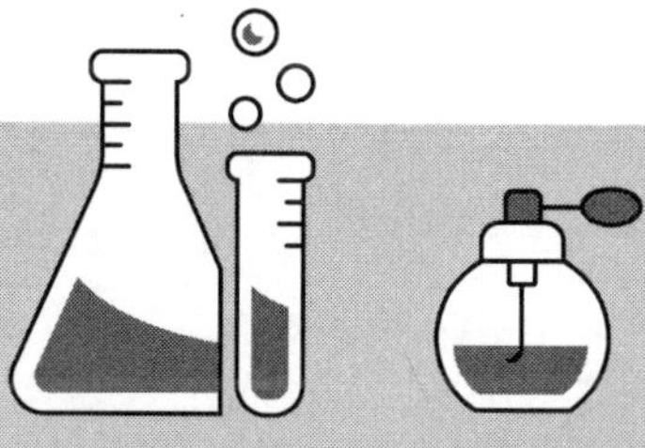

자유아카데미

Preface

과학기술이 발전하고 이에 따른 각종 정책과 관련한 국제 사회적 문제가 심화하면서, 미래지향적이고 합리적인 판단의 중요성이 높아지고 있습니다. 이러한 판단의 기반이 되는 것은 자연현상과 자연과학의 이치를 이해하고 분석하는 통섭적 사고력이며, 또한 탐구적인 학습입니다. 일반적으로 자연과학은 물리학, 화학, 생물학, 지구과학 등 자연을 대상으로 하는 기초적인 과학을 의미합니다. 그 가운데 화학은 물질을 다루는 학문으로, 실험을 통하여 결과를 얻고 그 결과를 분석하고 평가하는 방법과 내용, 즉 실험적인 내용에 기반을 두고 그에 맞춰 화학 이론이 정립되고 발전되어 왔다고 할 수 있습니다. 따라서 다른 자연과학, 공학, 또는 보건 분야에 필요한 기초 지식을 유기적으로 제공하는 중심학문이라 할 수 있습니다.

화학은 이론적 내용의 이해를 중심으로 한 실험적 학문입니다. 따라서 기초적인 화학실험을 통하여 이론을 이해하면서 배운다면 화학은 충분히 재미있고 매력적인 학문이라는 것을 깨닫게 될 것입니다. 그럼에도 불구하고, 지난 이십여 년 가까이 대학에서 일반화학 및 일반화학실험을 강의하면서 매번 강의 때마다 느꼈던 아쉬움은 아직도 많은 학생들의 인식 속에 화학이 어려운 학문으로 자리 잡혀 있다는 것입니다. 이에 일반화학의 기본적인 개념과 원리에 대한 이해를 바탕으로, 실험결과에 대한 분석과 평가과정을 거쳐 결론을 도출하는 논리적 사고력을 향상시킬 수 있는 강의 및 교재의 필요성이 절실하였습니다.

본 교재는 일반화학실험을 통해 기초적인 실험 기술을 습득하고 화학의 기본 이론을 배울 수 있도록, 대학의 전반적인 일반화학 교과과정에 맞게 핵심적인 주제에 대한 비교적 간단한 실험들로 구성하였습니다. 이 교재의 Part 1에서는 실험실습에 앞서 반드시 숙지해야 할 실험실 안전사고 예방과 응급처치 요령, 기본적인 실험기구, 실험보고서의 중요성 및 작성 요령 등에 대한 일반적인 실험지침을 소개하였고, Part 2에서는 학생들이 쉽게 이해하고 따라 할 수 있도록 각 실험의 목적, 원리, 실험기구 및 시약, 실험에 따른 주의사항, 실험방법 등을 자세히 설명하였습니다. 실험결과 부분은 실험 순서 및 계산 순서에 맞게 정렬해 두었습니다. 또한, 보고서 작성 시 반드시 이해하고 기록해야 할 핵심 내용에 대해서는 '복습' 항목에 거듭 정리하였습니다. 마지막으로 Part 3 부록에서는 일반화학실험과 관련된 상수, 측정 단위 및 환산 인자, 유해 화학물질의 위험분석 등을 제공하였습니다.

본 교재에서 사용한 화합물의 명칭은 대한화학회에서 정한 원칙에 따라 가능한 한 영어 원명에 가깝도록 표기하였으며, 기타 용어들도 대한화학회의 화학 술어집을 참고하였습니다. 좋은 책을 위해 노력하였으나 부족한 부분이 있을 수 있습니다. 이 점은 양해를 바라며, 추후 수정사항 등은 자유아카데미 홈페이지 자료실(www.freeaca.com)을 통해 제공할 예정이니 참고하기 바랍니다.

마지막으로 이 책이 출판되기까지 교정과 편집을 위하여 수고한 자유아카데미 관계자 여러분의 노고에 깊은 감사를 표합니다.

2026년 2월

대표 저자 국립한국교통대학교 교양학부/자유전공학부 이주운

Contents

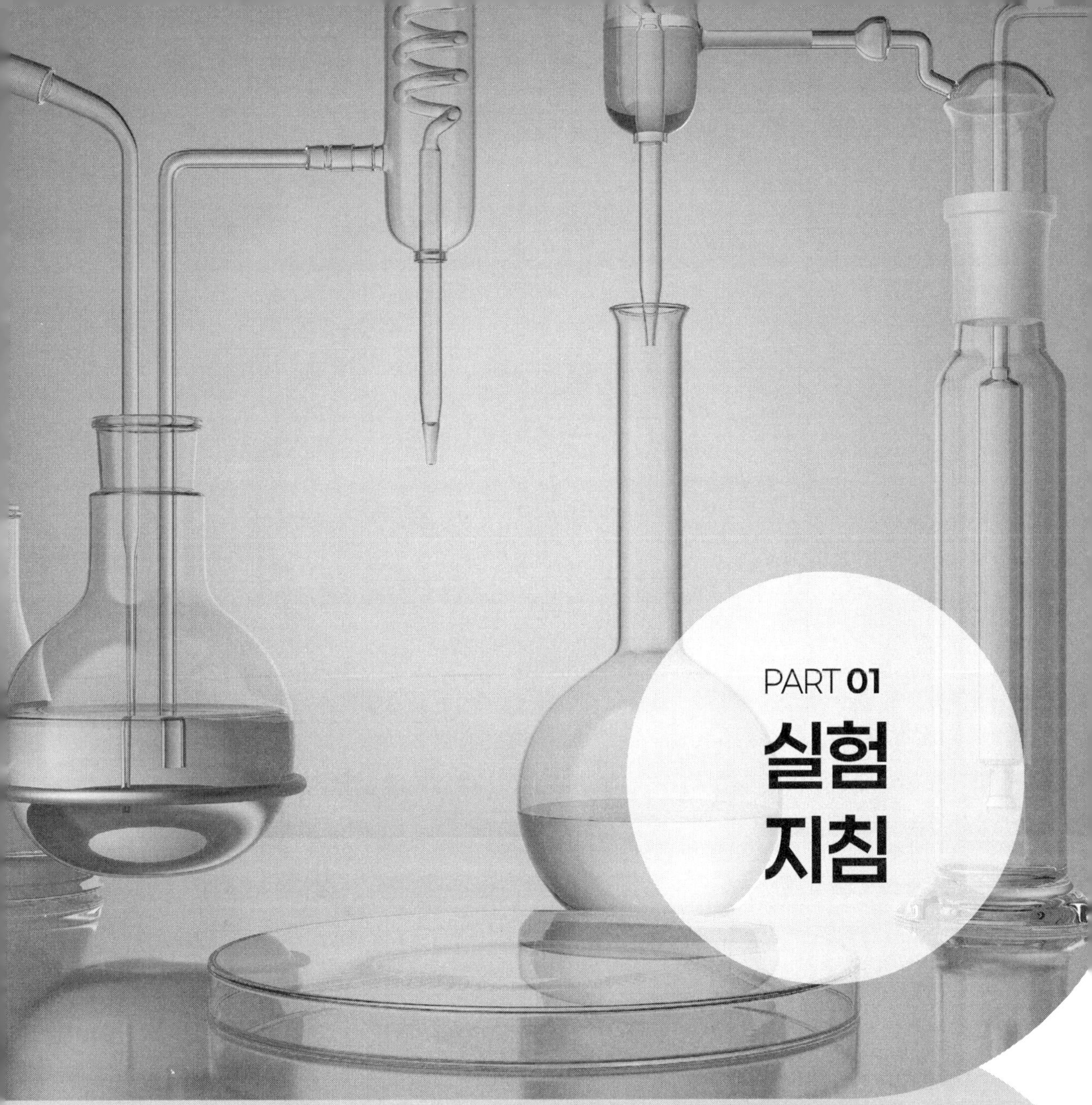

PART 01 실험 지침

- 실험실에서의 주의 사항
- 화학 물질의 오염 방지
- 실험실 사고에 대한 응급 처치 요령
- 실험실에서 쓰이는 기본 기구
- 화학 실험의 기본 사항
- 유효 숫자
- 오차의 정확도와 정밀도
- 스프레드시트 – Excel 사용법
- 실험 보고서 작성 요령
- 안전 수칙 준수 동의서

실험실에서의 주의 사항

모든 화학 실험은 위험을 최소로 하는 것을 전제로 하여 계획되고 있지만 아무리 주의를 해도 사고가 종종 일어나기도 한다. 만약 오늘 실험할 것이 무엇이며, 어떻게 실험이 진행될 것이고, 그 실험에 대한 안전 수칙을 알고 있다면 사고를 최대한 예방할 수 있다. 또한, 부득이 사고가 나더라도 쉽게 빨리 응급 처치할 수 있을 것이다.

다음은 사고가 일어나지 않도록 잘 알아두어야 할 사항들이다.

1. 실험 내용의 예습을 철저히 하고 실험실에서는 반드시 가운을 입고 조용히 하며 정숙한 태도로 실험에 임해야 한다.
2. 실험실에서 담배를 피우거나, 술을 마시거나, 음식물을 먹지 않도록 한다.
3. 실험에 필요한 책 이외의 책, 가방 등은 지정된 장소에 놓아두어야 한다. 특히 실험대 위에 올려놓아서는 안 된다.
4. 실험실에서는 항상 신발을 신어야 하며 슬리퍼나 샌들을 신거나 맨발로 실험실을 출입해서는 안 된다.
5. 실험실에서는 혼자서 실험을 하면 안 된다. 교수나 조교가 있을 경우에만 하도록 한다.
6. 실험실에서는 허가되지 않은 실험은 절대로 해서는 안 된다.
7. 실험실을 나가기 전에 실험대 위를 닦고 비누와 물로 손을 꼭 씻는다.
8. 만일 실험실에서 사고가 났다면 즉시 교수에게 보고한다.
9. 유독하거나 몸에 해로운 증기를 발하는 화학 물질을 사용하거나 만드는 실험은 반드시 후드(fume hood) 내에서 진행해야 한다.
10. 시험관을 사용하여 가열하거나 반응을 일으킬 때는 시험관의 입구를 주위에 있는 다른 학생이나 자신을 향하게 해서는 안 된다.
11. 시약은 시약명을 재확인하고 오염되지 않도록 사용해야 하며, 어떠한 시약도 맛을 보아서는 안 된다. 또 냄새를 맡을 때는 자신의 얼굴을 향하여 손으로 부채질하여 맡아야 한다.

12. 유리 용기는 뜨거운 것인지 차가운 것인지를 구별하기 어렵기 때문에 유리 용기를 가열한 후 식힐 경우 즉시 손으로 잡으면 화상을 입을 염려가 있으므로 조심해야 한다. 특히 다른 사람이 만지지 않도록 주의한다.
13. 유리관, 유리 막대 또는 온도계 등을 고무마개 등에 삽입할 때 장갑이나 수건으로 이것들을 싸서 잡고 넣으면 손을 보호할 수 있다. 특히 물이나 글리세린 등을 이용하면 도움이 된다.
14. 산을 묽힐 때는 물을 산에 첨가하는 것이 아니라 항상 산을 물에 첨가해야 한다.
15. 대부분의 유기 용매는 불이 붙기 쉽다. 이 액체들은 불에 가까이 놓아서는 안 된다.
16. 유기 용매를 실험실 싱크대에 함부로 버려서는 안 된다. 꼭 조교 또는 교수의 지시를 따라야만 한다.
17. 액체 시약이나 용액을 싱크대에 버릴 경우 많은 물을 흘려보내 씻겨 내려가도록 한다.
18. 성냥, 종이 또는 고체 시약 등을 싱크대에 버리지 말아야 한다.
19. 깨어진 유리 용기는 쓰레기통에 버리지 말고 지정된 장소에 버린다.
20. 만약 유해한 화학 시약이 피부에 묻었을 경우 많은 양의 물로 씻어주고 지도 교수의 도움을 받아야 한다.
21. 만약 고체 시약 또는 액체 시약을 엎질렀을 경우 다른 학생들이 해를 받지 않도록 깨끗이 씻어야 한다.
22. 실험이 끝나면 기구를 닦아 시약병과 함께 제자리에 놓는다.
23. 버너 등 가열 장치를 사용하지 않을 경우는 항상 꺼 놓아야 한다.

화학 물질의 오염 방지

실험을 성공적으로 잘 하려면 사용되는 시약이 오염되지 않도록 하는 것이 매우 중요하다. 오염이 생길 가능성을 최소로 하기 위하여 다음과 같이 해야 한다.

1. 유리 용기를 씻은 후 마지막에는 증류수로 헹군다.
2. 동시에 하나 이상의 시약을 다루지 말아야 한다. 이렇게 하면 시약의 마개가 실수로 바뀌는 일이 없어진다.
3. 시약병을 선택할 때, 필요로 하는 화학 물질인지를 두 번 이상 재확인한다.
4. 실험대 위에 시약병의 뚜껑이나 마개를 함부로 놓아두지 않도록 한다.
5. 다른 고체 시약을 취할 경우 각각 다른 시약 주걱(spatula)을 이용한다.
6. 스포이트나 피펫을 이용하여 직접 시약병으로부터 액체 시약을 취하면 안 된다. 깨끗하고, 잘 말린 비커에 필요한 만큼의 액체 시약을 따르고 여기서 스포이트나 피펫을 이용하여 액체 시약을 취한다.
7. 원래 시약이 담겨져 있던 병으로부터 일정량의 시약을 취하고 난 후 이 시약이 고체이든 액체이든 남은 시약을 원래의 병 속에 다시 넣어서는 안 된다.
8. 저울 접시 위에 직접 시약을 놓고 무게를 재서는 안 된다. 무게를 다는 종이나 접시를 이용해야 한다.
9. 어떤 화학 물질은 용기의 마개와 반응하기도 한다. 만약 원래의 시약병 이외의 다른 용기에 화학 물질 또는 용액을 보관하려면 이 물질과 반응하지 않는 적당한 마개를 선택해야 한다.
10. 모든 시약병은 꼭 뚜껑을 닫아 놓아야 한다.

실험실 사고에 대한 응급 처치 요령

1. 화상을 입었을 경우: 즉시 찬물로 닦아 화기를 빼고 바셀린이나 아연화 연고를 바르고 세균의 감염을 막도록 한다.
2. 의복에 불이 붙었을 경우: 모포나 실험복으로 싸서 끄던지 소화기나 물로 끈다.
3. 유리 등에 의하여 상처를 입었을 경우: 옥시풀 또는 소독용 알코올로 소독하고 유리 파편이 들어 있지 않은 것을 확인한 후 페니실린 연고를 바른 후 붕대로 감는다.
4. 산이 피부에 묻었을 경우: 즉시 다량의 물로 씻은 후 묽은 탄산수소 소듐 용액으로 씻는다.
5. 알칼리가 피부에 묻었을 경우: 즉시 다량의 물로 씻은 후 아주 묽은 아세트산 용액으로 씻는다.
6. 브로민수가 피부에 묻었을 경우: 글리세린을 많이 바르고 문질러서 브로민과 반응시킨 후 닦아 내고 아연화 연고를 바른다.
7. 눈에 시약이 들어갔을 경우: 즉시 물로 충분히 씻은 후 의사의 검진을 받아야 한다.
8. 염소, 브로민 또는 황화 수소를 들이마셨을 경우: 깊게 심호흡을 한다. 할로젠을 들이마셨을 때는 알코올로 적신 솜뭉치로부터 증기를 마시면 기분이 좋아진다. 상당량의 증기를 들이마셨을 때는 인공호흡과 산소의 흡입이 필요하며, 지체 없이 의사의 검진을 받아야 한다.

실험실에서 쓰이는 기본 기구

시험관용 솔
(test-tube brush)

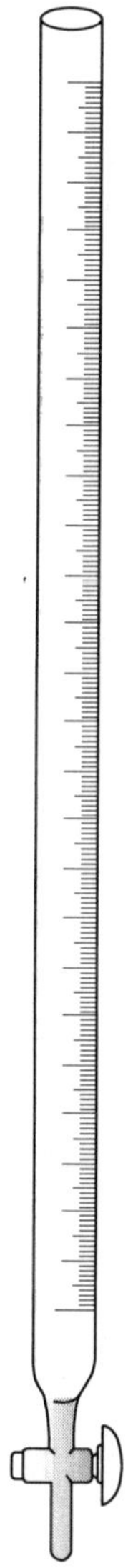

뷰렛(buret)

홀피펫(hole pipet)

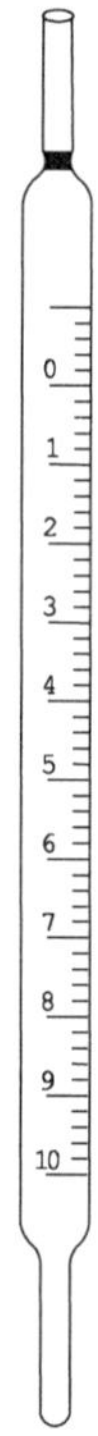

눈금 피펫
(graduated pipet)

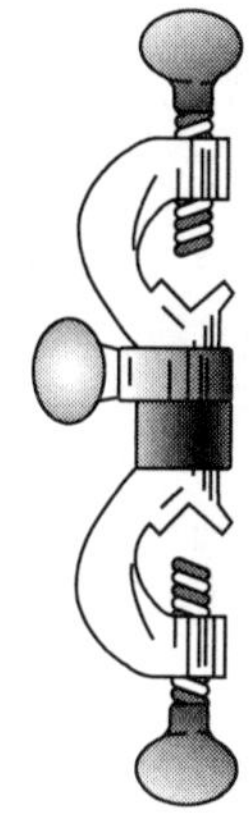

클램프(clamp)

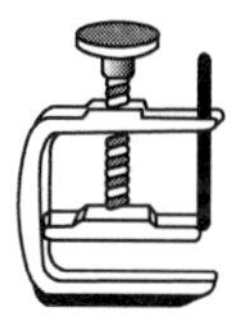

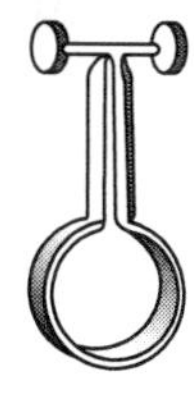

핀치 클램프
(pinch clamp)

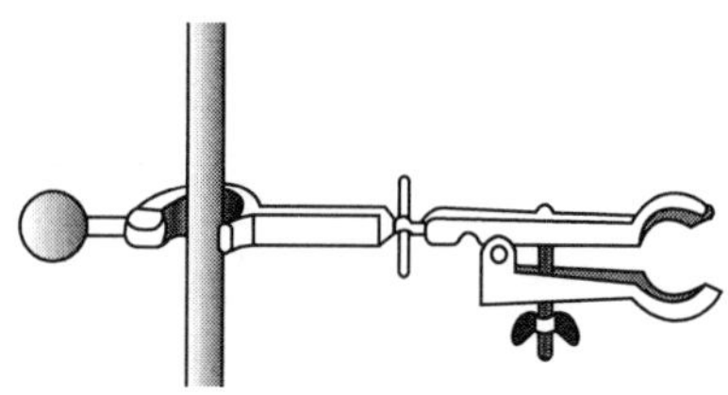

쇠 클램프(iron clamp)

비커(beaker)

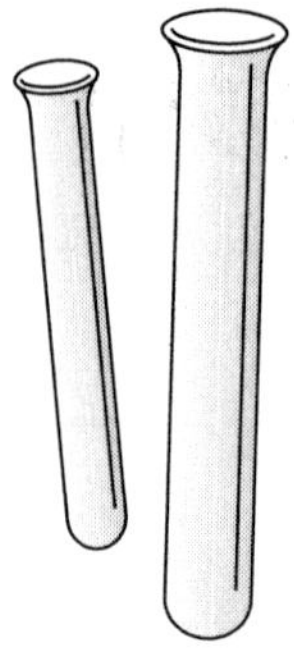

시험관
(test tube)

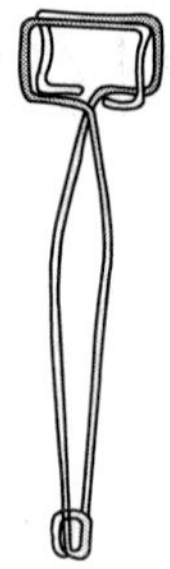

시험관 집게
(test tube holder)

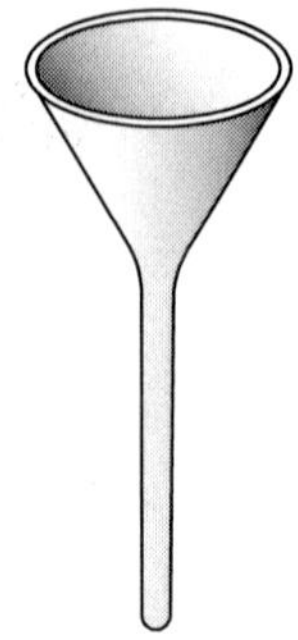

깔때기
(funnel)

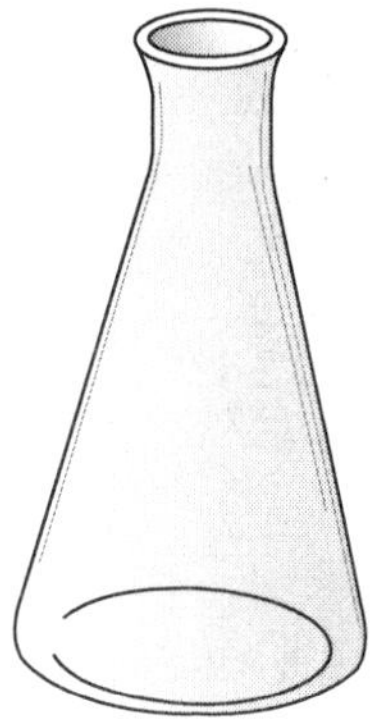

삼각 플라스크
(erlenmeyer flask)

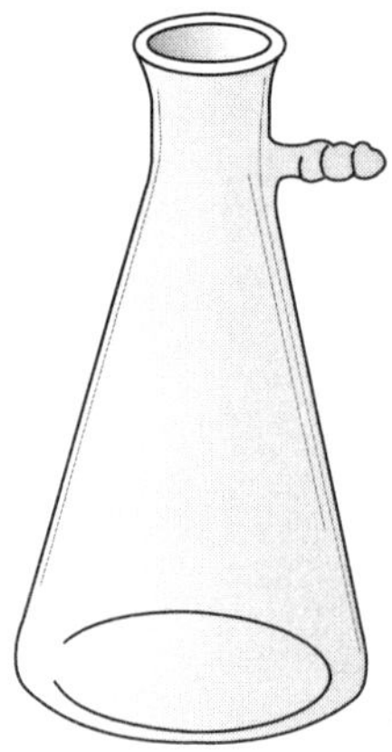

감압 플라스크
(suction flask)

부흐너 깔때기
(Büchner funnel)

데시케이터
(desiccator)

넓적 바닥 플라스크
(flat bottom flask)

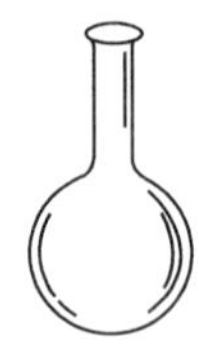

둥근 바닥 플라스크
(round bottom flask)

스포이트
(spuit)

핀셋(forceps)

분별 깔때기
(separatory funnel)

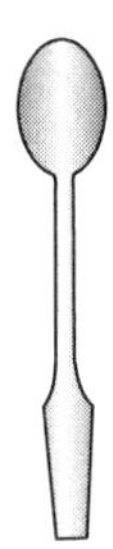

시약 주걱
(spatula)

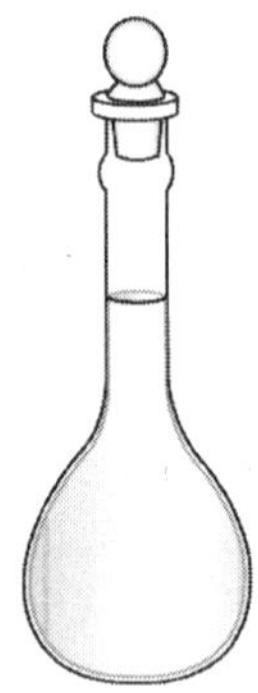

부피 플라스크
(volumetric flask)

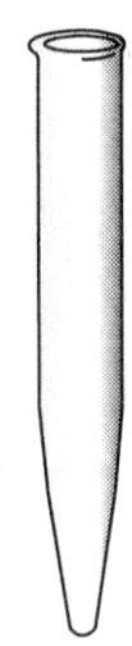

원심분리관
(centrifuge tube)

삼발이
(tripod)

알코올 램프
(alcohol lamp)

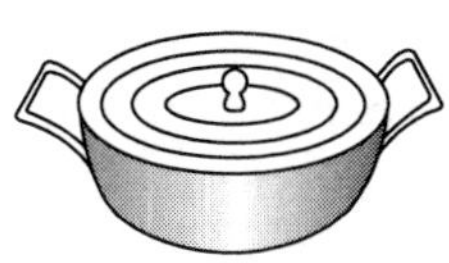

물중탕 냄비
(water bath)

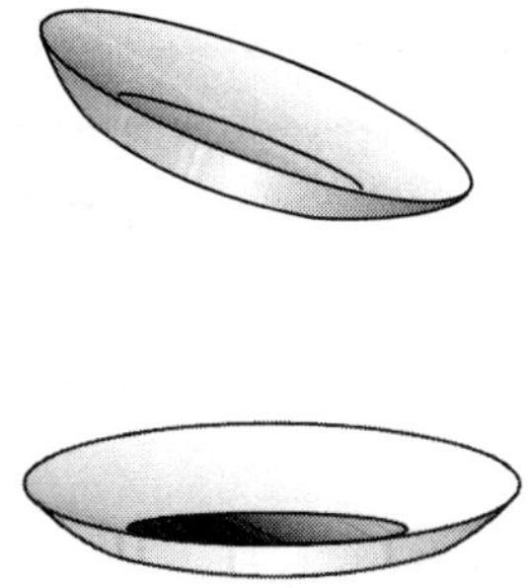

시계 접시
(watch glass)

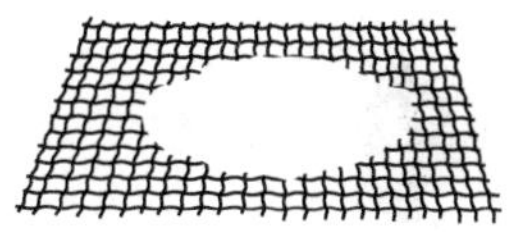

쇠그물
(wire gauze)

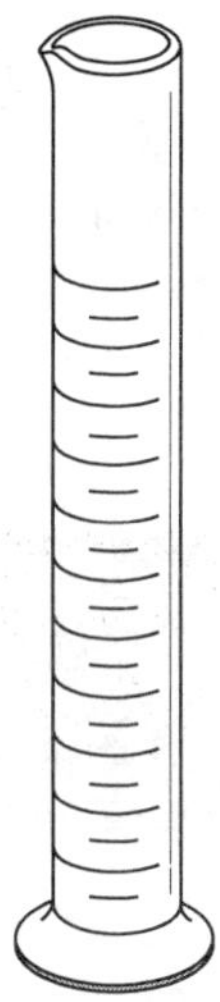

눈금 실린더
(graduated cylinder)

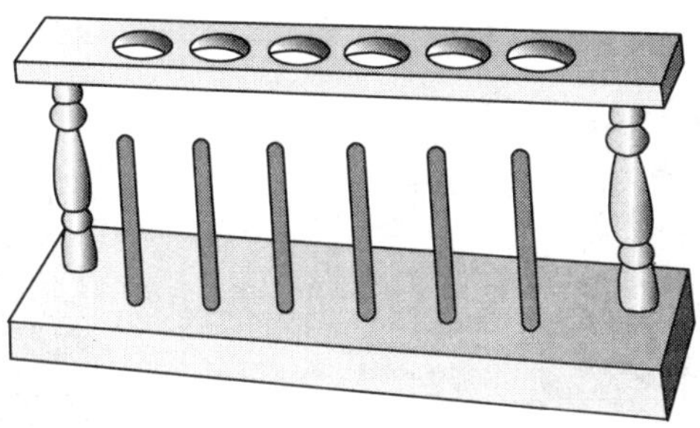

시험관대(test tube rack)

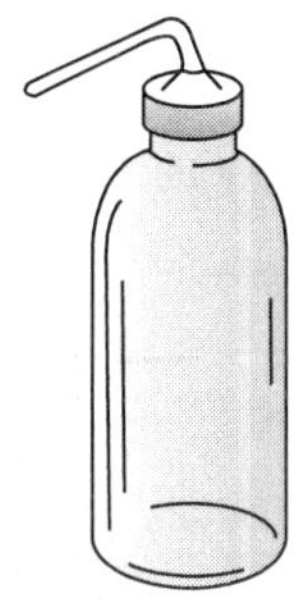

씻기병
(washing bottle)

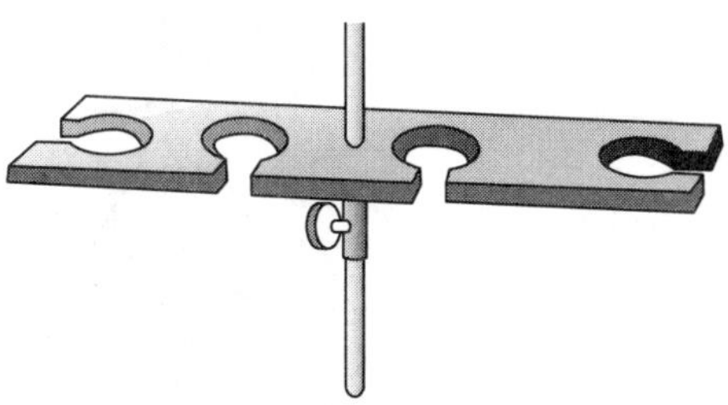

깔때기 스탠드
(funnel stand)

초시계
(stopwatch)

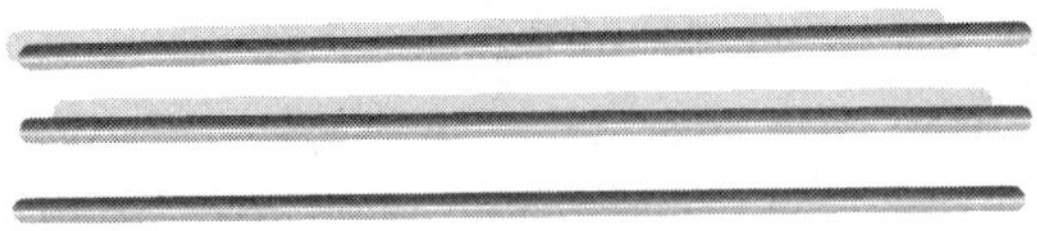

유리 막대
(glass rod)

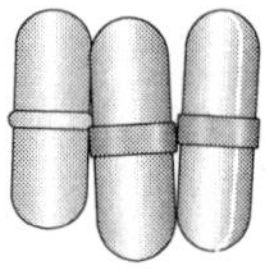

마그네틱바
(magnetic bar)

링클램프
(ring clamp)

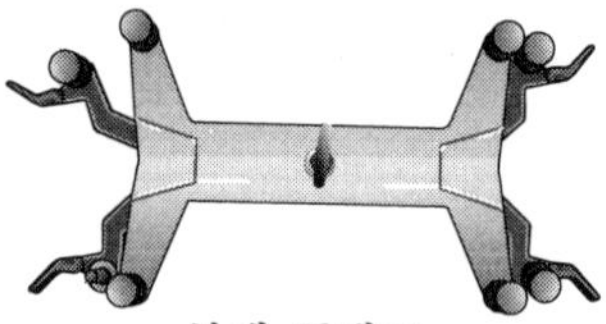

뷰렛 클램프
(buret clamp)

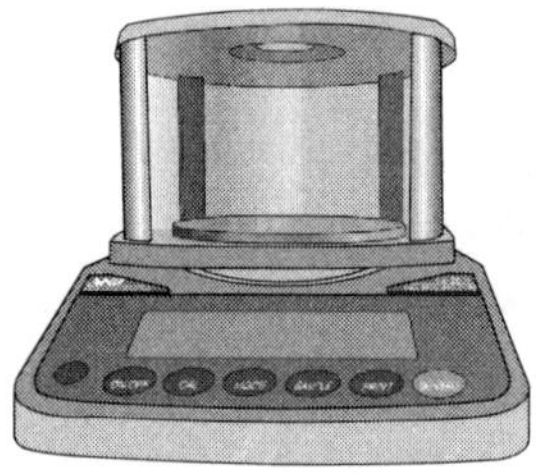

전자 저울
(electronic scale)

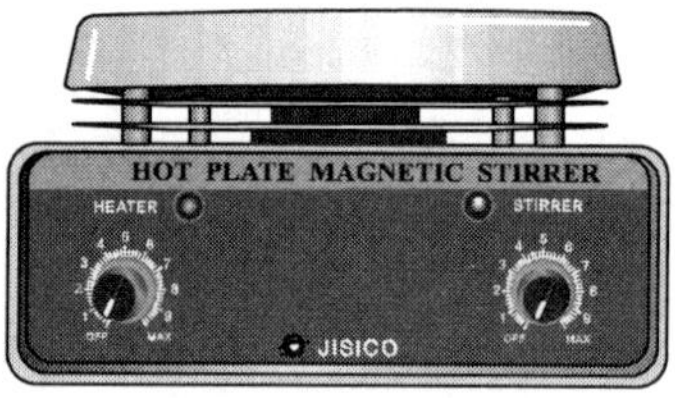

가열식 자석 교반기
(hot plate and magnetic stirrer)

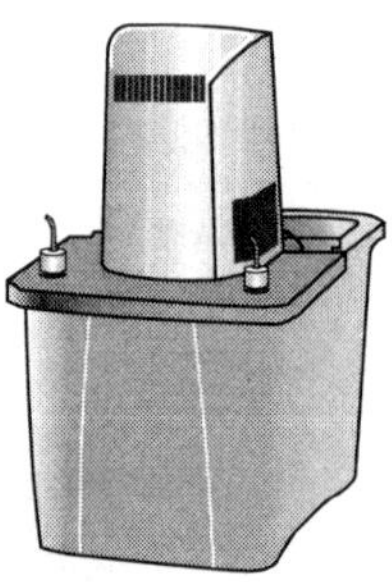

아스피레이터
(aspirator)

분무기
(spray)

화학 실험의 기본 사항

1. 저울 및 질량 측정

(1) 저울의 형태

그림 A-1과 그림 A-2에서 보여 주는 것은 삼중대 저울(triple beam balance)이다. 이들 각각은 눈금이 매겨진 홈을 가지고 있는 3개 또는 2개의 저울대와 눈금만 매겨 있는 하나의 저울대를 가지고 있다.

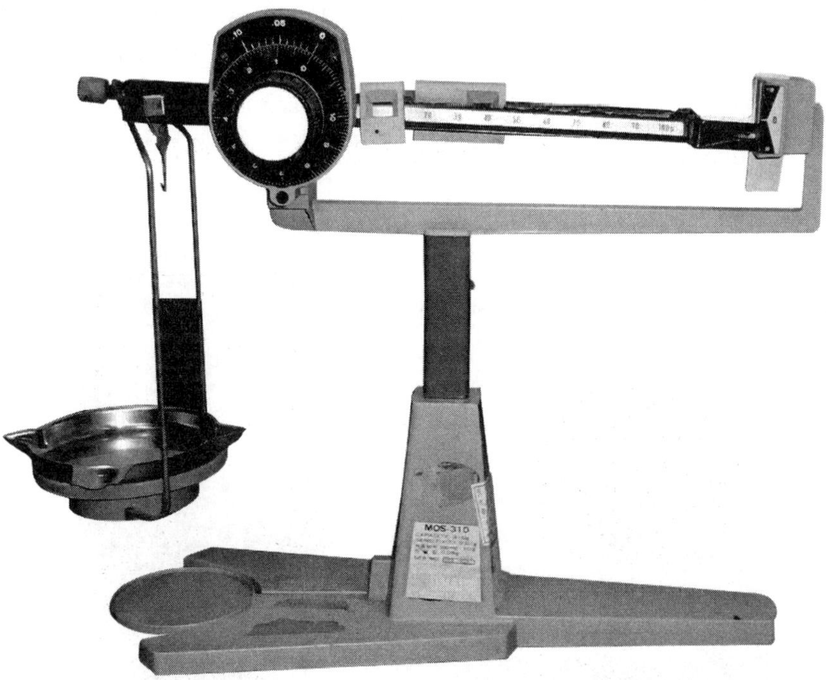

[그림 A-1]

저울대 끝에는 영점 조절을 할 수 있는 표시가 있다. 어떤 저울은 저울의 요동이 심하지 않도록 하기 위하여 요동을 줄이는 장치를 가지고 있다. 이로 인해 영점 조절 및 질량 측정을 바르게 할 수 있다.

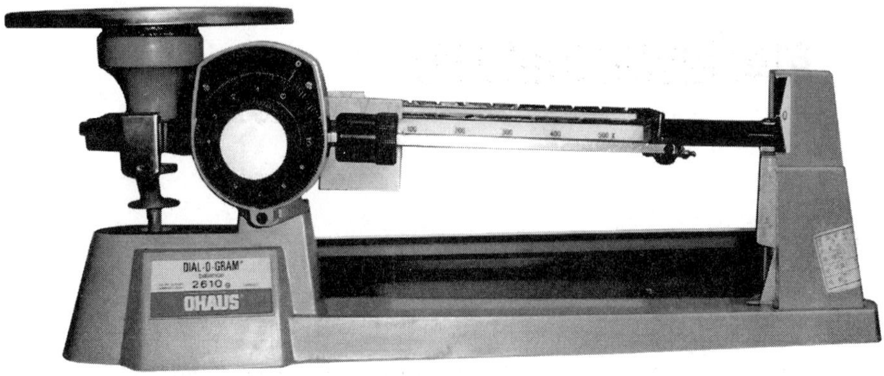

[그림 A-2]

모든 저울추가 0에 위치하고 있고, 저울 접시 위에는 아무것도 없을 때 저울대는 0의 위치에 있어야 한다. 만약 이런 상태가 되지 않았으면 저울은 0점 보정을 해야 한다. 무게를 달 때는 항상 주의해서 저울추가 저울대 위의 홈 속에 들어가 있도록 해야 한다. 최근에는 toploading balance가 많이 이용되고 있는데, 단지 저울 접시 위에 물체를 올려놓기만 하면 질량을 쉽고 편리하게 측정할 수 있다(그림 A-3과 그림 A-4).

[그림 A-3]

[그림 A-4]

(2) 질량 측정

1) 고체 시료

고체 시약은 접시가 부식될 염려가 매우 크기 때문에 직접 저울 접시 위에 올려놓아서는 절대로 안 된다. 만약 접시 위나 저울의 다른 부분에 시약을 쏟았으면 즉시 깨끗하게 닦아야 한다. 접시는 보통 쉽게 들어낼 수 있게 되어 있다.

대부분의 고체 시료의 질량은 깨끗한 비커나 무게 다는 종이 위에서 단다. 그림 A-5는 삼중대 저울(그림 A-1) 위에서 적은 양의 고체 시료를 다는 한 가지 방법을 보여 주고 있다.

종이 위에서 무게를 달면 안 되는 시약이 있다. 염소산 포타슘 같은 센 산화제는 유리로 된 비커를 이용해 무게를 달아야 한다. 센 알칼리성 고체(예를 들면 NaOH)가 공기 중에 노출되면 공기 중의 수분을 흡수하여 이 고체 아래 있는 종이를 적시는데, 이 시약은 부식성이 강하므로 매우 위험하다. 이런 알칼리성 고체도 유리 용기에서 무게를 달아야 한다.

화학 시약은 "질량차"로 무게를 달아야 한다. 빈 용기를 달고 그 다음 시료를 담은 용기의 무게를 단 다음 여기서 빈 용기의 무게를 빼 주면 시료의 질량을 알 수 있게 된다.

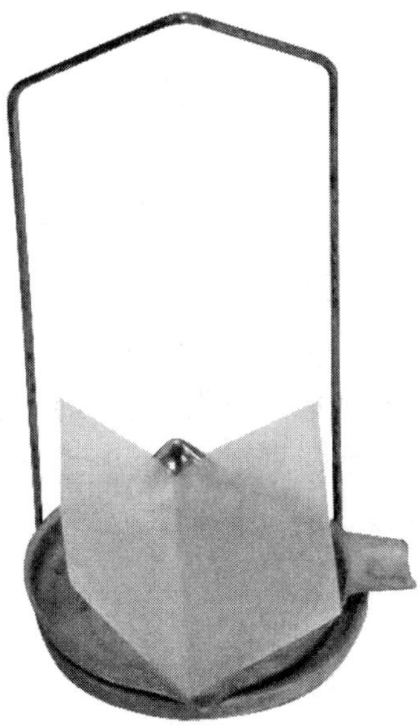

[그림 A-5]

Toploading balance 이용 시 tare 단추를 누르면 자동적으로 빈 용기의 무게를 0으로 계산하기 때문에 사용이 편리하다. 깨끗하게 잘 말린 시약 주걱은 시약 용기로부터 무게 다는 종이로 적은 양의 시약을 옮길 때 유용하게 이용된다(그림 A-6).

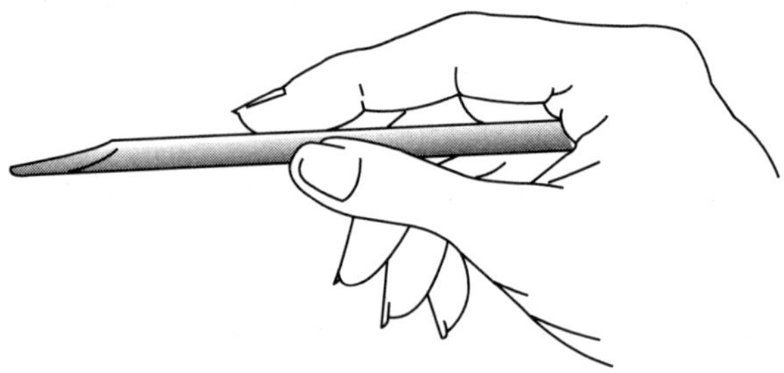

[그림 A-6] 시약 주걱 이용하는 법

2) 액체 시료

액체 시료는 직접 저울 접시 위에서 달 수 없으나 미리 달아 놓은 비커, 삼각 플라스크, 또는 적당한 크기의 눈금 실린더를 이용하면 가능하다. 액체 시약이 저울이나 저울의 접시 위에 떨어지는 것을 피하기 위함이다. 만일 쏟았다면 즉시 닦아내야 한다.

저울을 다루는 데 주의해야 할 사항은 다음과 같다.

- 무게를 달기 전에 뜨겁거나 찬 물체를 실내 온도가 되게 한 후 무게를 단다.
- 무게를 다는 동안 저울의 옆 문이나 뚜껑을 닫는다.
- 정확한 질량을 측정하기 위하여 사용된 모든 숫자(digit)를 기록한다. 소수점 아래 0의 마지막 숫자까지도 다 기록한다.
- 무게를 단 후 분석용 저울을 0점으로 조정한다.
- 젖은 물체를 다는 일은 없어야 한다.(물의 증발이 질량을 변화시킨다.)
- 뚜껑이 없는 용기에 휘발성 액체 시료를 넣고 달지 말아야 한다.
- 분석용 저울을 사용할 경우 용기를 손으로 잡으면 안 된다(손의 지문으로 인한 오차가 생긴다).

2. 고체 시약 다루는 법

고체 화학 물질을 취하는 처음 단계는 원하는 시약이 무엇인지를 알아야 하고 그 다음 취하려고 하는 화학 물질인지를 확인하기 위하여 시약병 위에 있는 이름을 유의해서 읽어야 한다. 다른 화학 물질인데도 이름과 화학식이 서로 매우 비슷한 경우, 특히 분자나 숫자 하나가 다른 경우, 예를 들면 Na_2SO_4(황산 소듐, sodium sulfate)와 Na_2SO_3(아황산 소듐, sodium sulfite)가 있는데, 매우 주의하여 읽어야 한다. 화합물의 이름을 실험서에서도 두 번 이상 읽고 다시 시약병에서도 두 번 이상 읽고 확인해야 한다.

화학 물질을 취할 필요가 있는 경우 시약병이 있는 곳에서 일정량의 화학 물질을 깨끗한 용기에 취한 후 이 용기를 가지고 가서 시약을 취한다. 고체 시약은 일반적으로 넓은 뚜껑을 가지고 있는 시약병에 들어 있다. 만약 결정성 또는 분말성 시약이 덩어리로 되어 쉽게 취할 수 없다면 뚜껑은 단단히 닫고 손바닥으로 병을 때리고, 그래도 덩어리로 남아 있으면 뚜껑을 열고 깨끗한 시약 주걱으로 덩어리 고체 시약을 잘게 부순다.

이렇게 해서 덩어리가 다소 깨어지면 다시 뚜껑을 닫고 손바닥으로 시약병을 때려 부서지도록 한다. 시약병으로부터 뚜껑을 열어 실험대 위에 놓을 때는 뚜껑을 젖혀 놓는다. 이렇게 함으로써 뚜껑을 다시 닫을 때 책상 위의 먼지가 시약병 속에 들어가 시약이 오염되는 것을 방지할 수 있다. 깨끗한 시약 주걱을 이용하면 필요한 양만큼 시약병으로부터 취할 수 있다. 만약 매우 정확한 양의 시약을 취하려면 시약을 담은 시약 주걱을 약간 기울여 비커나 시료를 취하려고 하는 용기에 천천히 떨어지도록 하든지 그림 A-7에서 보여 주는 바와 같이 손을 가볍게 때리면서 취할 수도 있다.

[그림 A-7] 고체 시약을 취하는 법

만약 시약병으로부터 너무 많은 양을 취했다 하더라도 취하고 남은 시약은 절대로 시약병에 다시 넣으면 안 되고 버려야 한다. 따라서 필요한 양만큼 정확히 조심스럽게 취하는 습관을 갖는 것이 매우 필요하다. 필요로 하는 양만큼의 화학 시약을 취한 후에는 뚜껑을 단단히 닫아 두어야 한다.

3. 액체 시약 다루는 법

액체 시약에서도 고체 시약을 다루는 과정과 거의 비슷하다. 특히 (1) 필요로 하고 취해야 할 시약의 화학명이나 화학식을 두 번 이상 확인해야 한다. (2) 공동용 시약병을 실험대로 가져가 시약을 취하지 말고 용기를 가지고 가서 취해야 한다. (3) 시약병의 뚜껑이나 마개를 실험대 위에 놓지 말고 손에 가지고 있어야 한다. (4) 만약 시약병으로부터 액체 시약을 너무 많이 취했을 경우 시약병에 다시 따르지 말고 버려야 한다. (5) 시료를 취한 후 즉시 뚜껑이나 마개로 병을 닫아야 한다. (6) 시약을 취하는 도중 흘린 액체 시약은 빨리 닦아 내야 한다. (3)의 경우 그림 A-8에서 보여 주는 것처럼 시약을 따르는 동안 병을 잡고 있는 손의 손가락 사이에 마개를 갖고 있어야 한다.

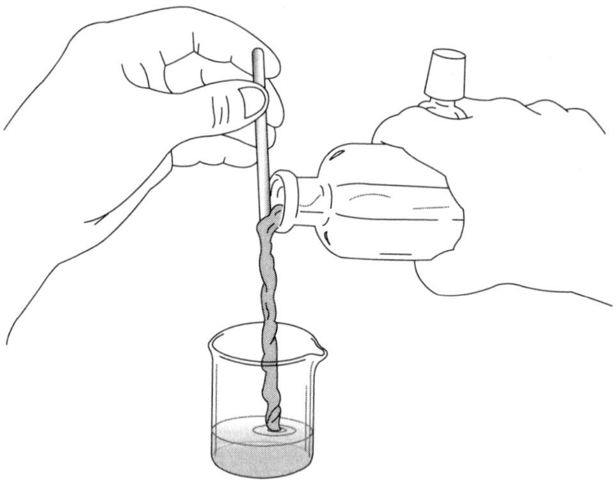

[그림 A-8] 액체 시약 따르는 법

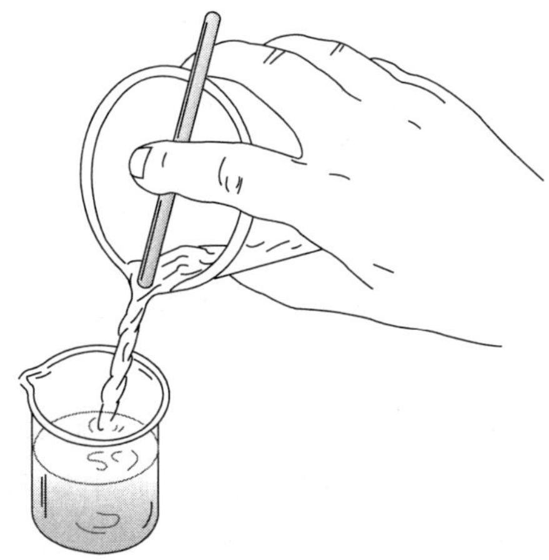

[그림 A-9] 비커로부터 액체를 취하는 법

그림 A-9는 유리 막대를 사용해서 따르는 방법도 보여 준다. 이 방법은 비커로부터 액체 시약을 따를 때도 사용된다.

시약병에 있는 액체 시약은 스포이트를 이용하여 취하는 경우도 있다. 액체 시약을 옮기기 위해 스포이트를 사용할 때는 스포이트 끝에 있는 고무 꼭지를 위로 하여 수직으로 세워 사용한다. 이때 고무 꼭지 속으로 액체 시약이 들어가지 않도록 조심한다. 가장 적절한 방법은 액체 시약을 필요량보다 약간 많이 비커에 취한 후 스포이트를 사용하여 그 액체 시약을 취하는 것이다. 취하고 남는 액체 시약은 버려야 한다. 필요로 하는 양을 잘 계산하여 취하면 버려야 할 시약이 적게 된다. 실험실에서 사용하는 많은 액체 시약들은 인화성이 있거나 유독한 증기를 내는 것이 많고 이러한 위험한 성질 모두를 가지고 있는 것들도 많다. 이와 같은 시약을 다룰 때는 후드(fume hood)에서 작업해야 한다. 이러한 시약을 버릴 때는 항상 실험실 안에 마련된 특별한 방법을 따라야만 한다(조교의 지시에 따를 것).

4. 부피 측정용 유리 기구 눈금 읽기

액체 시약을 유리 용기에 담으면 곡선 표면이 가장자리보다 가운데가 낮게 되는 메니스커스(meniscus)가 생긴다. 부피를 읽을 수 있는 유리 기구는 메니스커스의 바닥이 눈금에 닿았을 때 부피 측정을 해야 한다(그림 A-10). 메니스커스의 바닥은 용액의 뒷면이나 메니스커스 바닥 바로 아래 부분을 손가락으로 어둡게 하면 쉽게 읽을 수 있다.

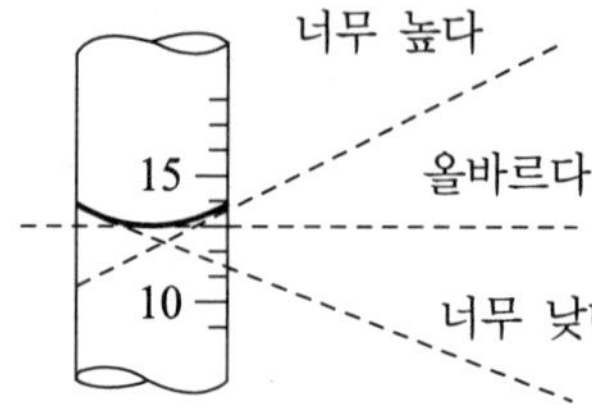

[그림 A-10] 액체 시약의 부피 읽기

눈금은 눈금 용기와 눈의 높이를 수평으로 하여 읽어야 정확해진다. 또한 용기도 수직으로 세워 놓아야 한다. 눈금이 있는 여러 종류의 유리 용기가 이 책의 실험에서 사용된다. 가장 정밀하게 눈금이 매겨진 것은 피펫과 뷰렛이다. 대부분의 부피를 측정하는 데는 눈금 실린더를 사용한다. 이러한 눈금 실린더를 이용하는 주목적이 부피를 측정하는 것이므로 이에 따라 고안되었고 눈금이 새겨져 있다. 어떤 제작자에 의해 만들어진 비커와 삼각 플라스크에도 눈금이 새겨진 것이 있는데, 이러한 것의 목적은 전적으로 부피만을 측정하려는 것이 아니므로 비커와 플라스크의 눈금은 대충의 부피를 알려 준다.

5. 일정 조성의 용액 만들기

일정한 조성을 갖는 용액을 나타내는 형태에는 여러 가지가 있는데, 무게 %, 부피 %, M 농도, N 농도 등이 흔히 사용되는 것이다. 액체 용액은 액체 상태인 용매와 이 용매에 녹을 수 있는 고체, 액체, 기체들인 용질로 되어 있다. 용액의 최종 부피 또는 최종 무게에 대해 용질의 양이 얼마인가에 따라 농도가 결정된다.

(1) 용액 만들기

먼저 만들기를 원하는 농도가 되기 위해서 필요한 용질과 용액의 양을 계산하여 알아내어, 다음의 과정에 따라 용액을 만든다.

① 용질을 용매에 첨가하면서 저어 준다.
② 젓기도 쉽고 쉽게 따르기도 할 수 있을 만큼의 크기의 용기를 이용한다.
③ 진한 산을 사용할 때는 항상 저으면서 산을 물에 천천히 첨가한다. 진한 황산 같은 산은 매우 큰 열을 발생하므로 물을 황산에 첨가하면 너무 많은 열이 발생하게 되어 물이 맹렬하게 끓게 되면서 묽은 황산을 주위에 튀어나가게 하므로 매우 위험하다.

④ 용액을 빨리 만들기 위하여 덩어리 형태가 아닌 분말 형태의 고체를 액체에 첨가한다.

⑤ 때로는 용액을 빨리 만들기 위해 가열(더운물을 사용)할 수도 있다. 그러나 열이 용질의 성질을 변화시킬 때는 피해야 한다. 예를 들면, 알부민(계란 흰자)은 더운 물에서는 불용성이다. 한편 가용성 녹말은 찬물에서 잘 휘저어 풀어 큰 입자를 분리한 후 끓는 물에 서서히 가한다. 그렇게 하지 않으면 덩어리 형태의 혼합물이 생긴다.

⑥ 용질이 젤라틴형이거나 끈적끈적한 덩어리일 경우는 균일한 유체가 될 때까지 적은 양의 용매를 이 반고체 덩어리에 가하여 잘 섞는다. 그리고 난 후 나머지 용매를 가한다. 만약 이러한 형태의 용질에 한꺼번에 많은 양의 용매를 가하면 용질 덩어리를 용매에 잘 분산시키기 위해 저어주는 막대로 한동안 분쇄시켜야 하는 어려움이 생기게 된다.

(2) 용액을 묽히는 법

알려진 농도의 묽은 용액은 묽히기 위한 목적으로 예비해 둔 진한 저장(stock) 용액을 이용하여 쉽게 만들 수 있다. 염화 소듐 1.0% 용액 250 mL를 만들려고 할 때, 5.0% 염화 소듐의 저장 용액을 사용한다면 가장 간단한 방법은 무엇일까? 1.0% 용액은 용액 100 mL당 1.0 g의 용질(0.01 g/mL)을 함유한다. 그러므로 1.0% 용액의 250 mL는 250 × 0.010 또는 염화 소듐 2.50 g을 함유한다. 5.0% 용액 몇 mL에 용질 2.50 g이 들어 있는가?

5.0% 용액 1 mL에는 용질 0.050 g이 함유되어 있으므로 2.50 g × 1 mL / 0.050 g = 50.0 mL가 계산된다. 즉, 5.0% 용액 50.0 mL를 총 부피 250 mL로 묽힌다. 용액을 묽힌다는 것(이 경우 물을 가함)은 용질의 총량을 변화시키지는 않는다. 단지 묽힌 용액의 단위 부피당 용질의 입자가 적은 것을 의미한다.

이러한 희석을 계산하는 간단한 방법은 적정할 때 쓰는 다음 식을 이용한다.

$$\text{처음 농도} \times \text{처음 부피} = \text{최종 농도} \times \text{최종 부피}$$
$$C_i \times V_i = C_f \times V_f$$

위의 문제를 풀면,

$$5.0\% \times V_i = 1.0\% \times 250\text{ mL}$$

또는

$$V_i = \frac{1.0 \times 250\text{ mL}}{5.0} = 50\text{ mL}$$

즉, 적당한 용기에 5.0% 저장 용액 50 mL를 총 부피 250 mL로 묽히면 된다. 정확하게 하려면 부피 플라스크를 사용하면 된다.

(3) 시판되고 있는 시약의 농도

1) 산

① 황산(sulfuric acid, H_2SO_4): 18 M 수용액(98 wt%)으로 판매되는 매우 강산으로 물과 만나면 많은 열을 내면서 격렬하게 반응한다. 진한 황산을 묽힐 때에는 반드시 산을 물에 서서히 가하면서 잘 저어주어야 한다. 진한 황산은 강한 탈수력을 가지고 있다. 금속을 녹이기 위하여 황산을 사용하는 경우에는 과량을 사용해서는 안 된다. 남은 황산을 증발시키기가 매우 어렵고, 가열하면 독성이 심한 기체가 발생한다.

② 질산(nitric acid, HNO_3): 15 M 수용액(70 wt%)으로 판매되는 강산으로 매우 강한 산화력을 일으키며 갈색의 이산화 질소 기체를 발생시킨다. 알루미늄, 크로뮴, 철 또는 주석의 경우에는 진한 질산에 의해 산화되어 잘 녹지 않는 금속 산화물의 막을 만들기 때문에 진한 질산에 잘 녹지 않는다. 이러한 경우에는 진한 질산보다 묽은 질산이 더 유용하다.

③ 염산(hydrochloric acid, HCl): 12 M 수용액(37 wt/%)으로 판매되는 전형적인 강산이다. 많은 금속과 반응하여 수소 기체와 금속 양이온을 생성시킨다. 휘발성이 크기 때문에 과량의 염산은 가열하여 쉽게 제거할 수 있다.

④ 인산(phosphoric acid, H_3PO_4): 15 M 수용액(85 wt%)으로 판매되는 약산이다. 이온화하면 3개의 양성자를 내어놓는 3가 산이다. 인산은 휘발성이 없고 산화력이 약하다.

⑤ 아세트산(acetic acid, CH_3COOH): 가장 많이 사용되는 유기산으로, 빙초산이라고도 불리우는 18 M 수용액(99.7 wt%)으로 판매된다. 아세트산은 가장 흔히 쓰이는 약산으로, 산성의 완충 용액을 만드는 데 많이 사용된다. 진한 질산과 혼합되면 폭발성 물질을 만든다.

2) 염기

① 수산화 소듐(sodium hydroxide, NaOH): 물에 녹으면 매우 강염기성을 나타낸다. 고체 NaOH를 물에 녹일 때 많은 열이 발생하므로 주의해야 한다. 수용액은 염기성이 매우 크기 때문에 공기 중의 이산화 탄소를 쉽게 흡수하여 탄산염을 만든

다. 그러므로, 수산화 소듐 수용액은 항상 사용하기 직전에 조제해야 한다.

② 암모니아 수용액(aqueous ammonium solution, NH_4OH): 진한 암모니아 수용액은 15 M의 암모니아를 포함하고 있고 전형적인 약한 염기로 사용된다. 염기성의 완충 용액을 만드는 데 많이 사용된다. 양성자와 반응하여 암모늄 이온을 만들고 여러 가지 전이 금속 이온들과 착이온을 형성한다. 과량의 암모니아 용액은 수산화 소듐 용액을 가하며, 가열하면 쉽게 제거할 수 있다.

3) 기타 시약 및 지시약의 조제

① 과산화 수소(hydrogen peroxide, H_2O_2): 보통 30% 수용액으로 판매되는 강한 산화제이지만 약한 환원력도 가지고 있다. 진한 과산화 수소 용액은 피부에 화상을 입힐 수 있으므로 주의해야 하고 과량의 과산화 수소를 가열하면 쉽게 제거된다.

② 과망가니즈산 포타슘(potassium permangnate, $KMnO_4$): 매우 강한 산화제로 산성 용액에서는 Mn^{2+} 이온을, 그리고 염기성 용액에서는 물에 녹지 않는 MnO_2를 생성한다. 진한 황을 섞으면 매우 폭발성이 센 화합물을 형성한다.

③ 다이크로뮴산 포타슘(potassium dichromate, $K_2Cr_2O_7$): 강한 산화제로 초록색의 Cr^{3+} 이온을 생성한다. 산성 용액에서는 오렌지색의 $Cr_2O_7^{2-}$ 이온으로 존재하고, 염기성 용액에서는 노란색의 CrO_4^{2-} 이온으로 존재한다. 크로뮴 이온은 독성이 강하기 때문에 실험 후에 회수하여 적절히 처리한 후 폐기해야 한다.

④ 페놀프탈레인액: 60% 메틸알코올 1 L에 약 1 g의 페놀프탈레인을 녹인다.

⑤ 메틸오렌지액: 소량의 온수에 메틸오렌지 1 g을 녹이고 전체 부피가 1 L 되도록 물로 묽힌다.

⑥ EBT 지시약: 메틸알코올 100 mL에 Eriochrome Black T 1 g을 녹이고 정성 여과지에 걸러서 점적병에 보관하며, 물의 경도 측정에 사용한다.

⑦ 전분 용액(Starch Solution): 가용성 녹말 1 g을 100 mL의 물에 넣고 저어주면서 가열하여 녹인다.

⑧ 아이오딘액: 아이오딘(I_2) 약 14 g과 아이오딘화 포타슘(KI) 36 g을 100 mL의 물에 넣고 저어주면서 가열하여 녹인다.

⑨ 아이오딘화 포타슘 전분 종이: 과산화 수소, 오존 등 산화력이 큰 물질의 확인에 사용하며, 0.1% 아이오딘화 포타슘액 10 mL에 1% 전분액 1 mL를 가하여 섞은 다음 여기에 여과지를 담갔다가 꺼내어 사용한다.

⑩ 레슬러 시약: 이 시약은 암모니아 검출에 사용하는 것으로 아이오딘화 포타슘 50 g을 뜨거운 물 50 mL에 녹이고, 염화 이수은 25 g을 뜨거운 물 100 mL에 녹인 용액을 저으면서 조금씩 넣어 생긴 침전의 일부가 녹지 않고 남아 있을 때 이 액을 냉각하여 여기에 수산화 포타슘 150 g을 물 300 mL에 녹인 용액을 넣은 다음 다시 전체 부피가 1 L가 되게 물을 가한다. 다시 염화 수은 용액 5 L를 넣고 방치한 다음 상층액을 사용한다.

⑪ Thioacetamine 용액: 50 g의 CH_3CSNH_2를 물에 용해시켜 1 L 용액으로 만든다. H_2S gas를 발생시킬 수 있는 편리한 시약으로 갈색병에 보관하며, 정성 분석에 사용한다.

[표 A-1] 지시약의 변색과 pH 범위

지시약	pH 범위	변색	용액 100mL에 첨가되는 양(0.1%)
Thymol blue	1.2 ~ 2.4	red-yellow	2 drop(20% alc.)
β-Dinitrophenol	2.0 ~ 4.0	colorless-yellow	1 ~ 2 drop(20% alc.)
Methyl yellow	2.9 ~ 4.0	red-yellow	2 ~ 5 drop(90% alc.)
Bromophenol blue	3.0 ~ 3.6	yellow-blue	2 ~ 5 drop(20% alc.)
Methyl orange	3.1 ~ 4.4	red-yellow	3 ~ 5 drop
Bromocresol green	3.8 ~ 5.4	yellow-blue	1 ~ 5 drop(90% alc.)
Methyl Red	4.2 ~ 6.2	red-yellow	2 ~ 4 drop(90% alc.)
Litmus	4.5 ~ 8.3	red-blue	0.2% 10 ~ 20 drop
Bromocresol purple	5.2 ~ 6.8	yellow-purple	1 ~ 4 drop(20% alc.)
Bromothymol blue	6.0 ~ 7.6	yellow-blue	1 ~ 4 drop(20% alc.)
Neutral red	6.8 ~ 8.0	red-yellow	2 ~ 4 drop(70% alc.)
Phenol red	6.8 ~ 8.4	yellow-red	1 ~ 2 drop(20% alc.)
Phenolphthalein	8.3 ~ 10.0	colorless-red	3 ~ 10 drop(70% alc.)
Thymolphthalein	9.3 ~ 10.6	colorless-blue	3 ~ 10 drop(90% alc.)
Alizarin yellow R	10.1 ~ 12.0	yellow-violet	5 ~ 10 drop(90% alc.)
α-Naphthol benzene	9.0 ~ 11.0	yellow-blue	1 ~ 5 drop(90% alc.)
Cresol red	7.2 ~ 8.8	yellow-red	1 ~ 2 drop(20% alc.)
Methyl orange	3.1 ~ 4.4	red-yellow	1 drop

6. 난용성 고체를 액체로부터 분리하는 법

(1) 여과

여과지 접는 방법과 깔때기를 설치하는 방법이 그림 A-11에 있다. 작은 깔때기는 삼각 플라스크나 시험관대 시험관 위에 올려놓고 할 수도 있다.

(2) 기울여 따르기

아래에 가라앉아 있는 난용성 고체는 위에 있는 액체를 간단히 기울여 부음으로서 액체로부터 분리할 수 있다(그림 A-12). 고체는 세척 액체를 가하고, 혼합물을 잘 휘젓고, 다시 고체를 가라앉히고, 세척 액체를 기울여 따르고, 이렇게 되풀이하여 제작할 수 있다.

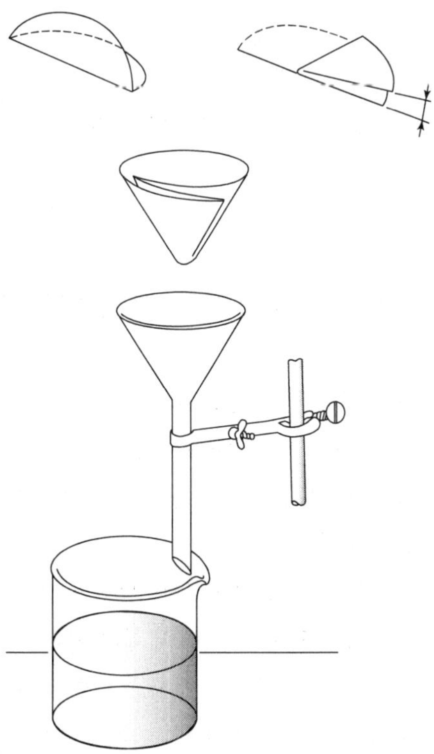

[그림 A-11] 여과

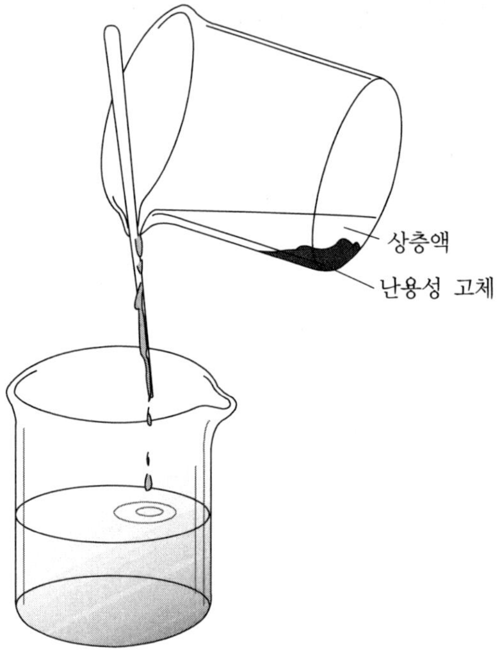

[그림 A-12] 기울여 따르기

7. 유리 기구 세척

아래에 있는 몇 가지 간단한 규칙을 따르면 유리 기구 닦는 일이 그렇게 성가시거나 귀찮지는 않다.

- 유리 기구를 헹구고 액체 세제 몇 방울을 떨군다.
- 유리 기구의 목부분에 손상이 가지 않도록 적당한 크기의 세척솔을 선택한다.
- 유리 기구에 더 이상의 물을 가하지 않고 세척솔을 적신 후 잘 문지른다. 특히 더러운 곳과 가장자리를 잘 닦는다.
- 여전히 더럽거나 기름기 있는 부분이 있으면 헹구고 세제로 닦는 것을 반복한다. 때로는 매우 더러운 것을 닦기 위하여 고체 세제가 필요한 경우도 있다.
- 마지막으로 유리 기구의 안팎을 철저히 헹구고 물이 빠지게 엎어 놓는다. 비커와 삼각 플라스크 같은 유리 기구는 건조대 위나 필요하다면 종이 수건 위에 엎어 놓아도 된다. 시험관과 눈금 실린더는 똑바로 세워 놓아서는 안 되고 건조대에 놓든가 또는 시험관대에 거꾸로 놓아야 한다. 만약 똑바로 세워 놓으면 염의 일부(또는 심지어 세제까지도)가 건조된 후에 바닥에 남아 있을 경우가 생겨서 다음 실험의 결과에 영향을 미치게 된다. 만약 유리를 잘 닦고 완전히 헹구고 뒤집어 말리면 유리가 잘 건조될 것이다.

유효 숫자

실험 결과의 해석에 관하여 생각해야 할 것은 측정하고자 하는 양의 유효 숫자를 이해하는 것이다. 예를 들면, 어떤 물질의 질량은 두 개의 다른 저울에서 측정될 수 있는데 하나는 윗접시 저울(top-loading balance) 혹은 전자 저울로서 약 0.001 g까지 측정되는 민감도를 가지고 있고, 다른 하나는 삼각대 저울(triple-beam balance)로서 약 0.1 g의 민감도를 가지고 있다. 이러한 저울들은 서로 다른 불확실성과 정밀도를 가지고 있다.

	윗접시 저울	삼각대 저울
양	54.236 g	54.2 g
불확실성	±0.002 g	±0.1 g
측정된 질량	54.236±0.002 g	54.2±0.1 g
정밀도	높다(2/54,236)	낮다(1/542)

윗접시 저울은 높은 정밀도를 가지고 있으며 다섯 자리 유효 숫자까지 측정할 수 있다. 삼각대 저울의 경우는 오직 세 자리 유효 숫자까지만 측정할 수 있다.

만약 정보가 주어져 있지 않다면 모든 기록된 숫자들은 마지막 숫자에서 약 한 단위의 불확실성을 가진다고 가정할 수 있다. 0은 측정하는 양의 일부분일 때는 유효 숫자이지만 만일 소수점 자리의 위치를 나타내기 위한 것이라면 유효 숫자가 아니다. 그러므로 62.070은 다섯 개의 유효 숫자를 가지는 반면에 0.0070은 단지 두 개의 유효 숫자를 가진다(처음 세 개의 0은 소수점을 나타내기 위한 것이다).

유효 숫자의 개수가 다른 수를 가지고 측정된 양을 계산할 때, 그 결과는 가지고 있는 각 유효 숫자에 관하여 주의 깊게 해석해야 한다.

덧셈이나 뺄셈에서 계산값은 가장 낮은 정밀도의 값에 기준을 두는데, 예를 들면 다음과 같은 질량의 합을 생각해 보자.

$$
\begin{array}{r}
125.206\ \mathrm{g} \\
20.4\ \mathrm{g} \\
3.58\ \mathrm{g} \\
\hline
149.186\ \mathrm{g}
\end{array}
$$

여기에서 결과는 149.2 g으로 계산되는데, 그 이유는 가장 낮은 정밀도의 질량 값이 소수점 아래 첫째 자리이기 때문이다.

곱셈이나 나눗셈에서 결과로 기록되는 유효 숫자의 수는 계산에서 가장 적은 유효 숫자를 가지는 것과 동일하다. 예를 들면, 어떤 물질의 밀도를 계산할 때 측정된 질량이 54.723 g이고 측정된 부피가 16.7 mL이면 물질의 밀도는 54.723 g/16.7 mL=3.28 g/mL이다. 질량은 다섯 개의 유효 숫자를 가지고 있고, 부피는 세 개의 유효 숫자를 가지고 있으므로 밀도는 오직 세 개의 유효 숫자만을 가지고 있다는 것을 주시하라.

수를 반올림하려고 할 때 남기고자 하는 마지막 숫자는 제거하려는 첫 번째 숫자가 5보다 크거나 같으면 1을 더하여 적고, 제거하려는 첫 번째 숫자가 5보다 작으면 그대로 적어 준다. 예를 들면, 다음과 같이 밑줄 친 숫자들을 버리고 반올림 규칙에 의해 마지막 숫자를 적으면 된다.

$$
\begin{array}{rcl}
3.27\underline{635} & \rightarrow & 3.28 \\
149.7\underline{46} & \rightarrow & 149.7 \\
5.74\underline{9} & \rightarrow & 5.75 \\
5.4\underline{1} & \rightarrow & 5.4
\end{array}
$$

오차의 정확도와 정밀도

정확도(accuracy)는 과학, 산업, 공업, 통계학 분야에서 측정하거나 계산된 양이 실제 값과 얼마만큼 가까운지를 나타내는 기준이며, 관측의 정교성이나 균질성과는 무관하다. 그러나 착오와 정오차가 제거된 경우, 정밀도를 정확도의 척도로 사용할 수 있다. 현실적으로는 실제 값을 정확하게 알 수 없기 때문이다.

정확도와 밀접한 관계가 있는 정밀도(precision)는 여러 번 측정하거나 계산하여 그 결과가 서로 얼마만큼 가까운지를 나타내는 기준이다. 관측의 균질성을 나타내며, 관측된 값의 편차가 적을수록 정밀하다. 정밀도는 관측 과정과 우연 오차와 밀접한 관계를 가지며, 관측 장비와 방법에 크게 영향을 받는다. 여기서 우연 오차는 까닭이 뚜렷하지 않은 오차이며 최소 제곱법에 따른 확률 법칙에 따라 추정할 수 있다.

계산, 측정된 값이 정확도는 높아도 정밀도가 낮은 경우도 있고, 거꾸로 정밀도가 높지만 정확도가 낮은 경우도 있다. 물론, 둘 다 낮거나 둘 다 높을 수도 있다.

화학 저울의 예를 들어 정확도와 정밀도 개념을 살펴보자. 정확도의 개념은 어떤 참값의 질량과 비교했을 때 저울로 잰 수치가 얼마나 가깝냐를 따질 때 사용할 수 있다. 정밀도의 개념은 여러 번 측정, 즉 반복 측정하였을 때 저울로 잰 수치가 얼마나 재현성 있게 같은 값을 나타내는지에 대한 개념이다.

저울 자체는 항상 Calibration을 통해 보정을 해 주어야 정확한 수치를 나타내기 때문에 주기적인 보정 작업을 해줘야 한다. 보통 요즘 나오는 저울들은 특정 시간이 지나면 자체적으로 보정하는 Self-Calibration 기능을 탑재한 경우도 많다.

저울을 보면 측정할 수 있는 단위가 쓰여 있는데, 0.0001 mg까지 잴 수 있는 것도 있다. 따라서 소수점 아래 자리가 많아질수록 정밀하다고 할 수 있다(이때 쓰이는 '정밀하다'는 말은 앞의 정밀도 개념과는 다른 것이다).

스프레드시트 - Excel 사용법

1. 엑셀의 기초

(1) 엑셀이란 무엇인가?

엑셀은 표계산 소프트웨어 또는 스프레드시트(Spreadsheet)라고도 한다. 스프레드시트란 기업에서 사용하는 전표를 컴퓨터에 옮겨 놓은 것과 같은 것을 말한다. 데이터를 입력하는 곳은 가로, 세로로 구분되어 있기 때문에 쉽게 입력할 수 있으며, 일반 전표와 달리 많은 데이터를 입력할 수 있다.

엑셀과 같은 종류의 대표적인 소프트웨어로는 로터스 1-2-3, 쿼트로프로 등이 있으나, 거의 모든 사용자들이 손쉽게 사용할 수 있는 엑셀을 선호하고 있다.

(2) 엑셀의 기능

- 스프레드시트 기능: 워크시트 상에서의 문자나 숫자 등과 같은 데이터들을 자동으로 처리, 계산
- 문서 작성 기능: 문자나 셀 또는 여러 가지 서식 등을 표현
- 차트 기능
- 데이터베이스 기능: 워크시트상의 데이터들을 편리하게 정렬, 검색

(3) 엑셀의 기동과 종료

1) 시작 버튼을 이용하는 기동

2) 바탕화면의 단축 아이콘을 사용하여 기동

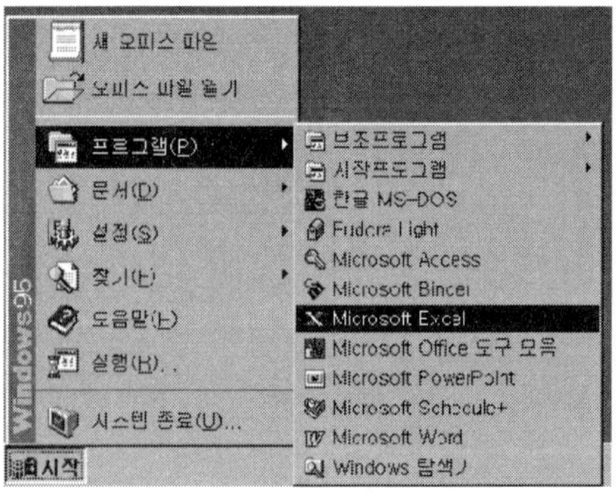

3) 종료

- 메뉴 표시줄의 파일을 선택한 후 종료를 클릭한다.
- 조절 메뉴 상자를 두 번 클릭한다.
- 조절 메뉴 상자를 클릭한 후 닫기를 클릭한다.
- 닫기 단추를 클릭한다.

(4) 화면 구성

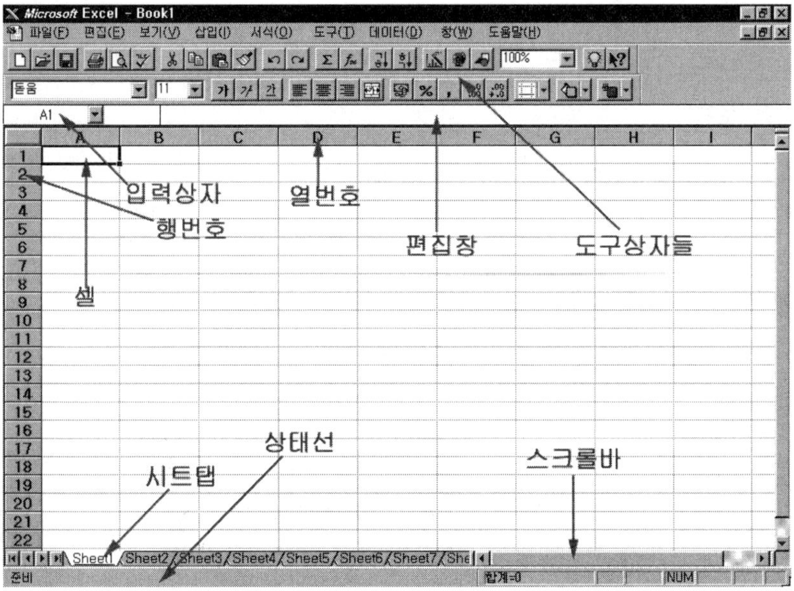

1) 메뉴 표시줄

엑셀 작업에서 이루어지는 명령어들이 모여 있는 주 메뉴 부분이다. 이 메뉴들은 선택과 함께 각각 하위 메뉴들을 가지고 있다.

2) 도구 모음

엑셀의 여러 가지 명령어들을 함축적인 아이콘으로 표현한 부분이다. 기본적으로 표준 도구 모음과 서식 도구 모음이 나타나며, 기타 도구는 메뉴 표시줄의 "보기-도구 모음"을 선택하여 볼 수 있다.

① 표준 도구 모음

② 서식 도구 모음

☞ 도구 모음의 아이콘들이 없어졌을 때는 메뉴 표시줄의 "보기-도구 모음" 선택

3) 수식 입력줄

이름 상자, 수식 입력 버튼, 수식 입력 상자 등으로 구성된다.

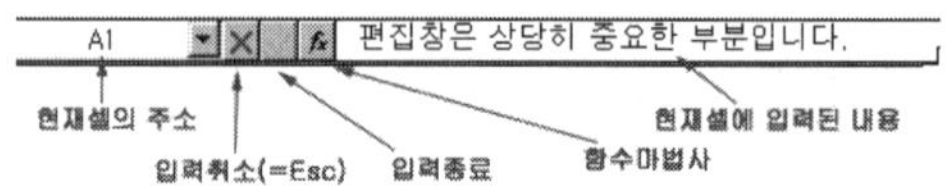

4) 워크시트

① 셀과 포인트

행과 열에 의해 구분되는 격자 형태의 칸을 셀이라 하며, 엑셀은 모든 작업의 기초 단위로서 셀을 이용하며, 방향키나 마우스를 이동시킬 때 격자 모양의 반전된 막대를 셀 포인터라 부른다.

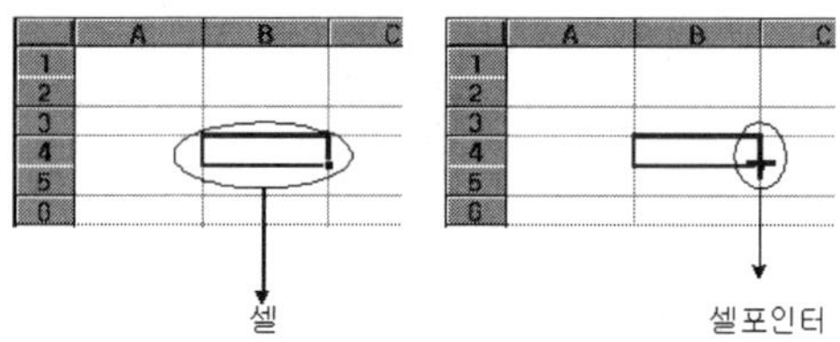

② 행과 열

행과 열은 작업지의 세로 방향과 가로 방향을 말한다. 행은 왼쪽에 숫자로 표시되어 있고, 열은 화면 상단에 알파벳으로 표시되어 있다. 셀의 위치를 나타낼 때에는 열-행 순으로 표시된다.

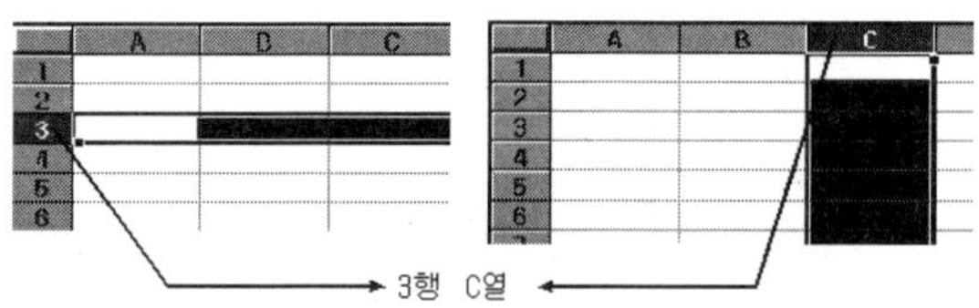

③ 셀 크기의 확대, 축소

- 메뉴 표시줄의 보기-확대/축소를 선택하여 원하는 배율을 클릭한다.
- 도구 모음의 확대/축소 아이콘을 클릭한다.

5) 시트탭

엑셀에서는 하나의 문서가 여러 개의 워크시트로 구성될 수도 있다. 각각의 워크시트를 구별하기 쉽게 하기 위해 엑셀에서는 시트탭을 만들어 놓았다.

2. 데이터의 입력과 편집

(1) 셀의 선택

1) 단일 범위의 지정

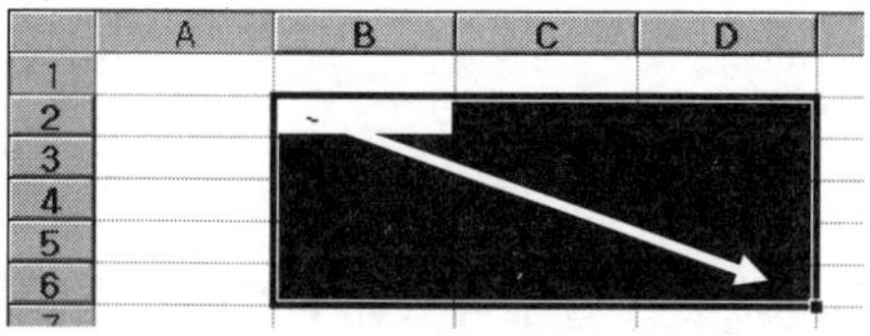

- 마우스를 누른 상태에서 드래그한다.
- Shift를 누른 상태에서 마우스의 왼쪽 버튼을 클릭한다.

2) 복수 범위 지정

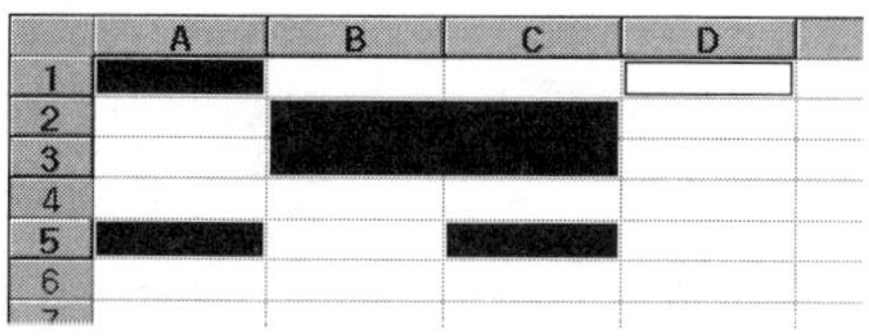

Ctrl키를 누른 상태에서 마우스의 왼쪽 버튼을 눌러 원하는 범위까지 마우스를 이동한 후 버튼을 떼는 과정을 빈복한다.

3) 셀 포인터의 이동

엔터	현재 셀에서 하나 아래 셀로 간다.
Tab	한 칸 오른쪽으로 이동한다.
방향키	그 방향대로 한 칸씩 이동한다.
PgUp/PgDn	한 페이지 위/아래로 이동한다.
Home	제일 왼쪽열(A열)로 이동한다.
Ctrl+방향키	자료가 입력되어 있는 가장 마지막 또는 첫 번째 셀로 이동한다.
Ctrl+Home	A1셀로 이동한다.
Ctrl+End	사용 범위의 가장 오른쪽 아래로 이동한다.

(2) 데이터의 입력

1) 데이터의 입력

① 셀의 왼쪽에 정렬

② 무제한으로 입력 가능

③ 특수 문자: 한글의 자음을 입력한 후 한자 키를 눌러서 사용

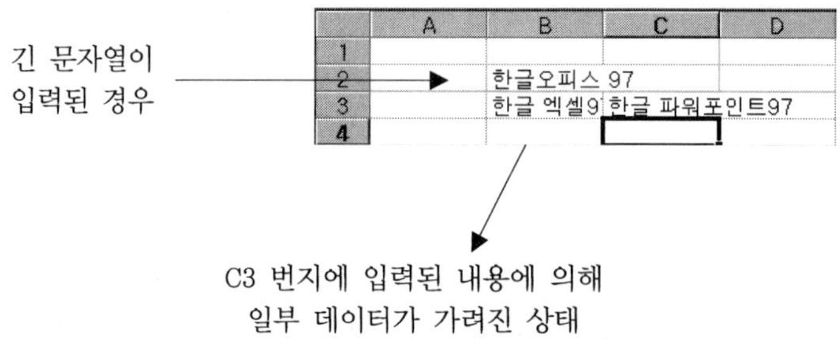

문자열이 너무 길어 한 셀을 넘을 경우 우측의 인접 셀에 데이터가 없으면 연이어 나타나지만 데이터가 있을 경우에는 셀의 폭만큼만 보인다.

2) 숫자의 입력

정수와 수식 기호(+, -, ( ), \)가 쓰이며, 계산을 하기 위한 데이터이다.

입력된 숫자가 셀의 폭보다 클 경우에는 ####와 같은 기호로 나타나지만, 셀의 폭을 조정하면 정상적인 숫자로 표시된다.

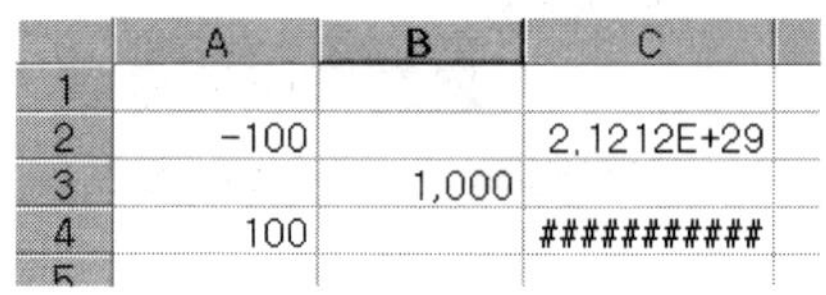

3) 수식의 입력

수식이란 각종 연산 기호(+, -, *, /)를 포함한 각종 내장 함수(수학, 재무, 논리, 삼각, 통계, 문자, 날짜, 특수 함수 등)로 작성된 계산식을 의미한다.

엑셀에서 사용되는 연산 기호는 다음과 같다.

- 계산: +, -, *, /, %, ^
- 문자: &(문자와 문자를 연결)
- 비교: >, <, =, >=, <=, <>

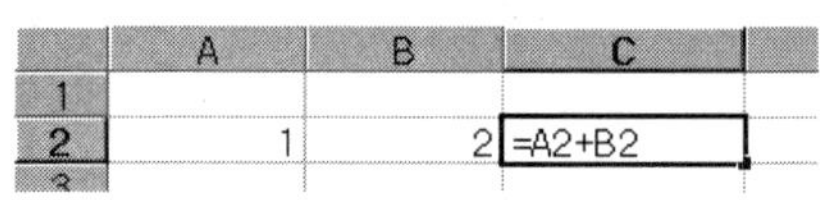

반드시 '='를 사용한다.

4) 메모 자료: 셀을 선택 후 Shift + F2를 누른다.

5) 논리 자료: True, False

6) 한 번에 여러 셀에 같은 데이터 입력

① 데이터를 입력할 여러 셀을 선택한다.

② 데이터를 입력하고 Ctrl + Enter를 누른다.

(3) 데이터의 수정

- 셀 선택 후 수식 입력줄을 클릭한다.
- 셀 선택 후 더블클릭한다.
- 셀 선택 후 F2키를 누른다.

(4) 데이터의 삭제

- 셀 선택 후 Delete키를 누른다.

3. 수식과 함수의 사용

(1) 수식의 기본

1) 계산식에 참조되는 셀

계산식에서 참조되는 셀은 마우스, 방향키, 그리고 키보드를 통하여 지성할 수 있으며, 항상 데이터 입력을 시작하기 전에 Equal (=)이 있어야만 계산식을 작성할 수 있다.

① 계산식: = A1 + A2의 입력 방법(마우스 사용)

- 마우스를 사용할 때에는 A3 셀을 선택하고 키보드에서 Equal sign(=)을 입력한 다음 A1 셀을 마우스로 누르고, Plus(+)를 키보드에서 입력한다.
- 다시 두 번째 더할 A2 셀을 마우스로 누르고, Enter 키를 누르면 A1, A2 셀을 더한 값이 A3 셀에 표시된다.

② 계산식: = A1 + A2의 입력 방법(직접 계산식 입력)

키보드에서 직접 계산식을 입력할 때에는, 계산식을 그대로 타이핑하여 입력하고, Enter 키를 누르면 A1, A2 셀을 더한 값이 A3 셀에 표시된다. 셀의 위치를 입력할 때 대소문자는 구분하지 않는다.

! 유의사항

- 계산식이 작성된 후에 계산식에 참조된 A1, A2 셀의 값이 바뀌면, A3 셀의 값은 자동으로 변경된다.
- 계산식을 작성할 때, 참조되는 셀을 선택하면 복사 모드와 같이 깜박이게 된다. 만일 선택한 셀이 깜박이지 않으면 Equal(=) sign을 입력하지 않아, 문자로 인식하는 것이다.
- 계산에 사용되는 연산자는 더하기(+), 빼기(-), 곱하기(*), 나누기(/)를 사용하며, 계산의 순서는 곱하기, 나누기, 더하기, 빼기의 순서대로 계산된다. 괄호( )를 사용하면 계산의 우선순위를 갖는다.

2) 계산식에서 셀의 범위 지정

계산식에서 지정하는 셀의 범위는 콜론(:)과 콤마(,)로 구분한다. 콜론(:)과 콤마(,)는 조합하여 사용할 수 있으며, 셀 선택하는 방법과 동일하게 마우스로 끌어서 범위를 지정하거나, Ctrl 키를 사용하여 떨어진 셀을 범위로 지정하기도 한다.

① Colon(:)의 사용: 인접한 셀들의 범위를 계산식에 참조할 때, 셀의 범위를 마우스로 끌어서 지정하거나, Shift 키를 사용하여 셀을 지정한다.

계산식: = SUM (A1 : C1)

↘ A1부터 C1 셀의 합을 구하는 계산식

② Comma(,)의 사용: 떨어진 셀들의 범위를 계산식에 참조할 때, 콤마(,)를 사용하며, 마우스와 Ctrl 키를 조합하여 셀을 지정한다.

계산식: = SUM (A1 , C1)

↘ A1 셀과 C1 셀의 합을 구하는 계산식

③ Colon과 Comma(,)의 복합 사용: 인접한 셀들과 떨어진 셀의 값을 계산식에 참조할 때, 인접한 셀들은 마우스로 끌어서 지정하고, 떨어진 셀들은 마우스와 Ctrl 키를 조합하여 셀을 지정한다.

계산식: = SUM (A1 : C1 , B2)

↘ A1부터 C1 셀과 B2 셀의 합을 구하는 계산식

3) 계산식의 복사

계산식은 일반 문자가 있는 수식과는 달리, 셀을 참조로 하여 계산을 하는 것이기 때문에 복사하는 방식이 다르다.

① 자동채우기: A1 셀에 있는 데이터는 단순히 A1이라는 값에서 숫자의 값을 1씩 증가한 경우지만, A2 셀은 계산식이 참조로 하는 위치가 바로 위에 있는 A1 셀이기 때문에, 자동채우기를 실행하면 그림과 같이 바로 위에 셀들을 복사하는 값으로 갖게 된다.

	A	B	C
1	A1	A2	A3
2	=A1	=B1	=C1

← A1 셀은 A1으로 입력하고 A2는 계산식 =A1으로 입력한 경우 A1:A2를 자동채우기 한 경우

② 복사: A1 셀의 내용은 그대로 복사가 되지만, A2 셀의 내용은 계산식이기 때문에 그림과 같이 셀의 위치로 복사된다.

	A	B	C
1	A1		A1
2	=A1		=C1

A1셀은 A1으로 입력하고 A2는 계산식 =A1으로 입력한 경우 A1:A2를 C1에 복사한 경우

(2) 자동 합계

자동 합계란 수식이나 함수를 쓰지 않고 자동 합계 아이콘을 이용하여 특정 셀들에 대한 합을 구해 주는 기능이다.

실습 1

㉠ 셀 A1에서부터 셀 A6까지의 숫자를 입력한다.

㉡ 커서를 셀 A7에 두고 표준 도구 모음 중 Σ 을 선택하여 클릭한다.

㉢ 자동으로 나오는 함수식에서 Enter키를 누른다.

㉣ 자동으로 합계가 구해진다.

• 엑셀에서는 약 300개에 달하는 함수를 제공

	A
1	1
2	2
3	3
4	4
5	5
6	6
7	

(3) 함수 마법사

엑셀에서는 약 300개에 달하는 함수를 제공

• 표준 도구 모음에서 *fx* 를 클릭한다.

실습 2

함수 마법사를 이용하여 평균을 구하여라.

㉠ 함수를 입력하고자 하는 셀을 먼저 선택한다(마우스로 클릭).

㉡ 표준 도구 모음에서 *fx* 를 클릭한다.

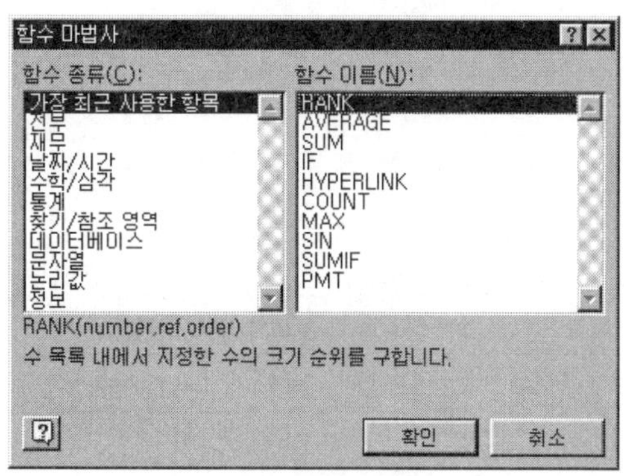

㉢ 함수 마법사에서 원하는 함수의 종류를 선택한다(여기서는 AVERAGE를 선택). 함수의 명을 정확히 알 수 없을 때는 하단의 ?를 클릭한다.

㉣ 함수에 사용될 인수의 값을 정해 준 후 확인 단추를 누른다.

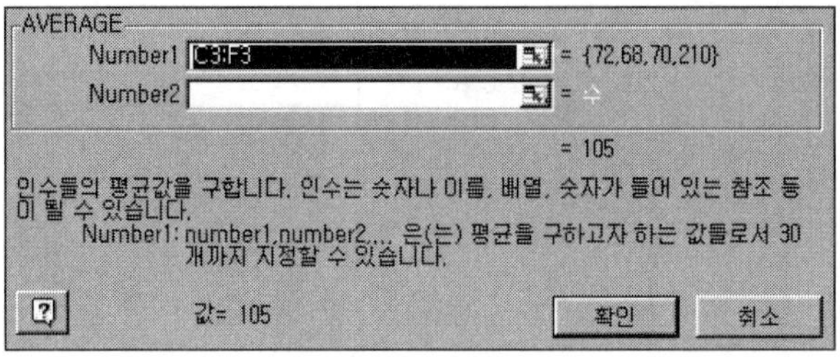

5. 셀 서식

입력한 데이터를 보다 효과적으로 표현하기 위해 워크시트의 셀을 꾸미는 기능을 서식이라 하고, 형식, 글꼴 괘선, 무늬 보호 등이 있다.

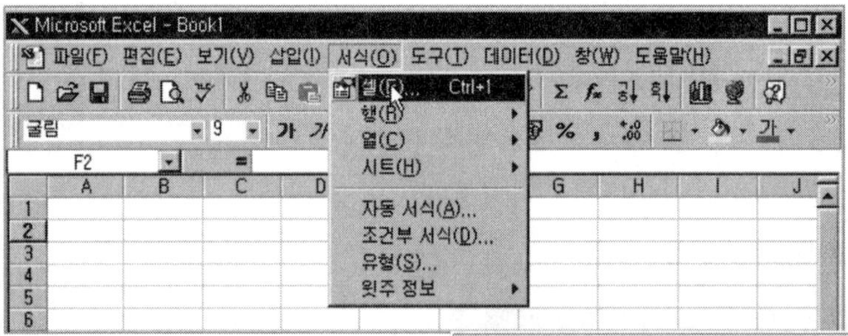

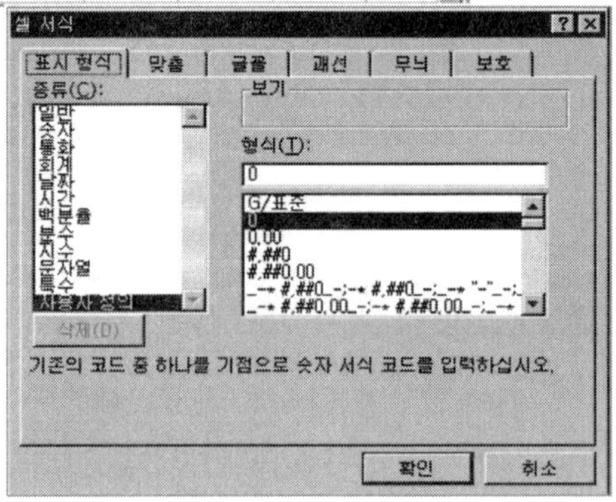

- 메뉴 표시줄의 서식-셀을 선택하면 다음과 같은 셀 서식 대화 상자가 나타난다.
- 대화 상자에는 6개의 탭이 구성되어 있고, 셀 서식 대화 상자에서 수식의 형태(날짜 형식, 분수, 회계..), 글씨의 배치(맞춤), 글꼴의 모양 및 크기 변경, 괘선의 형태 및 색상, 셀의 배경 색상, 시트의 보호 및 암호화를 할 수 있다.

(1) 표시 형식

실습을 위해 다음과 같은 문서를 작성한다.

	A	B	C	D	E
1	서식의 예				
2	통화유형	백분율	콤마유형	자리수늘림	자리수줄임
3	1000000	1000000	1000000	1000000.0	1000000.0
4					

1) 1000단위 구분 기호 사용

① 표시 형식 탭에서 종류 항목의 1000단위 구분 기호 사용 체크

② 표준 도구 모음의 , 를 클릭하는 것으로 대신 가능

2) 백분율 사용

표준 도구 모음의 ₩ % , +.0 .00 를 클릭하는 것으로 대신 가능

3) 통화

표준 도구 모음의 ₩ % , +.0 .00 를 클릭하는 것으로 대신 가능

(2) 맞춤

실습을 위해 다음과 같은 문서를 작성한다.

	A	B	C	D	E	F	G
1	구분지역	문항			정답자수		
2		A	B	C	A	B	C
3	천안	100	100	100	80	80	80
4	공주	100	100	100	89	80	78
5							

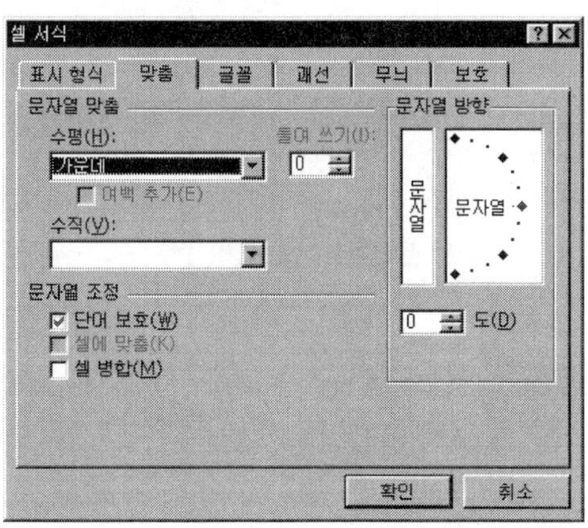

셀에 데이터를 입력하면 기본적으로 숫자나 수식은 오른쪽으로, 문자는 왼쪽으로 정렬된다.

1) 수평 맞춤

① 셀의 맞춤 탭의 수평을 선택한다.

② 서식 도구 모음 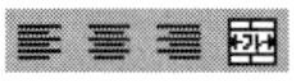 클릭

2) 수직 맞춤

셀 서식 메뉴의 맞춤 탭의 수직 문자열 맞춤을 선택한다.

3) 문자열 조정

① 단어 보호

여러 줄의 문자를 나타나게 하고 싶을 때 사용

- 한 셀에 여러 줄로 나누고 싶을 때 Alt + Enter 키를 누른다.
- A1을 선택한 후 구분 다음에 커서를 위치한 후 Alt + Enter 키를 눌러 줄을 분리한다.

② 셀 병합 

여러 셀을 하나의 셀로 합칠 때 사용

- B1 : D1을 선택한 후 셀 병합을 클릭한다.

(3) 글꼴

1) 메뉴 표시줄의 서식-셀-글꼴을 클릭한다.

2) 도구 모음의 서식을 클릭한다.

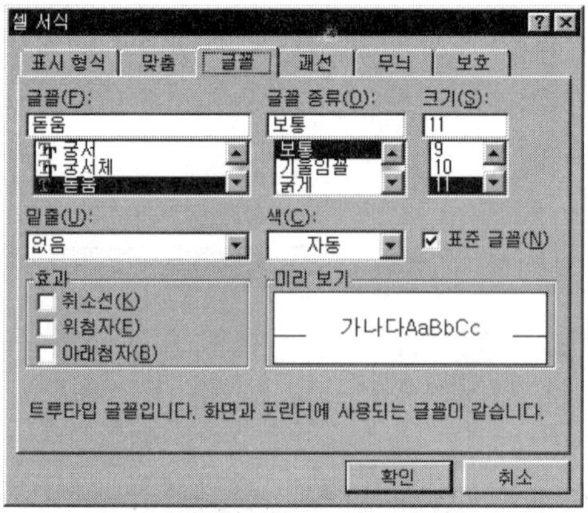

(4) 괘선

1) 서식 메뉴의 셀에서 괘선을 클릭한다.

2) 도구의 를 클릭하여 선택한다.

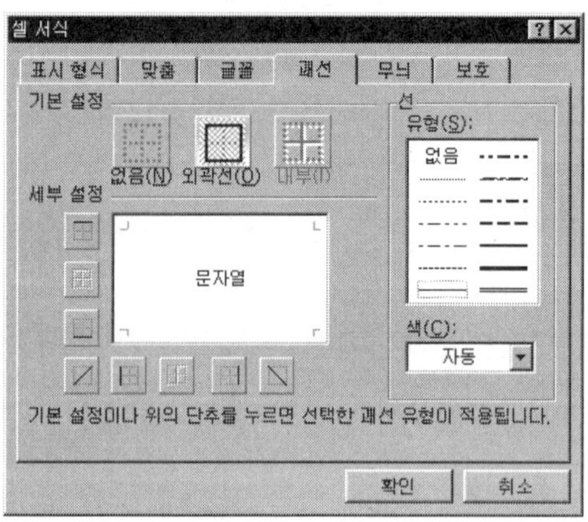

6. CHART

작업표에 작성된 데이터를 비교 분석하기 쉽도록 도표로 자료를 출력하는 기능이다.

(1) 차트의 작성

1) 그리고자 하는 차트의 범위를 설정한다.

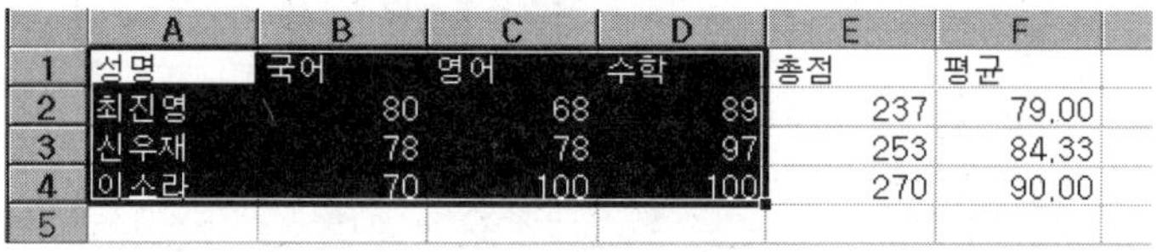

	A	B	C	D	E	F
1	성명	국어	영어	수학	총점	평균
2	최진영	80	68	89	237	79.00
3	신우재	78	78	97	253	84.33
4	이소라	70	100	100	270	90.00
5						

2) 툴바에서 차트 마법사를 선택한다.

① 원하는 차트 종류를 선택

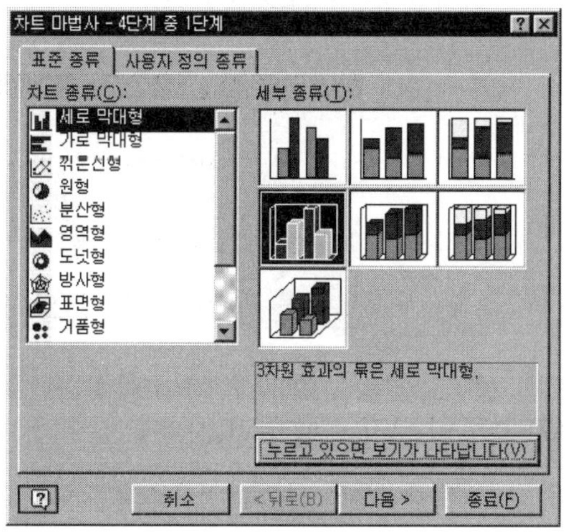

② 차트에 들어 있는 데이터와 이름표가 들어 있는 셀을 선택

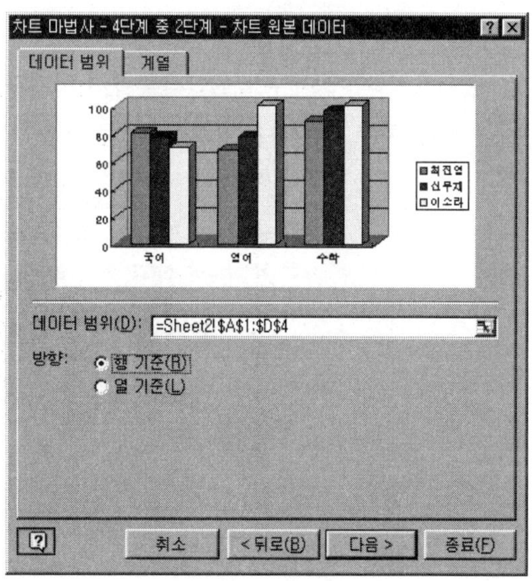

③ 선택한 차트 종류에 따른 기본 옵션을 설정

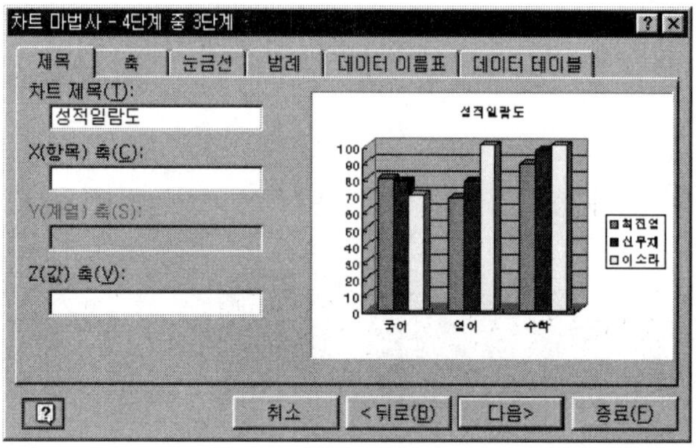

④ 완성된 차트의 놓을 위치 결정

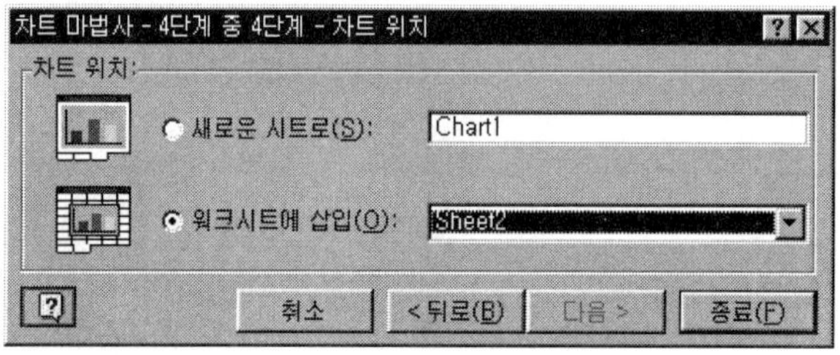

(2) 차트의 크기 조절 및 이동

① 크기를 조절할 차트를 마우스로 클릭한다.

② 차트 테두리에 나타나는 포인터를 위치시킨다.

③ 드래그하여 원하는 크기로 변경한다.

④ 차트 안쪽에 마우스포인터를 위치시키고 왼쪽 마우스 버튼을 누른 상태로 이동하면 차트가 원하는 위치로 이동된다.

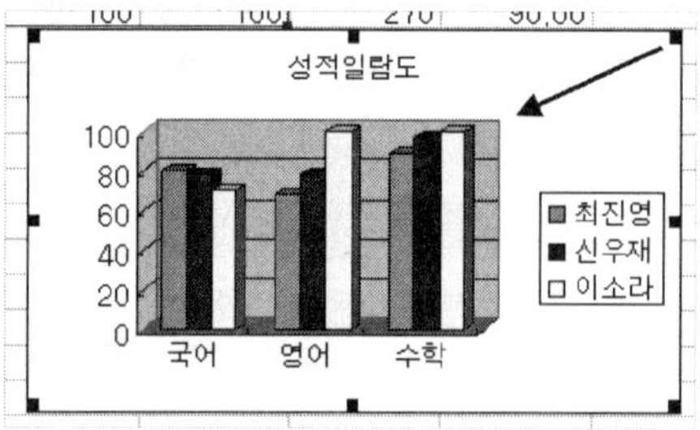

(3) 차트의 변경

① 차트의 변경하고자 하는 사항들 계열, 축, 범례, 제목... 등은 마우스의 왼쪽 버튼을 두 번 클릭한다.

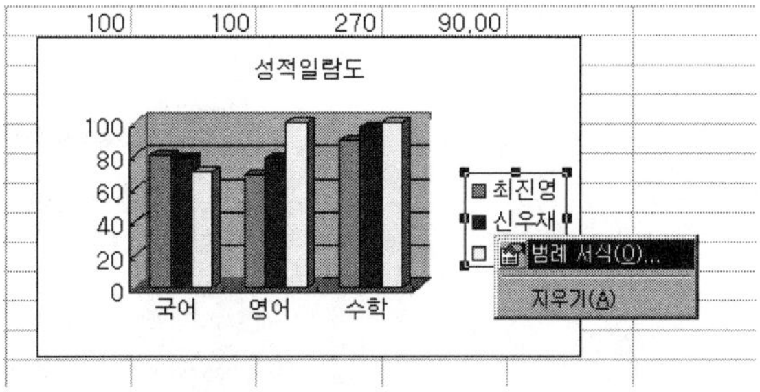

② 또는 마우스의 오른쪽 버튼을 한 번 누른다.

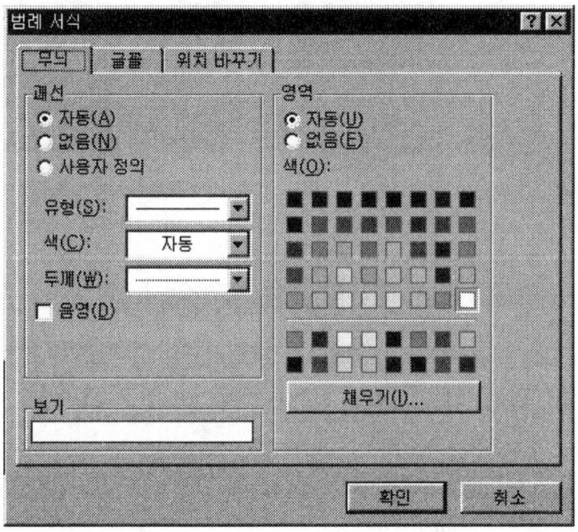

7. 인쇄

(1) 인쇄 양식의 지정

1) 쪽 설정

프린트에 사용될 용지와 인쇄방향, 여백, 머리글/바닥글 등을 설정한다.

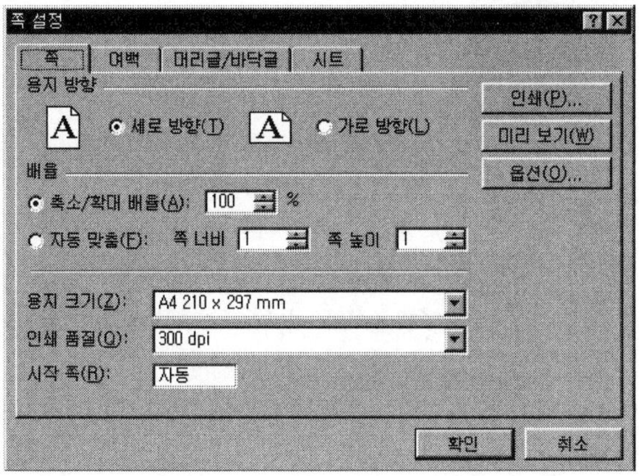

2) 머리글/바닥글의 지정

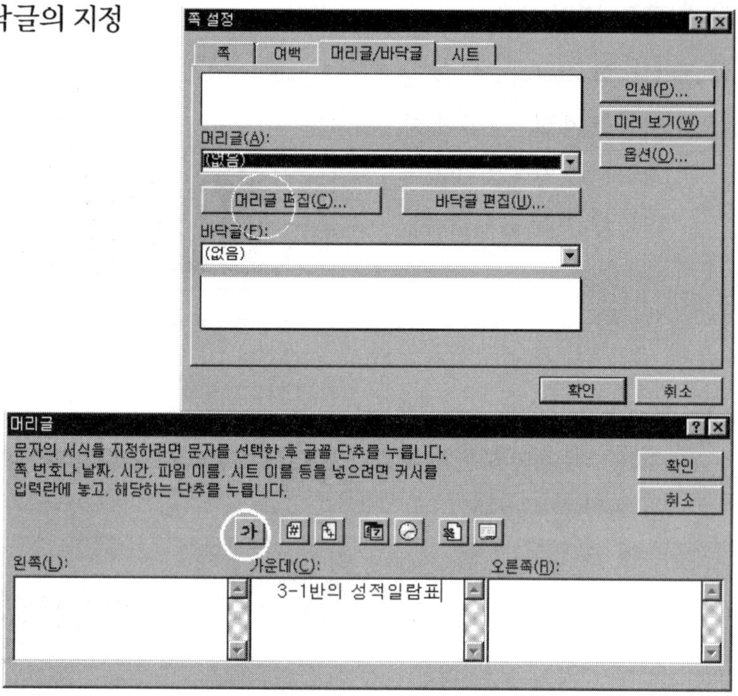

3) 여백 설정(미리보기를 통한)

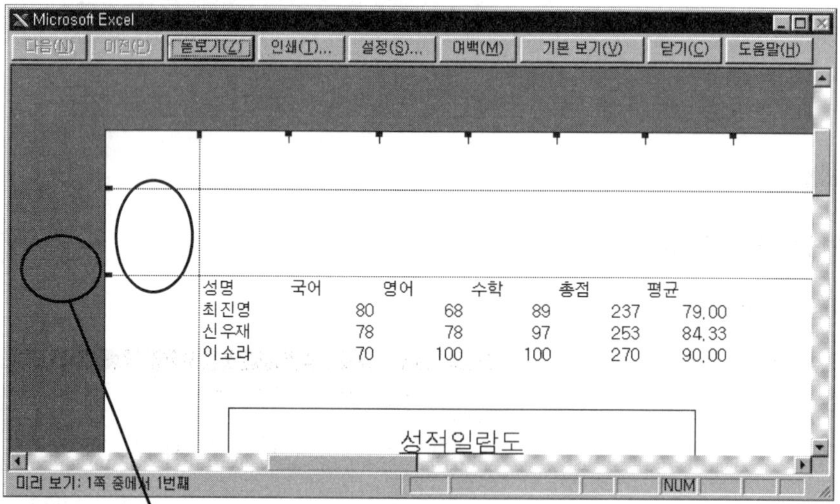

셀폭이나 여백을 조정하기 위한 눈금(조정눈금)으로 왼쪽 버튼을 누르고 드래그를 시켜 조정할 수 있다.

참고문헌

1. 정보문화사　　한글엑셀97 길라잡이
2. 영진출판사　　한글엑셀96 활용편
3. 사이버출판사　아카데믹 한글엑셀97
4. 이강현의 엑셀　http://home.taegu.net/~kanghyun/

실험 보고서 작성 요령

1. 실험 보고서의 중요성

과학적 탐구의 핵심은 보편타당성이며, 이 보편타당성은 탐구 결과에 대한 공개와 자유로운 검토를 통해서 유지된다. 일반 화학 실험은 실험을 하는 것과 함께 보고서를 작성해야 하며, 이를 통해 그 보편성과 의미를 찾고자 한다. 따라서 실험 보고서 작성의 훈련을 통해 논문을 쓰는 방법을 익히고자 한다. 이는 다른 실험자가 이 보고서를 참고하여 실험을 실시하여도 동일한 결과를 얻을 수 있도록 하기 위함이다.

2. 실험 보고서의 작성 시 유의 사항

워드프로세서(Word Processor)를 이용하여 작성하는 것을 기본으로 한다. 출력물은 제출 후 성적 평가를 받으며, 전자 파일은 실험실 내 컴퓨터에 저장한다. 글꼴은 굴림체나 바탕체를 사용하며, 크기는 11~12 pt이고, 줄간격은 180% 또는 1.5줄로 한다. 페이지 여백은 좌/우 3 cm/2 cm이며, 상/하 2 cm/2 cm로 한다.

- 실험 보고서는 다음 실험 시작 전(일주일 후)에 제출하는 것을 원칙으로 한다.
- 제출 기일이 지나서 보고서를 제출하면 50% 감점한다.
- 출석을 하였더라도 실험 보고서를 50% 이상 제출하지 않은 경우에는 F 처리된다.

3. 실험 보고서의 형식

(1) **표지:** 보고서의 겉장으로 실험 제목, 담당 교수, 담당 조교, 학과, 학번, 성명, 조번호, 공동 실험자 성명, 실험 일자, 제출일을 적는다.

(2) **목적:** 수행한 실험의 목적과 의의 등을 기술한다.

(3) **이론:** 실험에 필요한 원리 및 실험 배경 등을 요약하고, 필요에 따라 그림 및 수식 등을 첨가한다.

(4) **시약 및 기구:** 실험에 필요한 시약(구조식, 분자량, 밀도, 물리적·화학적 성질, 주요 용도 등)과 기구에 대한 일반적인 정보(모양, 용도 등), 사용법 및 주의 사항을 요약

한다.

(5) **방법:** 실험의 진행 과정과 구체적인 방법(시약의 질량, 부피, 농도, 실험 순서도, 시간 간격, 온도) 등을 한눈에 알아볼 수 있도록 간결하고 명확하게 기술한다.

(6) **결과 및 고찰:** 현상의 변화(온도의 변화, 색의 변화, 기체의 발생, 침전의 생성이나 소실 등)와 얻은 결과를 정확하고 상세하게 기록하며, 그 결과에 대해서는 이미 알려져 있는 문헌상의 값이나 이론식을 이용하여 비교 및 분석하여 정리한다. 측정 결과를 가능한 한 효과적으로 전달할 수 있도록 그래프나 도표 등을 작성할 수 있도록 하며, 그래프로 나타낼 경우에는 평균값과 함께 오차 범위를 표시하여 측정 결과의 신뢰성을 높인다. 실험 결과에 대한 오차의 원인 및 객관적인 결과 분석에 따른 물리화학적 의미를 정리하며 개선 사항 등을 기술한다.

(7) **결론:** 실험 목적에 따른 결과 및 고찰에 대한 종합적이고 간략한 내용과 이에 대한 평가를 기술한다.

(8) **참고 문헌:** 실험과 관련한 이론 및 이전의 실험 내용에 대한 교과서, 참고서, 또는 학술지에 실린 다른 사람들의 논문이나 보고서를 문헌 기록 방식(저자, 문헌명, 출판사, 연도, 인용 페이지)에 따라 정확히 기재하여 결과에 대한 신빙성을 부여한다.

(예1) Lee, J.-W.; Serna, F.; Schmidt, C. E. *Langmuir* **2006**, *22*, 9816.

(예2) Skotheim, T. A.; Elsenbaumer, R. L.; Reynolds, J. R. *Handbook of Conducting Polymers 2nd ed.*; Marcel Dekker: New York, 1998.

안전 수칙 준수 동의서

- 실험실에서는 항상 실험복을 착용한다.
- 신발은 항상 발가락과 발등을 보호할 수 있는 것으로 착용한다.
- 정숙한 태도로 다른 학생에게 방해가 되지 않도록 한다. 또한, 실험 시간 중 식·음료 섭취 및 이동 전화의 사용은 절대 금지한다.
- 대부분의 시약은 유독하므로 맛을 보아서는 안 된다. 시약의 맡고자 할 때에는 얼굴을 향하여 손으로 부채질을 하여 맡도록 하고, 다량의 기체를 흡입하지 않도록 주의한다.
- 초자(유리 기구)를 가열할 경우에는 직접 열이 닿지 않도록 한다. 액체를 가열할 때에는 끓임쪽을 사용하여 액체가 튀어 오르지 않도록 하며, 초자의 입구가 주위의 다른 학생을 향하지 않도록 조심한다. 인화성이 있는 액체는 반드시 물중탕을 사용하여 가열한다.
- 공해 물질은 반드시 폐수통에 모두 회수하고, 싱크대나 휴지통에 버려서는 안 된다. 특히, 진한 산, 염기, 또는 유기 용매를 싱크대에 버리지 않도록 한다.
- 사용 방법 및 내용을 잘 숙지하지 못한 기구나 시약은 다루지 않도록 한다.

날 짜 ________________

성 명 ________________

서 명 ________________

PART 02
실험

실험 1

유리세공

목 적

화학 실험에서 쓰이는 간단한 장치들은 스스로 만들어서 사용한다. 본 실험에서는 유리관을 자르고 구부리고 가늘게 뽑는 등의 작업과 이러한 유리세공에 의하여 간단한 장치를 만드는 법을 실습하여 본다.

원 리

화학 실험에서 쓰이는 간단한 장치는 용도에 따라 스스로 만들어서 사용한다. 이런 경우에는 흔히 지름 6 mm인 유리관을 원하는 모양으로 자르고 구부려서 장치를 꾸민다. 이 실험에서는 유리관을 자르고 구부리고 가늘게 뽑는 일과 자른 부분을 불꽃으로 다듬어서 유리관을 고무마개에 끼우는 법 등을 실습하게 된다.

● 유리의 성질

유리는 고체처럼 보이지만 사실은 과냉각된 액체이다. 즉, 유리는 정상적인 어는점에서 고체상이 석출되지 않고 더욱 냉각된 액체이다. 유리는 점성이 매우 높기 때문에 고체에 해당하는 몇 가지 성질을 갖고 있다. 예를 들면 딱딱하고 특정한 모양을 가지며 깨지는 성질을 가진다. 그러나 유리와 진짜 고체 사이에는 중요한 차이가 있다.

(1) 유리의 균열은 여러 방향으로 나타나며 파편 모양도 여러 가지이다. 결정성 고체는 이와 반대이다. 즉, 어떤 일정한 방향으로만 깨지며 이에 따라 깨진 면은 곡면이 아니며 편평하다(결정성 고체에 관해서는 나중의 실험에서 더 알게 될 것이다).

(2) 진짜 고체를 가열하면 어떤 특정 온도에서 녹는다. 그러나 유리를 가열하면 점성이 낮아져 분명히 액체의 성질을 가진 물질이 되지만 고체에서 액체로 되는 명확한 변화점은 없다.

둘째 항은 유리를 취급하는 데 있어서 매우 중요하다. 그 이유는 유리가 '플라스틱'의 성질(가소성)을 가지며 원하는 모양으로 성형하거나 부풀리거나 구부릴 수 있는 온도의 범위가 있기 때문이다. 현재 상용되는 유리에는 표 1-1에서와 같은 세 가지 부류가 있다.

[표 1-1] 유리의 세 가지 부류

	소다 유리	보로실리카 유리	용융 실리카 유리
조성(주성분)	이산화 규소, SiO_2 산화 소듐, Na_2O 산화 칼슘, CaO	SiO_2, B_2O_3(산화 붕소)	SiO_2
연화점	낮다(600℃)	높다(800℃)	매우 높다(1200℃)
가열 또는 냉각 시 실리카와 비교한 팽창	높다(실리카의 14배)	낮다(실리카의 5배)	매우 낮다
화학 물질에 대한 내구성	낮다	높다	매우 높다
용도	용기, 창유리	가열용 그릇, 실험용 유리기구	특수실험용 유리 기구
상품명	–	Pyrex Kimax Hysil	Vycor
상대적 가격	낮다	중간	높다

유리는 일반적으로 급히 가열 또는 냉각시키면(열충격이라 함) 팽창이나 수축을 쉽게 할 수 없으므로 산산이 깨진다. 그러나 용융 실리카는 다른 물질보다 열충격에 매우 강하다.

이 실험에서는 소다 유리로 만든 유리관을 사용한다. 소다 유리를 쓰면 분젠 버너의 불꽃만으로도 간단하게 조작할 수 있다. 그러나 보로실리카 유리를 연화할 만큼 뜨거운 불꽃을 얻으려면 아세틸렌-산소 혼합물을 연소시키는 토치가 있어야 한다. 순수한 실리카 유리를 사용할 때에는 산소-수소 혼합 기체의 연소에서 얻는 매우 뜨거운 불꽃이 필요하다.

기구 및 시약

- 유리관(ø 6 mm) 1 m
- 분젠 버너
- 쇠그물 또는 석면판
- 핀셋
- 고무마개
- 보오라(Borer)
- 세모줄(File)

주의 사항

1. 관을 깔끔하게 자르려면 장력을 주는 것이 좋다. 이렇게 되면 깨끗이 잘릴 뿐 아니라 두 개의 잘린 부분이 잘 갈라져 위험이 줄어든다. 이러한 관 자르기는 지름이 작은(12 mm 이내) 관에 효과가 있다. 지름이 큰 경우에는 숙련가에게 맡기는 것이 가장 좋다.
2. 유리가 차가울 때와 뜨거울 때를 육안으로 구별할 수 없다. 뜨거운 유리를 집어 큰 화상을 입지 않도록 항상 주의하라.

실험 방법

1. 분젠 버너

분젠 버너는 천연가스를 조절하여 연소하는 기구로서 실내에서 이동시켜서도 사용할 수 있다. 그림 1-1은 분젠 버너의 모양이다. 근본적으로 이 버너는 아래쪽에 주입구가 있다. 기체는 버너의 위쪽에서 탄다. 또한 버너 중간에는 구멍이 있는데 이를 통해 공기가 들어와 기체와 혼합되며 기체와 공기의 혼합물이 타게 된다.

2. 버너 켜기와 조절

① 버너의 튜브와 고무관을 연결하고 고무관의 다른 쪽을 가스통의 작은 출구와 연결한다.

② 버너의 공기구멍을 잠근다.

③ 가스통을 열고 성냥을 켠 다음 버너의 튜브 끝에 갖다 댄다. 성냥을 위쪽에서부터 접근시키면 꺼지는 수가 많다.

④ 공기구멍을 천천히 연다. 그러면 불꽃이 두 개의 동심원으로 구성될 것이다. 안쪽의 불꽃심은 푸른색을 띤다.

⑤ 기체의 연소로 소리가 심하면 이는 조절이 더 필요한 것이다. 불꽃이 조용히 타고 안쪽의 파란 불꽃 높이가 10~15 mm이면 적절하게 조절한 것이다.

⑥ 때때로 공기 출입관을 너무 열어 주면 버너의 아래쪽에 있는 작은 구멍에서 불꽃이 생길 수 있다. 이때는 즉시 가스 꼭지를 잠가야 한다. 다시 켜려면 버너가 뜨겁지 않도록 냉각시킨 다음에 공기 출입구를 닫고 불을 켠다. 전처럼 공기 출입구를 너무 열지 말아야 한다.

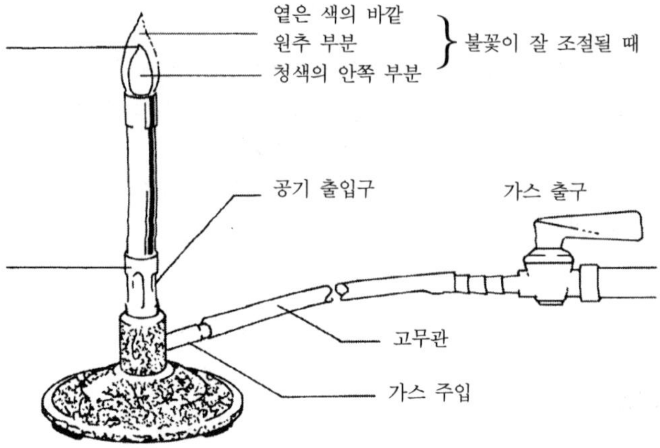

[그림 1-1] 분젠 버너

3. 유리관 자르기

유리관을 실험대 위에 놓고 자르려는 부위를 줄(file)로 누른다. 줄을 몸 바깥쪽으로 밀면서 동시에 다른 손으로는 관을 반대로 회전시킨다. 관은 수직 방향으로 자른다. 이렇게 관이 한 줄의 긁힘을 받게 되면 긁힘선은 관의 반바퀴 정도가 될 것이다. 이때 나무를 톱질할 때처럼 줄을 앞뒤로 움직이지 말아야 한다. 이런 조작은 관을 자르는 데 아무 효과가 없으며 오히려 줄을 망가트리게 될 것이다. 줄자리(긁힘선)를 닦고 양손으로 관을 단단히 잡되 두 엄지손가락을 줄자리 바로 뒤쪽에 갖다 댄다(그림 1-2). 관을 어느 정도 세게 늘어뜨리면서 엄지손가락으로 힘을 가하면 관이 깨끗이 잘린다.

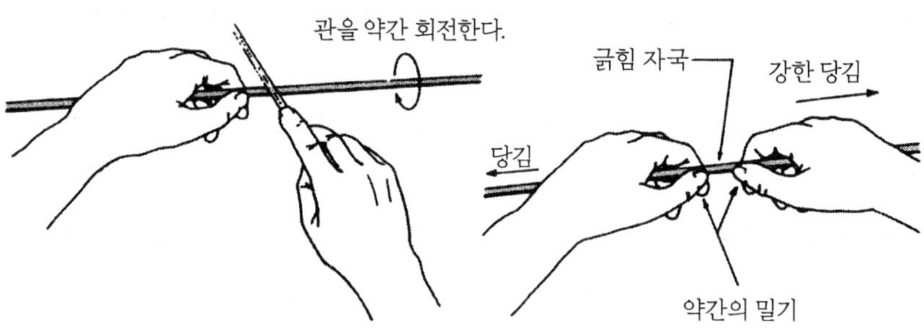

[그림 1-2] 유리관 자르기

4. 달굼 연마

바로 잘린 관은 모서리가 예리하여 위험하므로 사용하기 전에 연마하는 작업이 필요하다. 잘린 끝을 분젠 버너의 가장 뜨거운 불꽃(속불꽃 바로 위)에 갖다 대고, 거친 부분이 완만하게 될 때까지 관을 계속 회전시킨다. 이때 너무 가열하면 관이 협소해지므로 주의한다(그림 1-3).

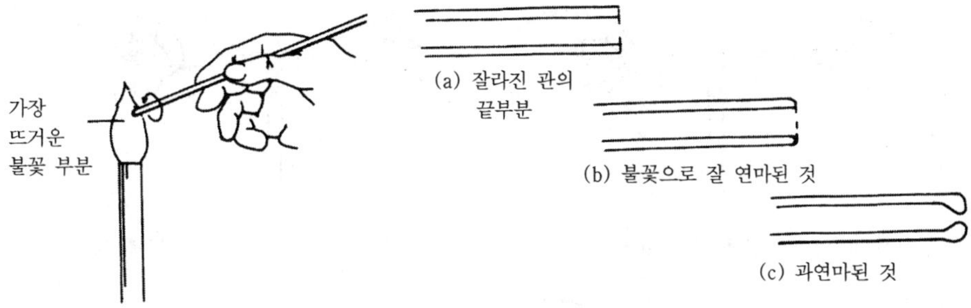

[그림 1-3] 유리관의 달굼 연마

5. 구부리기

작은 지름의 유리관은 분젠 버너의 가장 큰 불꽃으로 관을 회전하면서 가열하여 쉽게 구부릴 수 있다(넓게 퍼진 불꽃은 날개관을 버너 꼭지에 얹혀 얻을 수 있다). 유리가 연화되면 불꽃에서 떼고 잠시 들고 있는다. 다음에 서서히 굽히거나 원하는 각도로 될 때까지 무게 힘으로 휘도록 한다(그림 1-4). 굽힐 때 너무 힘을 가하면 찌그러지거나 깨지므로 주의하라.

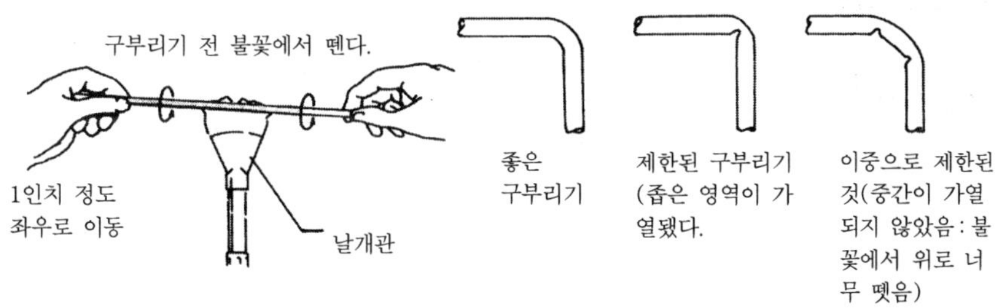

[그림 1-4] 유리관 구부리기

6. 가늘게 뽑기

연결관 뷰렛의 뾰족한 끝 등을 만들기 위해 두꺼운 관을 뽑아 더 작은 지름의 관을 만들 때가 흔히 있다. 이를 위해서는 관이 불꽃으로 연하게 될 때까지 회전시킬 수 있다. 이후 불에서 떼어 원하는 길이가 될 때까지 두 끝을 천천히 당긴다(이때도 관을 회전시킨다). 너무 빨리 잡아당기면 늘어진 부분의 두께가 아주 얇게 된다. 사용 목적에 적합한 것은 지름 약 2 mm의 뾰족한 끝이다.

① 연결 고무관과 끝이 뾰족한 짧은 관이 부착된 뷰렛을 사용하고자 할 때는 한 두 개의 뷰렛 끝관이 필요하다. 이것은 2~3 cm의 한쪽을 가늘게 뽑은 관이다.

② 때로는 적은 양의 용액을 옮기는 데 쓰이는 서너 개의 피펫(pasteur 피펫)이 필요하다. 이것은 한쪽을 가늘게 뽑은 10 cm 정도의 관이다. 지름이 큰 쪽을 불로 연마하여라.

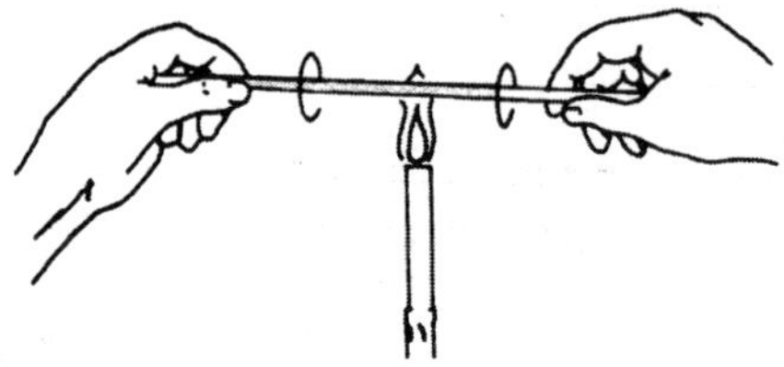

(a) 연하게 될 때까지 관을 불꽃 내에서 돌린다.

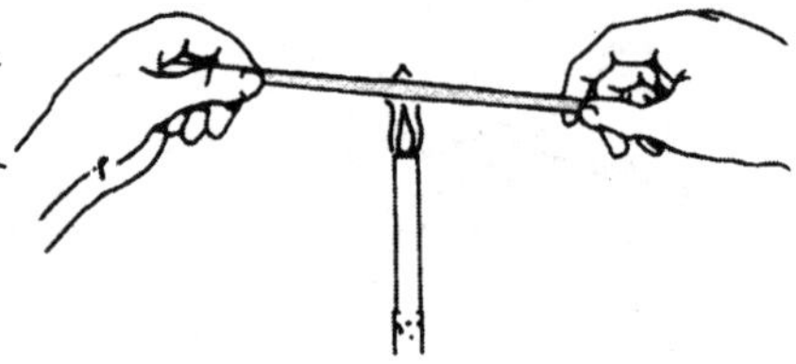

(b) 가열할 때 관이 짧아져서 두껍게 되도록 한다.

(c) 불꽃에서 떼고 원하는 만큼의 모세관이 되도록 당긴다.

(d) 소정 길이로 자르고 끝을 달궁 연마한다.

[그림 1-5] 작은 피펫을 만들기 위한 유리관 뽑기

실험 결과

1. 유리관 자르기

2. 유리관 구부리기

3. 유리관 가늘게 뽑기

4. 유리관을 고무마개에 끼우기

복습

1. 결정성 고체 & 비결정성 고체

결정성 고체는 원자, 분자, 이온 등이 특별한 모양으로 견고하고 넓은 규칙성을 가진 고체이다. 규칙성이 있어 성질 파악이 용이하고, 일정한 온도와 압력상의 변화가 가능하다. 비결정성 고체는 구조가 결정화되어 있지 않은 고체로, 무정형 고체라고도 한다. 원자들이 규칙적인 3차원 배열을 하지 않는다. 규칙성이 없기 때문에 성질 파악이 힘들고, 일관성이 없으며, 성질은 범위로 나타난다. 유리는 비결정성 고체이다.

2. 유리

비결정성 고체인 유리는 과냉각된 액체이기 때문에 정상적인 어는점에서 고체상이 석출되지 않고 액체 상태로 더욱 냉각된다. 유리는 점성이 매우 높아 액체이지만 고체에 해당하는 몇 가지 성질을 가지고 있다(ex. 딱딱함, 특정한 모양을 가짐, 깨짐).

3. 유리의 특성

① 열적 특성

- 유리의 내열성은 고온에서 연화하거나 변형하지 않는 성질 외에, 온도의 급변, 즉 열충격에 견딜 수 있는 성질을 말한다.
- 매우 높은 온도에서는 액체처럼 흐르고 냉각되면서 분자의 배열이 불규칙하게 형성되므로 고온에서 형태 변화가 가능하다.
- 유리를 가열하면 점성이 낮아져 분명히 액체의 성질을 가진 물질이 되지만, 고체에서 액체로 되는 명확한 변화점이 없다.

② 화학적 특성

- 유리는 산, 염기 물질에 대한 침식 저항력이 매우 높다.
- 이산화 규소(SiO_2)의 O가 OH로 되면서 구조 변화에 의해 침식되지만, 반응성이 매우 낮아 시약병 등에 사용된다.

③ 광학적 특성

- 유리는 일부러 불투명하게 만들지 않는 이상 표면이 균일하게 만들어지므로 산란이 일어나지 않고 투과되기 때문에 투명하다.

④ 구조적 특성

- 유리는 비결정성 구조이며 결정성 구조인 석영과 비교해서 불규칙적인 것을 알 수 있다.

질량 측정과 액체 옮기기

목적

측정을 통해 얻은 실험 데이터의 처리 및 액체의 부피 측정에 주로 사용되는 유리 기구의 불확정도 추정 방법을 배운다.

원리

측정에서 얻은 모든 값은 언제나 불확실성을 포함하고 있다. 측정기기는 기기 고유의 한계(기기 오차)를 가지고 있으며, 같은 대상을 측정해도 사람마다 측정값이 다르다(인간 오차). 예를 들면, 학생 10명이 저울 10개로 같은 동전 1개의 질량을 잴 때, 10번의 측정값은 여러 이유로 다를 수 있다. 저울이 조금씩 다르게 보정되었을 수도 있고, 10명의 학생이 질량을 읽을 때 차이가 있을 수도 있다. 실험실에 있는 여러 개의 온도계로 같은 용액의 온도를 측정하더라도 서로 다른 값을 얻는 것도 같은 예이다.

정밀도(precision)와 정확도(accuracy)는 측정값의 불확실성을 설명할 때 주로 사용된다. 정밀도는 측정값이 서로 얼마나 잘 일치하는가를 나타내고, 정확도는 측정값이 실제 참값과 얼마나 잘 일치하는가를 나타낸다(그림 2-1).

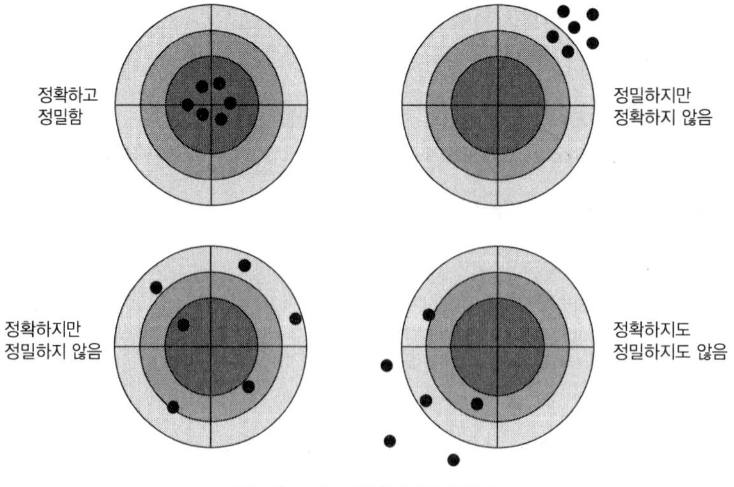

[그림 2-1] 정밀도와 정확도

[표 2-1] 부피 측정 유리 기구의 용량, 눈금, 불확정도

뷰렛			피펫		부피 플라스크	
용량(mL)	용량(mL)	불확정도(mL)	용량(mL)	눈금(mL)	용량(mL)	불확정도(mL)
5	0.01	±0.01	1	0.01	5	±0.02
10	0.02	±0.02	5	0.05	10	±0.02
25	0.1	±0.03	10	0.1	25	±0.03
50	0.2	±0.05	25	0.2	100	±0.08

실험에서 많이 사용되는 액체의 부피와 관련된 유리 기구의 불확정도는 표 2-1과 같다. 측정기기나 기구를 보정하더라도, 뷰렛으로 측정한 용액의 부피는 처음 눈금과 마지막 눈금의 차이이므로 0.04 mL 정도의 불확정도가 포함된다. 예를 들어, 적정을 할 때 2 mL의 용액을 사용하였다면 눈금 읽기에서 생기는 불확정도의 범위는 ±0.04 mL, 즉 전체 부피의 2%가 된다. 그러나 10 mL의 용액을 사용하면 불확정도는 전체 부피의 0.4%로 줄어든다. 그러므로 적정을 할 때, 2 mL 이상의 용액이 사용될 때는 표준 용액의 농도를 낮추거나 시료의 농도를 높여서 10 mL 이상의 용액이 사용되도록 조절하거나, 용량이 5 mL 또는 10 mL인 작은 용량의 뷰렛을 사용하는 것이 좋다.

실험 자체의 한계에서 발생하는 불확정도는 반복적인 측정을 통한 평균값을 얻게 되면 상쇄된다. 그러나 실제 실험에서는 같은 실험을 무한히 반복할 수는 없고, 몇 차례만 반복할 수 있을 뿐이다. 제한된 횟수만큼 반복한 실험 결과는 통계적인 방법을 이용해서 평균값과 불확정도를 계산한다. 실험을 N차례 반복했을 때, 불확정도는 다음과 같이 주어진다.

$$\sigma(\text{불확정도}) = \sqrt{\frac{\sum(\text{측정값} - \text{평균값})^2}{N-1}}$$

식에서 볼 수 있듯이 N이 클수록 불확정도가 감소함을 알 수 있다. 단 한 번의 실험에서는 불확정도가 무한대가 되기 때문에 측정 결과를 보고할 때는 여러 차례 반복한 실험의 평균값과 그 값의 신뢰 수준 또는 불확정도 '평균값±σ'로 표시하는 것이 가장 좋다. 만약, 반복 실험의 횟수가 충분하지 않을 때는 유효 숫자를 이용해서 불확정도를 묵시적으로 나타내기도 한다.

기구 및 시약

- 화학 저울
- 10 mL 피펫
- 50 mL 비커
- 피펫 필러
- 10 mL 눈금 실린더
- 50 mL 뷰렛
- 온도계

주의 사항

1. 실험 시간이 부족하면 반복 실험의 횟수를 3회로 줄여도 된다. 시간이 충분하다면 5.00 mL 부피 플라스크를 이용해서 눈금 실린더, 피펫, 뷰렛, 부피 플라스크의 용도 차이를 확인할 수도 있다.
2. 교재 18쪽의 메니스커스와 25쪽의 유효 숫자를 숙지하고 내연장법을 통해 부피를 읽어준다.
3. 뷰렛은 처음 사용하므로, 뷰렛 사용법을 숙지한다.
4. 피펫 필러에 액체가 들어가면 필러가 손상될 수도 있고, 필러에 들어갔던 액체가 피펫에 담긴 용액을 오염시킬 수도 있으므로 필러에 액체가 들어가지 않도록 주의한다.

실험 방법

1. 피펫을 이용한 액체의 이동

① 화학 저울의 전원을 켜고 잠시 기다린 후에 영점을 맞춘다.

② 저울 위에 깨끗이 씻어 말린 비커를 올려놓고 질량을 측정한다.

③ 피펫 필러를 이용해서 피펫의 가장 위쪽 눈금까지 증류수를 채운다. 피펫에 증류수를 채울 때, 공기가 빨려 들어가지 않도록 피펫의 끝이 항상 용액에 잠겨 있도록 하고, 필러 속으로 용액이 빨려 들어가지 않도록 한다.

④ 피펫에 채워져 있는 증류수를 저울 위에 올려놓은 비커에 옮긴다. 정확히 2.00 mL의 증류수를 옮기고 질량을 측정한다.

⑤ 위의 ③과 ④의 과정을 4회 더 반복한다.

⑥ 증류수의 온도를 측정한다.

⑦ 표 3-2에 나타낸 온도에 따른 증류수의 밀도를 이용해서 피펫으로 옮긴 증류수의 부피 평균값과 불확정도를 구한다.

2. 눈금 실린더를 이용한 액체의 이동

① 눈금 실린더의 안쪽 벽면에 물방울이 생기지 않도록 깨끗하게 씻고 증류수로 헹군다.

② 3.00 mL 증류수를 눈금 실린더에 채운 후 실험 1과 같은 방법으로 저울 위의 비커에 옮기고 질량을 측정한다.

③ 위의 ②의 과정을 4회 더 반복한다.

④ 증류수의 온도를 측정한다.

⑤ 표 3-2에 나타낸 온도에 따른 증류수의 밀도를 이용해서 눈금 실린더로 옮긴 증류수의 부피 평균값과 불확정도를 구한다.

3. 뷰렛을 이용한 액체의 이동

① 뷰렛의 사용법과 눈금 읽는 법을 충분히 익힌다.

② 깨끗하게 씻어 증류수로 헹군 뷰렛에 증류수를 채운다. 뷰렛의 끝에 공기 방울이 남아있으면 코크를 빨리 여닫는 방법으로 공기를 빼낸 후, 눈금을 정확하게 읽어준다.

③ 약 3 mL의 증류수를 저울 위의 비커에 옮기고 질량을 측정한다. 눈금을 정확하게 읽어준다.

④ 위의 ③의 과정을 4회 더 반복하여 증류수의 평균 밀도와 불확정도를 구한다.

실험 결과

1. 피펫을 이용한 액체의 이동

1회 취한 액체의 부피(mL) ____________

피펫	1회	2회	3회	4회	5회
처음 무게(g)					
나중 무게(g)					
액체의 무게(g)					

- 평균 무게(g) ____________
- 무게의 불확정도(g) ____________
- 실제로 옮긴 증류수의 평균 부피(mL) ____________
- 실제로 옮긴 증류수 부피의 불확정도(mL) ____________

2. 눈금 실린더를 이용한 액체의 이동

1회 취한 액체의 부피(mL) ____________

눈금 실린더	1회	2회	3회	4회	5회
처음 무게(g)					
나중 무게(g)					
액체의 무게(g)					

- 평균 무게(g) ____________ ● 무게의 불확정도(g) ____________
- 평균 실제로 옮긴 증류수의 평균 부피(mL) ____________
- 실제로 옮긴 증류수 부피의 불확정도(mL) ____________

3. 뷰렛을 이용한 액체의 이동

뷰렛	1회	2회	3회	4회	5회
처음 눈금(mL)					
마지막 눈금(mL)					
옮긴 부피(mL)					
액체의 무게(g)					
액체의 밀도(g/mL)					

- 액체의 평균 밀도(g/mL) ____________
- 액체 밀도의 불확정도(g/mL) ____________

복습

1. 측정에서 얻은 모든 값은 언제나 불확실성을 포함하고 있다. 측정기기는 기기 고유의 한계를 가지고 있으며, 같은 대상을 측정해도 사람마다 측정값이 다르다.

2. 정밀도와 정확도는 측정값의 불확실성을 설명할 때 사용된다. 정밀도는 측정값이 얼마나 잘 일치하는가를 나타내고, 정확도는 측정값이 실제 참값과 얼마나 일치하는가를 나타낸다.

3. 반복 실험을 N차례 했을 때, N이 커질수록 불확정도가 감소한다. 단 한 번의 실험에서는 불확정도가 무한대가 되기 때문에 측정 결과를 보고할 때는 여러 차례 반복한 실험의 평균값과 그 값의 신뢰 수준 또는 불확정도 '평균값 ± σ'로 표시하는 것이 좋다. 만약, 반복 실험 횟수가 충분하지 않으면 유효 숫자를 이용해서 불확정도를 묵시적으로 나타내기도 한다.

$$\sigma(\text{불확정도}) = \sqrt{\frac{\sum(\text{측정값} - \text{평균값})^2}{N-1}}$$

4. 피펫을 이용한 액체 옮기기 실험의 측정 결과가 아래와 같을 때, 피펫의 부피 불확정도의 계산은 다음과 같다.

피펫을 이용해 1회 취한 액체의 부피: 2.00 mL

피펫	1회	2회	3회	4회	5회
처음 질량(g)	37.0982	39.0489	41.0079	43.0292	45.0622
나중 질량(g)	39.0489	41.0079	43.0292	45.0622	47.0360
액체의 질량(g)	1.9507	1.9590	2.0213	2.0330	1.9738

평균 무게: (1.9507+1.9590+2.0213+2.0330+1.9738)g ÷ 5 = 1.9876 g

무게의 불확정도:

$$\sqrt{\frac{(1.9507-1.9876)^2+(1.9590-1.9876)^2+(2.0213-1.9876)^2+(2.0330-1.9876)^2+(1.9738-1.9876)^2}{5-1}} = 0.037306\text{ g}$$

증류수의 온도: 18.00℃ 증류수의 밀도: 0.99860 g/mL

평균 부피: (1.9534+1.9617+2.0241+2.0359+1.9766) mL ÷ 5 = 1.9903 mL

(위의 각각의 부피는 액체의 질량을 증류수의 밀도로 나눈 값이다)

부피의 불확정도:

$$\sqrt{\frac{(1.9534-1.9903)^2+(1.9617-1.9903)^2+(2.0241-1.9903)^2+(2.0359-1.9903)^2+(1.9766-1.9903)^2}{5-1}} = 0.037380\text{ mL}$$

물질의 밀도

목적

물질의 질량과 부피를 측정하는 방법을 익히고 이로부터 물질의 밀도를 구한다.

원리

물질의 물리적 성질은 물질의 조성의 변화 없이 관측되고 측정되는 성질로서, 이것은 물질의 양에 관계된 크기 성질(extensive property)과, 물질의 양과 무관한 고유한 성질을 나타내는 세기 성질(intensive property)로 나누어질 수 있다.

부피, 무게 등은 크기 성질에 속하여 물질의 양에 따라 변화하지만 색깔, 녹는점, 밀도 등은 세기 성질에 속하여 물질의 고유한 성질을 나타낸다. 세기 성질 중에서 측정에 의해 관찰되는 특성을 정량적 성질(quantitative property)이라고 하며, 어는점, 끓는점, 밀도 등이 이에 해당된다.

밀도는 물질의 중요한 물리적 성질의 하나로 순수한 물질은 각자 고유한 밀도를 가지고 있다. 밀도는 단위 부피당 질량으로 정의되며, 두 크기 성질(질량과 부피)의 비를 취하여 구할 수 있는 물질의 양과 무관한 물질의 고유한 성질 중의 하나이다. 밀도는 물질의 부피와 질량을 측정하여 그 질량을 부피로 나눈 것을 말한다. 즉, 어떤 물체의 질량을 m, 부피를 V라 하면 밀도(d)는 $d=m/V$가 된다. 밀도의 SI 단위는 kg/m^3이다. 그러나 화학 실험에서는 밀도의 단위로 g/cm^3 또는 g/mL가 많이 사용된다.

물질의 부피는 온도에 따라 변하기 때문에 밀도를 측정할 때에는 반드시 물질의 온도를 함께 측정해야 한다. 특히 기체의 밀도는 온도에 매우 민감하다. 표 3-1에 몇 가지 물질의 상온에서의 밀도가 나타나 있다.

밀도를 측정하기 위해서는 시료의 질량과 부피를 측정해야 한다.

질량과 무게는 엄밀한 의미에서는 서로 다르지만 흔히 구별하지 않고 사용한다. 화학 실험실에서 사용하는 대부분의 어림저울과 화학 저울은 모두 질량을 측정하는 기구들이다.

액체의 부피 측정에는 눈금 실린더, 뷰렛, 피펫 등이 사용되며, 눈금 실린더보다는 뷰렛이나 피펫이 정밀도가 높은 측정 기구이다. 비커나 플라스크에 표시된 눈금은 정밀

[표 3-1] 몇 가지 물질의 밀도

물질	밀도(g/mL) (20℃)
에틸 알코올	0.789
물(4℃)	1.00
마그네슘	1.74
황산	1.84
황	2.16
알루미늄	2.70
은	10.5
납	11.34
수은	13.55
금	19.3

도가 매우 낮으므로 정확한 측정이 필요한 경우에는 사용해서는 안 된다. 높은 정밀도를 요구하는 실험의 경우를 제외하고는 액체의 부피는 주로 눈금 실린더(graduated cylinder)를 사용하여 측정한다.

눈금 실린더는 원통형의 유리로 되어 있으며, 실린더의 바깥 표면에 눈금이 새겨져 있다. 물과 같은 몇몇 액체는 실린더에 넣었을 때 평평한 표면을 형성하지 않고, 메니스커스(meniscus)라고 불리는 오목한 표면 형태를 나타낸다. 눈금 실린더는 메니스커스의 가장 낮은 부분을 관찰하여 읽었을 때 액체의 부피를 알 수 있도록 눈금이 보정되어 있다.

액체의 밀도는 깨끗하게 씻어 말린 눈금 실린더의 질량을 재고 액체 물질을 가해 액체 물질의 부피를 읽고 눈금 실린더와 액체 물질의 질량을 잰 후 이 질량에서 눈금 실린더의 질량을 빼서 순수한 액체의 질량을 구한 후, 실온에서 이 질량을 부피로 나눔으로써 구할 수 있다.

고체의 밀도를 측정하는 경우에는 고체의 부피를 측정하기 위해 일반적으로 서로 반응하지 않고 또한 서로 녹이지 않는 액체를 선택하여 여기에 고체를 가해서 고체의 부피를 얻는다. 이때 액체의 밀도가 고체의 밀도보다 작아야 한다. 왜냐하면 고체의 밀도가 더 커야 액체 속에 잠기기 때문이다.

기구 및 시약

- 화학 저울
- 50 mL 눈금 실린더
- 온도계
- 증류수
- 액체 시료: 휘발성이 크지 않은 액체
- 고체 시료: 물에 녹거나 반응하지 않는 금속 또는 고체 덩어리
- 무게 다는 접시
- 핀셋
- 10 mL 눈금 실린더
- 50 mL 비커
- 10 mL 눈금 피펫
- 피펫 필러

주의 사항

1. 고체 시료는 마른 상태의 것을 사용해야 한다.
2. 피펫은 처음 사용하므로, 사용법을 숙지한다.
3. 이 교재 18쪽에 메니스커스에 대한 그림과 설명이 있으니, 실험 전에 반드시 숙지한다.
4. 증류수가 들어간 눈금 실린더에 고체 시료를 넣을 때에는 증류수가 튀지 않도록 눈금 실린더를 비스듬히 해서 핀셋으로 조심스럽게 넣어준다.

실험 방법

1. 증류수의 밀도

① 깨끗이 씻어 말린 50 mL 비커의 질량을 측정한다.

② 피펫을 사용하여 정확히 10.00 mL의 증류수를 취하여 비커에 넣은 후에 비커와 증류수를 더한 질량을 측정한다.

③ 증류수의 질량과 밀도를 계산한다.

④ 같은 실험을 2회 반복한다.

⑤ 밀도의 평균값을 계산한다.

⑥ 증류수의 온도를 측정해서 기록한다.

⑦ 표 3-2를 참고하여 실험값과 참값의 오차를 구한다.

[표 3-2] 온도에 따른 증류수의 밀도

온도(℃)	밀도(g/mL)	온도(℃)	밀도(g/mL)
0	0.9998	18	0.9986
1	0.9999	19	0.9984
2	0.9999	20	0.9982
3	0.9999	21	0.9980
4	1.0000	22	0.9978
5	0.9999	23	0.9976
6	0.9999	24	0.9973
7	0.9999	25	0.9971
8	0.9999	26	0.9968
9	0.9998	27	0.9965
10	0.9997	28	0.9963
11	0.9996	29	0.9960
12	0.9995	30	0.9957
13	0.9994	31	0.9954
14	0.9993	32	0.9951
15	0.9991	33	0.9947
16	0.9990	34	0.9944
17	0.9988	35	0.9941

2. 미지 액체 시료의 밀도

① 깨끗이 씻어 말린 10 mL 눈금 실린더의 질량을 측정한다.

② 액체 시료 약 10 mL를 눈금 실린더에 넣은 후에 실린더와 액체 시료를 더한 질량을 측정한다. 액체 시료의 번호를 적어 놓는다,

③ 액체 시료의 정확한 부피를 측정한다.

④ 액체 시료의 질량과 밀도를 계산한다.

⑤ 사용한 액체 시료는 오염이 되지 않도록 유의하여 회수통에 회수한다.

⑥ 같은 실험을 2회 반복한다.

⑦ 밀도의 평균값을 계산한다.

3. 미지 고체 시료의 밀도

① 약 20 g 정도의 고체 시료의 질량을 정확히 측정한다. 고체 시료의 번호를 적어 놓는다.

② 50 mL 눈금 실린더에 약 10 mL 정도의 증류수를 넣고 메니스커스의 높이를 정확히 읽는다.

③ 질량을 측정한 고체 시료를 눈금 실린더에 조심스럽게 넣고 메니스커스의 높이를 측정한다. 고체 시료를 넣을 때 증류수가 튀지 않도록 주의해야 한다.

④ 고체 시료의 부피를 계산한다.

⑤ 측정한 시료의 질량과 부피로부터 밀도를 계산한다.

⑥ 같은 실험을 2회 반복한다. 이때 시료는 마른 상태의 것을 사용해야 한다.

⑦ 밀도의 평균값을 계산한다.

실험 결과

1. 증류수의 밀도

	1차 측정	2차 측정	3차 측정
• 비커의 질량	______	______	______
• 비커+증류수의 질량	______	______	______
• 증류수의 질량	______	______	______
• 증류수의 부피	______	______	______
• 증류수의 밀도	______	______	______
• 증류수의 평균 밀도(실험값)			______
• 증류수의 온도			______
• 증류수의 밀도(참값)			______
• 오차			______

2. 미지 액체 시료의 밀도

	1차 측정	2차 측정	3차 측정
• 미지 시료의 번호			
• 실린더의 질량			
• 실린더+액체 시료의 질량			
• 액체 시료의 질량			
• 액체 시료의 부피			
• 액체 시료의 밀도			
• 액체 시료의 평균 밀도			

3. 미지 고체 시료의 밀도

	1차 측정	2차 측성	3차 측정
• 미지 시료의 번호			
• 고체 시료의 질량			
• 증류수의 부피			
• 증류수+고체 시료의 부피			
• 고체 시료의 부피			
• 고체 시료의 밀도			
• 고체 시료의 평균 밀도			

복습

1. 물리적 성질: 물질의 조성에 변화 없이 관측되고 측정되는 성질

① 크기 성질: 물질의 양과 관련됨(예 질량, 부피)

② 세기 성질: 물질의 양과 무관한 고유한 성질을 나타냄(예 색깔, 녹는점, 밀도)

③ 정량적 성질: 측정에 의해 관찰되는 특성(예 어는점, 끓는점, 밀도)

2. 밀도

① 물질의 중요한 물리적 특성의 하나이다.

② 순수한 물질은 각자 고유한 밀도를 가지고 있다.

③ 밀도(d) = $\dfrac{\text{질량}(m)}{\text{단위 부피}(V)}$

(밀도의 SI 단위는 kg/m^3, 화학 실험에서는 g/cm^3, g/mL 사용)

- 액체의 부피 측정에는 눈금 실린더, 뷰렛, 피펫 등을 사용
- 정밀도에서는 눈금 실린더 < 뷰렛, 피펫

3. 눈금 실린더

① 높은 정밀도를 요구하는 실험 외에는 액체의 부피는 주로 눈금 실린더를 사용한다.

② 원통형의 유리로 되어 있으며, 실린더의 바깥 표면에 눈금이 새겨져 있다.

③ 메니스커스라고 불리는 오목한 표면 형태를 나타낸다. 메니스커스의 가장 낮은 부분을 관찰하여 읽었을 때 액체의 부피를 알 수 있도록 눈금이 보정되어 있다.

4. 기체의 밀도 측정

물질의 부피는 온도에 따라 변한다. 특히 기체의 밀도는 온도에 매우 민감하기 때문에, 측정 시 반드시 물질의 온도를 함께 측정해야 한다.

5. 고체의 밀도 측정

① 일반적으로 서로 반응하지 않고 녹이지 않는 액체를 선택한다.

② 액체의 밀도가 고체의 밀도보다 작아야 한다. 그 이유는 고체의 밀도가 더 커야 액체 속에 잠기기 때문이다.

실험 4

물질의 녹는점과 끓는점

목 적

순수한 물질의 녹는점과 끓는점을 측정하고, 이론값과 비교하여 실험값의 오차 계산을 익힌다.

원 리

어떤 물질의 녹는점과 끓는점을 측정하면 그 물질 고유의 특성 중 하나를 알 수 있으며, 동시에 그 물질의 순도를 알 수 있다.

순수한 물질의 녹는점과 끓는점은 물질의 고유한 특성이다. 대부분 고체 무기화합물의 녹는점과 끓는점이 매우 높음에도 불구하고 이들 성질은 물질을 구별하는 데 유용하게 사용된다. 물질의 녹는점은 물질이 고체 상태에서 액체 상태로 변하는 온도를 말한다. 순수한 물질은 0.5~1℃의 좁은 녹는점 범위를 갖는다. 반면 불순물이 섞인 물질이나 혼합물은 넓은 범위의 녹는점을 갖고 있어, 녹는점으로부터 물질의 순도나 조성을 알아낼 수 있다. 액체의 끓는점은 그 액체의 증기압이 액체 위의 대기압과 같아질 때의 온도로 정의한다. 순수한 물질은 일정한 끓는점을 갖지만 ethyl alcohol-water($C_2H_5OH-H_2O$) 계와 같은 일정 비등 온도를 갖는 혼합물을 제외한 대부분의 혼합물은 어느 정도의 온도 범위에서 끓는다.

기구 및 시약

- 녹는점 측정 장치
- 끓는점 측정 장치
- 온도계
- 유리 모세관
- 고무 밴드
- 끓임쪽
- m-Dinitrobenzene
- Benzoic Acid
- Urea
- Salicylic Acid
- Chloroform
- 증류수

- 아세트산
- 식용유
- 스탠드
- Aniline
- 기름 중탕 장치
- 클램프

주의 사항

1. 녹는점 측정 시, 유리 모세관 내 시료가 녹을 때까지 온도계 주위의 오일(식용유)을 골고루 저어 준다.
2. 너무 급속히 가열하면 기름 중탕 속의 온도가 균일하지 못하기 때문에 녹는점에 오차가 발생한다.
3. 끓는점 측정 시, 온도계의 밑부분에 증기가 응축되고 눈금이 일정해질 때 온도를 측정한다.

실험 방법

1. 녹는점 측정

① 직경 1~2 mm, 길이 8~10 cm의 한쪽 끝이 봉해진 유리 모세관 속에 1 cm 정도로 시료 물질을 넣는다.

② 시료를 채운 모세관 끝과 온도계의 수은주가 일치되게 고무 밴드로 고정시킨 다음, 비커에 식용유를 넣고 서서히 가열한다.

③ 모세관 내의 시료가 완전히 녹는 순간의 온도를 읽는다. 만약 시료가 녹는 온도가 어느 한 온도로 정확히 나타나지 않는다면 시료가 전부 녹는 온도 범위를 기록한다.

④ 같은 실험을 2회 반복한다.

⑤ 시료 물질로 *m*-Dinitrobenzene, Benzoic Acid, Urea, Salicylic Acid를 각각 사용하여 녹는점을 구한다.

2. 끓는점 측정

① 시험관에 4 mL의 시료와 끓임쪽을 넣고, 온도계를 시료 용액 수면보다 약간 높게 고정시킨다.

② 처음에는 시험관을 서서히 가열하여 끓임쪽이 활발히 움직일 때까지 가열한 후, 온도계의 눈금이 일정하게 되었을 때 온도계의 눈금을 읽어 끓는점을 결정한다.

③ 같은 실험을 2회 반복한다.

④ 시료 물질로 증류수, 아세트산, Chloroform, Aniline을 각각 사용하여 끓는점을 결정한다.

실험 결과

1. 녹는점 측정

	m-Dinitrobenzene	Benzoic Acid	Urea	Salicylic Acid
• 1차 측정				
• 2차 측정				
• 3차 측정				
• 평균(실험값)				
• 참값				
• 오차				

2. 끓는점 측정

	증류수	아세트산	Chloroform	Aniline
• 1차 측정				
• 2차 측정				
• 3차 측정				
• 평균(실험값)				
• 참값				
• 오차				

복습

1. 녹는점

① 액체 상태와 고체 상태가 평형을 이루는 온도로 정의한다.

② 녹는점을 측정함으로써 고체 시료의 확인 및 순도를 결정할 수 있다.

- 첫 실험은 온도를 비교적 빨리 올려 대략적인 녹는점을 측정하고, 다음 실험부터 녹는점 가까이에서 아주 서서히 가열하여 녹는점을 정확히 측정한다.
- 온도가 녹는점 부근에 이르면 시료는 먼저 모세관의 벽에 붙어 있는 곳이 약간 젖은 것 같이 되다가 (이 온도를 습윤점이라 함.) 다음에 시료 전부가 젖은 것 같이 된 후 용융이 시작된다.

- 용융이 차차 진행되어 고체가 모두 없어진 온도를 녹는점으로 한다. 순수한 시료에서는 습윤점과 녹는점의 차이가 0.5℃ 정도 밖에 되지 않는다.

2. 끓는점

① 액체 시료의 증기압이 액체 위의 대기압과 같아질 때의 온도로 정의한다.

② 대기압이 1기압일 때의 끓는점을 정상 끓는점이라고 한다.

③기압계를 통해 측정한 값(실험값)을 보정한다.

실험 5

혼합물의 분리

목적

혼합물을 분리하는 방법에 대하여 알아보고, 증류법을 이용하여 혼합물을 분리한다.

원리

물과 기름의 혼합물은 서로 잘 섞이지 않아 밀도의 차이에 의해 쉽게 분리할 수 있지만, 물과 에탄올의 혼합물과 같이 서로 잘 섞이는 액체들은 밀도의 차이로 분리할 수가 없으므로 끓는점의 차이를 이용하여 분리한다.

순수한 액체를 가열하면 액체의 온도와 증기압은 증가하게 된다. 액체의 증기압과 대기압이 같아지게 되면 액체의 내부에서 기포가 발생하며 끓는 현상이 일어나고 액체가 모두 기화될 때까지 액체의 온도는 일정하게 유지된다.

이 온도를 끓는점(boiling point)이라고 하는데, 끓는점은 압력에 따라 달라지며, 대기압이 1기압일 때의 끓는점을 정상 끓는점이라고 한다.

끓는점의 차이가 큰 액체 혼합물을 가열하면 끓는점이 낮은 성분이 먼저 끓어서 기체로 증발되며, 이 기체를 냉각시키면 순수한 액체를 얻을 수 있다. 이어서 끓는점이 높은 성분이 나중에 기화되므로 이 기체를 냉각시켜 또 다른 순수한 액체를 얻을 수 있다. 이렇게 끓는점의 차이를 이용하여 혼합물을 분리하는 방법을 증류법이라고 한다.

증류법은 플라스크에서 기화된 액체를 냉각기에서 액화시켜 분리하는 방법으로, 끓는점의 차이가 큰 액체 혼합물을 분리할 때 사용되고, 이외에도 비휘발성 물질을 포함하는 액체 혼합물에서 순수한 액체 물질을 분리하는 데 사용될 수가 있다.

후자의 좋은 예가 식수와 생활용수가 부족한 중동 지방이나 항해 중인 대형 선박에서 증류법을 이용하여 바닷물로부터 순수한 물을 얻는 경우이다.

바닷물은 물속에 염화 소듐을 비롯해서 많은 물질이 녹아 있는 용액이다. 이 용액을 가열하면 비휘발성 물질인 불순물은 기화되지 않고 물만 수증기로 변하는데, 이 수증기를 냉각시키면 순수한 물을 얻을 수 있다.

이러한 증류법의 원리를 이용하여 이 실험에서는 소금물 중에서 물을 분리하고, 색소와 불순물이 들어 있는 공업용 알코올 혼합물에서 순수한 알코올을 분리할 수 있게 된다.

기구 및 시약

- 리비히 냉각기
- 50 mL 눈금 실린더
- 클램프
- 스탠드
- 고무마개
- 물중탕 장치
- 온도계
- 알코올 램프
- 250 mL 가지달린 둥근 바닥 플라스크
- 쇠그물
- 소금
- 공업용 알코올
- 색소
- 끓임쪽
- 얼음
- 250 mL 비커
- 50 mL 삼각 플라스크
- 고무관
- 삼발이

주의 사항

1. 물중탕 시 물이 끓을 때까지 시간이 오래 걸리므로 실험 초반에 가열을 시작한다.
2. 끓임쪽을 넣는 이유는 다공성 물질을 넣음으로써 갑자기 용액이 끓어서 튀는 현상을 방지하기 위해서이다.
3. 리비히 냉각기에 고무호스를 연결할 때, 찬물이 아래쪽으로 들어가서 위쪽으로 나오도록 한다.
4. 온도계의 수은주가 플라스크 입구에 가까이 있거나 액체 혼합물과 가까이 있으면 기화된 물질이 냉각기로 들어가는 순간의 온도를 제대로 측정할 수 없기 때문에 온도계의 수은주의 끝이 플라스크의 가지 부근에 오도록 하는 것이 좋다.

실험 방법

1. 소금물의 증류

① 소금물 20 mL를 취하여 정확한 부피를 잰 후 가지달린 둥근 바닥 플라스크에 넣는다.

② 끓임쪽 3~4개를 넣어준다.

③ 그림 5-1과 같이 냉각기가 달린 증류 장치를 설치하고 가지달린 둥근 바닥 플라스크를 연결한다.

④ 액화가 효과적으로 일어나게 하기 위하여 물을 수집하는 삼각 플라스크를 얼음을 채운 비커에 담근다.

⑤ 플라스크를 서서히 가열한다.

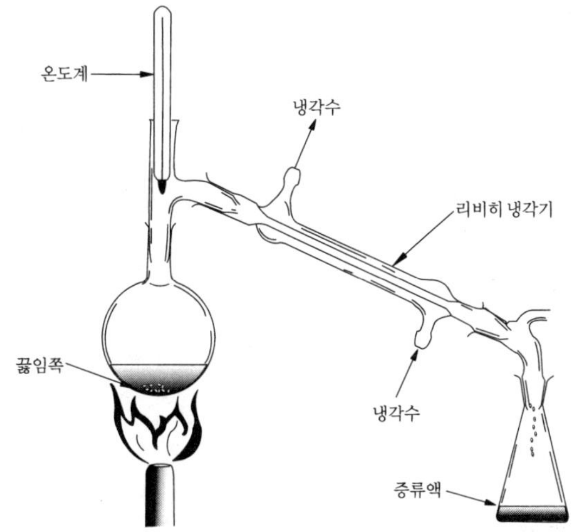

[그림 5-1] 증류 장치

⑥ 소금물이 끓기 시작하면 온도계로 온도를 확인하고 냉각기에서 액화되어 나온 물 중 처음 받은 몇 방울은 버리고 다시 받기 시작한다.

⑦ 온도계로 온도가 일정하게 유지되는지 확인하고 증류액을 받기 시작한다.

⑧ 증류액이 15 mL 정도 되면 증류를 멈춘다.

⑨ 증류되어 나온 물의 부피를 측정한다.

2. 알코올 혼합물의 증류

① 알코올 혼합물 20 mL를 취하여 정확한 부피를 잰 후 가지달린 둥근 바닥 플라스크에 넣는다.

② 끓임쪽 3~4개를 넣어준다.

③ 그림 3-1과 같이 냉각기가 달린 증류 장치를 설치하고 가지달린 둥근 바닥 플라스크를 연결한다.

④ 액화가 효과적으로 일어나게 하기 위하여 알코올을 수집하는 삼각 플라스크를 얼음을 채운 비커에 담근다.

⑤ 물중탕을 이용하여 플라스크를 서서히 가열한다.

⑥ 혼합물이 끓기 시작하면 온도계로 온도를 확인하고 냉각기에서 액화되어 나온 알코올 중 처음 받은 몇 방울은 버리고 다시 받기 시작한다.

⑦ 온도계로 온도가 일정하게 유지되는지 확인하고 증류액을 받기 시작한다.

⑧ 증류액이 15 mL 정도 되면 증류를 멈춘다.

⑨ 증류하기 전의 알코올 혼합물과 증류 후 얻은 알코올의 색을 비교해 보고 증류된 알코올의 부피를 측정한다.

실험 결과

1. 소금물의 증류

- 증류 전 소금물의 부피 ____________________
- 증류 시작 온도 ____________________
- 증류 마지막 온도 ____________________
- 물의 끓는점 ____________________
- 증류된 물의 부피 ____________________

2. 알코올 혼합물의 증류

- 증류 전 알코올 혼합물의 부피 ____________________
- 증류 시작 온도 ____________________
- 증류 마지막 온도 ____________________
- 알코올의 끓는점 ____________________
- 증류된 알코올의 부피 ____________________

복 습

1. 혼합물의 분리

① 물+기름(혼합물): 서로 잘 섞이지 않아서 밀도의 차이에 의해 쉽게 분리된다.

② 물+에탄올(혼합물): 서로 잘 섞이는 액체들은 밀도의 차이에 의해 분리가 불가능하다. 따라서 끓는점의 차이를 이용하여 분리한다.

2. 끓는점(Boiling Point): 액체의 증기압과 대기압이 같아졌을 때의 온도

① 기포가 발생한다.

② 끓는 현상이 일어난다.

③ 액체가 모두 기화될 때까지 액체의 온도는 일정하게 유지된다.

④ 압력(대기압)에 따라 달라진다.

- 정상 끓는점: 대기압이 1기압일 때의 끓는점

3. 증류법

① 끓는점의 차이를 이용하여 혼합물을 분리하는 방법

- 끓는점의 차이가 큰 액체 혼합물을 가열하면 끓는점이 낮은 성분이 먼저 끓어서 기체로 증발되며, 이 기체를 냉각시키면 순수한 액체를 얻을 수 있다.
- 끓는점이 높은 성분이 나중에 기화되므로 이 기체를 냉각시켜 또 다른 순수한 액체를 얻을 수 있다.

② 플라스크에서 기화된 액체를 냉각기에서 액화시켜 분리하는 방법

- 끓는점의 차이가 큰 액체 혼합물을 분리할 때 사용한다.
- 비휘발성 물질을 포함하는 액체 혼합물에서 순수한 액체 물질을 분리하는 데 사용한다.

실험 6

아보가드로 수의 결정

목적

친수성과 소수성을 모두 갖는 스테아르산이 물 표면에서 형성하는 단층막을 이용하여 화학에서 물질의 양을 나타내는 단위인 몰을 정의하는 아보가드로 수를 실험적으로 결정한다.

원리

아보가드로 수(Avogadro's number, $N_A = 6.02214076 \times 10^{23}$)는 질량수가 12인 탄소 동위 원소 12 g에 들어있는 탄소 원자의 수로 정의된다. 아보가드로 수에 해당하는 원자나 분자의 개수를 1몰(mole)이라 한다. 이것은 마치 연필 12자루를 1다스, 달걀 30개를 1판으로 부르는 것과 같다. 다만 원자나 분자는 질량이 매우 작아서 아보가드로 수가 1다스나 1판에 비해 대단히 클 뿐이다.

탄소 원자 1몰이 차지하는 부피(V_m)와 탄소 원자 하나가 차지하는 부피(V_1)를 알면 다음의 식을 이용해서 아보가드로 수를 실험적으로 결정할 수 있다.

$$N_A = \frac{V_m}{V_1}$$

지구상에 존재하는 탄소는 몇 가지 동위 원소들이 섞여 있으므로 탄소 1몰의 평균 질량은 12.011 g이다. 탄소 원자가 촘촘히 쌓여서 만들어진 다이아몬드의 밀도(3.51 g/cm^3)를 이용하면 탄소 원자 1몰이 차지하는 부피(V_m)를 어림잡아 계산할 수 있다.

$$V_m = \frac{\text{탄소 원자 1몰의 평균 질량}}{\text{다이아몬드의 밀도}}$$

탄소 원자 하나의 부피를 정확히 알아내기는 쉽지 않지만 기름처럼 물에 섞이지 않는 탄소화합물을 이용하면 어림잡을 수 있다.

물(H_2O)은 전자를 잘 잡아당기는 산소 원자 한 개에 두 개의 수소 원자가 결합한 전기 쌍극자를 갖는 극성 분자이다. 소금(NaCl)이 양이온과 음이온으로 해리되며 물에 잘 녹는 이유도 이런 극성을 갖는 물의 구조 때문이다. 그러나 전기 쌍극자가 없는 비극성 분자들인 벤젠이나 핵세인은 물과 잘 섞이지 않는다.

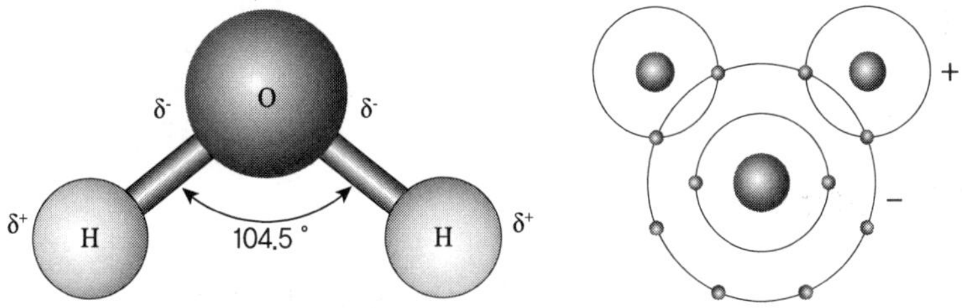

[그림 6-1] 물의 구조

친수성(hydrophilic)과 소수성(hydrophobic)을 모두 가진 분자인 스테아르산(stearic acid, $CH_3(CH_2)_{16}COOH$)은 비극성의 긴 탄화수소 사슬($CH_3(CH_2)_{16}$-)의 끝에 극성의 카복실기(-COOH)가 붙어있는 긴 사슬 모양의 분자이다. 이 분자를 물에 떨어뜨리면 친수성인 극성의 카복실기는 물에 잘 접촉하지만, 비극성의 탄화수소 사슬은 물에서 멀어지는 경향을 보인다. 물의 표면을 스테아르산으로 덮으면 카복실기는 물 쪽으로 향하고 탄화수소 사슬은 물의 반대쪽으로 서는 단분자층의 막이 형성되는데 이러한 막을 단층막(monolayer)이라고 부른다(그림 6-2).

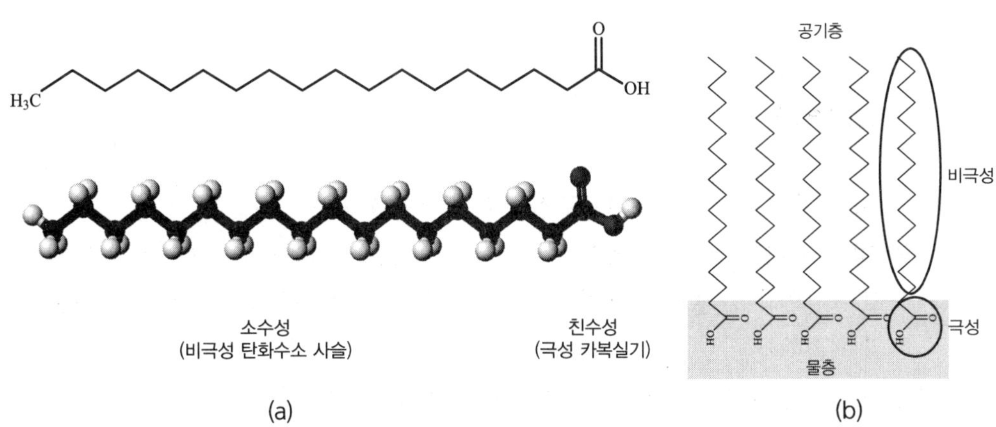

[그림 6-2] 스테아르산(a) 및 단층막의 구조(b)

일정한 면적의 물 표면 전체에 스테아르산의 단분자층을 만들기 위해 필요한 스테아르산의 부피를 물 표면의 넓이로 나누어주면 스테아르산 분자의 길이를 얻을 수 있다. 스테아르산 분자가 곧은 사슬 모양을 한다고 가정하면, 스테아르산 분자의 길이는 탄소 원자 18개를 쌓은 높이로 볼 수 있다. 따라서 스테아르산의 길이로부터 탄소 원자 하나의 지름을 얻을 수 있고, 이 값을 이용해 탄소 원자 하나가 차지하는 부피(V_1)를 구할 수 있다.

기구 및 시약

- 수조
- 10 mL 피펫
- 헥세인
- 스테아르산(밀도 = 0.941 g/cm^3)
- 길이 측정용 자
- 10 mL 눈금 실린더
- 시약 주걱
- 송홧가루
- 화학 저울

주의 사항

1. 헥세인은 인화성 물질이므로 취급 시 주의한다.
2. 헥세인은 휘발성이 크기 때문에 스테아르산 용액을 담은 용기는 파라 필름을 이용하여 입구를 막아 두어야 한다.
3. 용액을 떨어뜨릴 때 수직에서 벗어날수록 방울 수가 적어지므로 피펫을 항상 수직으로 세운다.

실험 방법

① 10 mL 피펫의 내부를 헥세인으로 씻은 뒤 헥세인을 충분히 채운다.

② 10 mL 눈금 실린더에 헥세인을 반쯤 채우고 눈금을 읽는다. 수직으로 세운 피펫으로 헥세인을 한 방울씩 떨어뜨려 부피의 증가가 1.00 mL가 되도록 한다. 방울 수를 기록한다.

③ 수조에 물을 반쯤 채우고 수면이 잔잔해질 때까지 기다린다.

④ 시약 주걱의 작은 부분으로 송홧가루를 조금 떠서 수조 가운데 부분에 조심스럽게 뿌려준다. 이때 송홧가루가 수조의 벽에 닿지 않도록 하고 원형으로 퍼지도록 한다.

⑤ 0.01~0.02 g 정도의 스테아르산을 헥세인 100 mL에 녹인 용액을 피펫에 넣고, 송홧

가루가 퍼져있는 수조의 가운데에 한 방울만 떨어뜨린다. 스테아르산이 퍼지면서 생기는 원형 단층막의 경계면을 쉽게 구분할 수 있다.

⑥ 단층막의 경계면이 바뀌지 않을 때까지 잠시 기다린 후 원형으로 퍼진 단층막의 지름을 자를 이용해서 측정한다. 원형이 아닌 경우 여러 방향으로 단층막의 지름을 측정한다.

실험 결과

1. 피펫의 보정

• 1.00 mL에 해당하는 헥세인의 방울 수 ____________

• 헥세인 한 방울의 부피(mL/방울) ____________

2. 스테아르산 용액 한 방울의 덮은 표면적

• 단층막의 지름(cm) ____________

• 단층막의 넓이(cm^2) ____________

3. 스테아르산 단층막의 두께

• 스테아르산 한 방울의 질량(g/방울) ____________

• 스테아르산 한 방울의 부피(mL) ____________

• 단층막의 넓이(cm^2) ____________

• 단층막의 두께(cm) ____________

4. 탄소 원자의 크기와 부피

• 단층막의 두께로부터 계산된 탄소 원자의 크기(cm) (스테아르산의 탄소 원자 18개가 빈틈이 없는 사슬 모양으로 연결된 것으로 간주한다) ____________

• 탄소 원자가 정육면체라고 가정했을 때의 부피(mL) ____________

5. 탄소 원자 1몰의 부피

• 다이아몬드의 밀도(3.51 g/cm^3)로부터 계산된 탄소의 몰부피(mL/mol)

____

6. 아보가드로 수 계산

- 탄소의 몰부피와 실험에서 얻은 탄소 원자의 부피로부터 계산한 아보가드로 수(/mol)

7. 실제 아보가드로 수와 비교

- 오차(%)

복습

1. 질량수 12인 탄소 동위 원소 12 g에 들어있는 탄소 원자의 개수는 아보가드로 수로 정의된다. 아보가드로 수만큼 해당하는 원자나 분자의 개수를 1몰이라 한다. 탄소 원자 1몰이 차지하는 부피와 탄소 원자가 차지하는 부피를 알면 아보가드로 수를 실험적으로 결정할 수 있다.

$$N_A\,(\text{아보가드로 수}) = \frac{V_m\,(\text{탄소 1몰의 부피})}{V_1\,(\text{탄소 원자 한 개의 부피})}$$

2. 탄소 1몰의 부피는 탄소의 몰질량을 다이아몬드의 밀도($3.51\ g/cm^3$)로 나누어 구해준다.

$$\text{탄소 1몰의 부피} = \frac{12.011\ \text{g/mol(탄소의 몰질량)}}{3.51\ \text{g/cm}^3\,\text{(다이아몬드의 밀도)}} = 3.42\ \text{mL/mol}$$

3. 친수성과 소수성을 모두 가진 분자인 스테아르산은 비극성의 긴 탄화수소 사슬 끝에 극성의 카복실기가 붙어있는 긴 사슬 모양 분자이다. 스테아르산 분자를 물에 떨어뜨리면 친수성인 극성의 카복실기는 물에 잘 접촉하지만, 비극성의 탄화수소 사슬은 물에서 멀어지려고 하는 경향이 있다. 물의 표면을 스테아르산으로 덮으면 카복실기는 물 쪽으로, 탄화수소 사슬은 물의 반대쪽으로 서는 단층막이 형성된다.

4. 단층막의 지름을 이용하여 탄소 원자의 부피를 실험적으로 결정할 수 있다. 예를 들어, 1 mL에 해당하는 헥세인이 50방울이고, 원형으로 펼친 단층막의 지름이 4.53 cm였을 때, 아보가드로 수의 계산은 다음과 같다.

① 헥세인 한 방울 부피 — 0.0200 mL
(1.00 mL : 50방울 = X mL : 1방울)

② 스테아르산 용액 한 방울이 덮은 표면적
- 단층막 지름 — 4.53 cm
- 단층막 넓이 — $16.1\ cm^2$
  (원의 넓이 = $\pi \times r^2$)

③ 스테아르산 단층막 두께
- 스테아르산 한 방울의 질량 — 4.00×10^{-6} g
  (0.0200 g : 100 mL = Y g : 0.0200 mL)
- 스테아르산 한 방울의 부피 — 4.25×10^{-6} mL
  (4.00×10^{-6}g÷0.941g/cm^3(스테아르산 밀도))
- 단층막 두께 — 2.64×10^{-7} cm
  (4.25×10^{-6} mL÷16.1 cm^2)
  (스테아르산 한 방울 부피÷단층막 넓이)

④ 탄소 원자의 크기와 부피
- 탄소 원자의 크기 — 1.47×10^{-8} cm
  (2.64×10^{-7} cm÷탄소 18개)
- 탄소 원자의 부피 — 3.18×10^{-24} mL
  (정육면체로 가정, $(1.47 \times 10^{-8}\ cm)^3$)

⑤ 탄소 원자 1몰의 부피
- 탄소의 몰부피 — 3.42 mL/mol
  (탄소의 몰질량÷다이아몬드 밀도)

⑥ 아보가드로 수 계산
- 탄소의 몰부피와 실험에서 구한 탄소의 부피로부터 계산

  1.08×10^{24}/mol

  $\left(\frac{3.42\ mL/mol}{3.18 \times 10^{-24}\ mL}\right)$

  (탄소 1몰의 부피÷탄소의 부피)

⑦ 실제 아보가드로 수와 비교
- 오차 — 179%

  $\left(\frac{1.08 \times 10^{24}\ /mol}{6.02214076 \times 10^{23}\ /mol} \times 100(\%)\right)$

금속의 비열

목적

물질의 비열에 대하여 알아보고, 열량계를 이용하여 금속의 비열을 구한다.

원리

에너지와 관련된 세기 성질 중 하나는 비열이다. 비열은 1 g의 물질을 1℃ 올리는데 필요한 열의 양이다.

1칼로리(cal)는 정확히 1 g의 물을 15℃에서 1℃ 올리는 데 필요한 열의 양이라고 정의된다. 따라서 물의 비열은 1.00 cal/g℃이다. 1 cal는 4.184 J과 같으므로 물의 비열은 4.184 J/g℃라고 말할 수도 있다. 대부분의 물질들은 물보다 작은 비열을 갖는다. 예를 들어 철의 비열은 0.444 J/g℃이다. 이는 1 g의 철을 1℃ 올리기 위해서 필요한 열(0.444 J)이 1 g의 물을 1℃ 올릴 때(4.184 J)보다 적음을 의미한다.

이 실험에서는 열량계를 이용하여 금속(알루미늄)의 비열을 구할 수 있다. 알루미늄을 가열한 후 실온의 물에 담그면 알루미늄의 온도는 내려가고 물의 온도는 올라가서 잠시 후 물과 알루미늄의 온도는 같아지게 된다.

즉, 알루미늄이 잃어버린 열(Q_1)은 (주변의 공기로의 열손실이 없다고 가정하면) 물과 물이 담겨있는 용기(열량계)가 얻은 열(Q_2)과 같다.

$$\text{잃어버린 열}(Q_1) = \text{얻은 열}(Q_2) \tag{1}$$

$$\text{열}(Q) = \text{비열} \times \text{질량} \times \text{온도 변화}(\Delta t) \tag{2}$$

$$\text{잃어버린 열}(Q_1) = \text{알루미늄의 비열} \times \text{알루미늄의 질량} \times \text{알루미늄의 온도 변화}(\Delta t_1) \tag{3}$$

$$\text{얻은 열}(Q_2) = \text{물의 비열} \times \text{물의 질량} \times \text{물의 온도 변화}(\Delta t_2) + \text{비커의 비열} \times \text{비커의 질량} \times \text{비커의 온도 변화}(\Delta t_2) \tag{4}$$

식 (3)과 식 (4)를 식 (1)에 대입하여 정리함으로써 알루미늄의 비열을 구할 수 있다. 비커(유리)의 비열은 0.85 J/g℃로 가정한다.

기구 및 시약

- 알루미늄 조각
- 시험관
- 보온재(솜)
- 온도계
- 50 mL 비커
- 25 mL 피펫
- 400 mL 비커
- 유리 막대
- 화학 저울
- 무게 다는 접시
- 시약 주걱
- 클램프
- 스탠드
- 핫플레이트
- 핀셋

주의 사항

1. 물중탕은 시간의 단축을 위해, 초반에 가열을 하도록 한다.
2. 온도계를 시험관 중앙에 놓고, 알루미늄을 핀셋을 이용하여 시험관을 비스듬히 한 상태로 넣어주면 온도계기 중앙에 꽂히기 쉽다.
3. 실험의 오차를 줄이기 위해 동일한 온도계를 사용해야 한다. 즉, 알루미늄의 온도와 물의 온도를 동일한 온도계로 측정해야 한다.
4. 온도계를 충분히 식히지 않고 실험을 진행하면 실험 오차가 매우 커지므로 특별한 주의를 요한다. 즉, 알루미늄의 최고 온도를 잰 후, 온도계를 충분히 식힌 후, 그 온도계로 25mL의 물의 온도를 잰다. 이때 물의 온도가 일정하게 될 때까지 기다린 후(약 5분) 그 온도를 물의 초기 온도로 기록한다. 50mL 비커를 보온재로 잘 감싼 후 알루미늄 금속을 넣고 유리 막대로 저어주면서 온도를 측정하여 최고점을 기록해야 한다. 1~2분이면 최고점에 도달하고 3~4분 유지된 후 서서히 실온으로 떨어진다(실내 온도가 혼합물의 온도보다 낮기 때문이다).

실험 방법

① 약 10 g 정도의 알루미늄 조각의 질량을 정확히 측정한다.

② 시험관에 알루미늄 조각을 넣고 온도계를 중앙에 꽂는다.

③ 400 mL의 비커에 증류수 300 mL를 넣고 핫플레이트 위에 올려놓는다.

④ 시험관을 물이 들어 있는 400 mL 비커에 담근다. 이때 시험관 바닥이 비커의 바닥에서 2~3 cm 떨어지도록 클램프를 이용하여 스탠드에 고정시킨다.

⑤ 물이 시험관 안으로 들어가지 않도록 주의하면서 물이 끓을 때까지 가열한다.

⑥ 시험관 안에 꽂아 놓은 온도계가 약 98℃를 가리킬 때까지 계속 가열한다. 이때의 온도를 기록한다.

⑦ 50 mL 비커의 질량을 측정한다.

⑧ 정확히 25 mL의 증류수를 피펫으로 취하여 50 mL 비커에 옮긴다.

⑨ 취한 증류수의 온도를 측정한다.

⑩ 50 mL 비커를 보온재로 싸서 보온한다.

⑪ ⑥에서 가열한 알루미늄을 보온재로 싸여 있는 50 mL 비커에 재빠르게 옮기고 물속에서 유리 막대로 잘 저어준다.

⑫ 물과 알루미늄 혼합물의 온도가 최고가 되었을 때의 온도를 기록한다.

실험 결과

- 알루미늄의 질량 ______
- 뜨거운 물중탕 속에서의 알루미늄의 초기 온도 ______
- 물의 질량(1 mL를 1 g으로 가정함) ______
- 물의 초기 온도 ______
- 물과 알루미늄의 최종 온도 ______
- 알루미늄의 온도 변화(Δt_1) ______
- 물의 온도 변화(Δt_2) ______
- 비커의 질량 ______
- 비커의 비열 0.85 J/g℃
- 물의 비열 4.184 J/g℃
- 알루미늄의 비열(실험값) ______
- 알루미늄의 비열(참값) ______
- 오차 ______

복습

1. 비열: 어떤 물질 1 g의 온도를 1℃ 또는 1 K 높이는 데 필요한 열의 양

① 대부분 물질들은 물보다 작은 비열을 갖는다.

② 그러므로 1 g을 1℃ 올리기 위해서 필요한 열의 양이 물보다 작다.

③ 1 cal=4.184 J은 1 g의 물을 1℃ 올리는 데 필요한 열의 양이다. 따라서 물의 비열 =1.000 cal/g℃=4.184 J/g℃라고 말할 수 있다.

2. 열량계: 이 실험에서는 열량계를 이용하여 금속(알루미늄)의 비열을 구한다.

① 물리적 혹은 화학적 변화 과정에서 흡수되거나 방출되는 열량을 측정하는 장치

② 열량계의 온도 변화를 관찰하여 화학 반응에서 흡수되거나 또는 방출되는 열의 양을 측정

- 알루미늄을 가열한 후 실온의 물에 담근다.
- 알루미늄의 온도는 내려간다.
- 물의 온도는 올라간다.
- 잠시 후, 물의 온도와 알루미늄의 온도는 같아진다.

3. 알루미늄이 잃어버린 열(Q_1) [주변의 공기로의 열손실이 없다고 가정] = 물과 물이 담겨 있는 열량계가 얻은 열(Q_2)

▪ 기본 식: 열(Q) = 비열 × 질량 × 온도 변화(Δt)

① 잃어버린 열(Q_1) = 얻은 열(Q_2)

② 잃어버린 열(Q_1) = 알루미늄의 비열×알루미늄의 질량 × 알루미늄의 온도 변화(Δt_1)

③ 얻은 열(Q_2) = [물의 비열×물의 질량×물의 온도 변화(Δt_2)] + [비커의 비열 × 비커의 질량 × 비커의 온도 변화(Δt_2)]

② = ③ [단, 비커(유리)의 비열은 0.85 J/g℃로 가정]

⇒ 알루미늄의 비열을 구할 수 있다.

수화물의 조성

목적

수화물의 조성에 대하여 알아보고 수화물 속에 들어 있는 결정수의 질량 백분율을 구한다.

원리

많은 이온 결합 화합물들은 수용액으로부터 침전을 형성하게 되면 고체의 이온 결정에 물 분자가 결합하게 된다. 수화물(hydrate)이라 불리는 이와 같은 화합물은 결정격자 안에 물 분자를 포함하게 된다. 대표적인 예로 진한 푸른색의 아름다운 결정인 황산 구리(II) 오수화물(copper(II) sulfate pentahydrate, $CuSO_4 \cdot 5H_2O$)이 있는데, 이는 황산 구리(II) 한 분자당 물 다섯 분자를 가지고 있다(즉, 황산 구리(II) 1몰에 대해 5몰의 물이 결합되어 있다). 수화물에서 결정과 결합되어 있는 물을 결정수(water of crystallization)라고 부른다. 수화물의 몰질량은 수화된 물의 질량도 포함하므로 $CuSO_4 \cdot 5H_2O$의 몰질량은 249.6 g(159.5 g의 $CuSO_4$+90.1 g의 H_2O)이다. 이 물 분자들은 매우 단단히 결합되어 있는 것이 아니기 때문에 결정을 가열하면 쉽게 날아가 버리게 된다. 푸른색 결정인 이 수화물은 가열함에 따라 물을 잃고, 무수물(anhydride)이 되면서 흰색 결정이 된다.

$$CuSO_4 \cdot 5H_2O(s) \xrightarrow{\triangle} CuSO_4(s) + 5H_2O(g)$$

만일 건조된 결정을 수분을 포함하고 있는 공기에 노출시키면 다시 물을 흡수하여 5분자의 물을 갖는 수화물을 만드는데, 이 과정을 재수화(rehydration)라고 한다.

$$CuSO_4(s) + 5H_2O(g) \rightarrow CuSO_4 \cdot 5H_2O(s) + \text{열}$$

또 다른 수화물의 예는 우리 주변에서 쉽게 발견할 수 있는데, 대표적인 것이 건축자재로 널리 사용되는 석고보드이다. 석고보드는 무수 황산 칼슘($CaSO_4$)과 우리가 흔히 석고(gypsum)라 부르는 황산 칼슘 이수화물($CaSO_4 \cdot 2H_2O$)을 함께 포함하고 있다. 석고를 120~180℃로 가열하면 수화된 물의 일부가 제거되고 소석고(plaster of Paris)라고 불리는 황산 칼슘 반수화물($(CaSO_4)_2 \cdot H_2O$)이 형성된다.

$$2CaSO_4 \cdot 2H_2O(s) \overset{\triangle}{\rightleftharpoons} (CaSO_4)_2 \cdot H_2O(s) + 3H_2O(g)$$

이 화합물은 흔히 깁스라고 불리는 의료용 주물로 널리 사용되는데, 물을 가하면 몸의 부분에 바를 수 있는 반죽이 되고 굳어지면서 물이 더 수화되고 부피가 늘어나 단단한 보호 주물을 형성하는 것이다(반죽된 석고가 굳게 되는 과정은 위의 부분적 탈수 반응의 반대 과정이다).

이 실험에서는 여러 종류의 수화물을 가열함으로써 수화물에 들어 있는 결정수의 양을 알아내고자 한다. 수화물을 가열하면 수화물 중의 물(결정수)은 쉽게 날아간다. 가열하기 전과 후의 시료의 질량 차이는 날아간 물(결정수)의 질량과 같다. 그러므로 수화물 중의 결정수의 질량 백분율은 다음 식으로부터 구할 수 있다.

$$\% \ H_2O = \frac{H_2O\text{의 질량}}{\text{수화물의 질량}} \times 100$$

예로서, $CuSO_4 \cdot 5H_2O$의 이론적 결정수의 질량 백분율은 $CuSO_4 \cdot 5H_2O$의 몰질량이 249.6 g이고 물 5몰의 질량이 90.1 g(5×18.02 g)이므로 다음 식에 의해 36.1%이다.

$$\% \ H_2O = \frac{H_2O\text{의 질량}}{\text{수화물의 질량}} \times 100 = \frac{90.1}{249.6} \times 100 = 36.1\%$$

기구 및 시약

- 시험관
- 50 mL 비커
- 클램프
- 스탠드
- $CuSO_4 \cdot 5H_2O$
- $Ni(NO_3)_2 \cdot 6H_2O$
- 무게 다는 접시
- 시약 주걱
- 화학 저울
- 알코올 램프
- 데시케이터
- $CoCl_2 \cdot 6H_2O$

주의 사항

1. 시험관을 가열할 때 고루고루 가열한다.
2. 수증기가 잘 날아갈 수 있도록 시험관을 거의 수평이 되도록 고정시킨다.

실험 방법

1. $CuSO_4 \cdot 5H_2O$의 조성

① 시험관을 50 mL의 비커에 넣고 시험관과 비커의 질량을 잰다.

② 약 2.0 g의 시료($CuSO_4 \cdot 5H_2O$)를 시험관에 넣고 정확한 질량을 잰다.

③ 시료를 넣은 시험관을 클램프를 이용하여 그림 8-1과 같이 거의 수평이 되도록 스탠드에 고정시킨다.

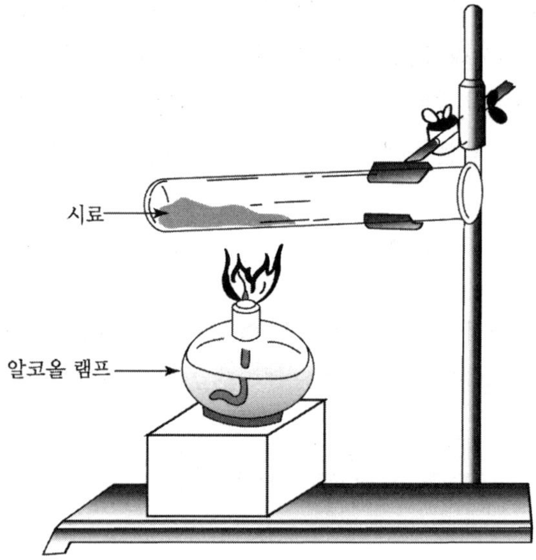

[그림 8-1] 시료의 열분해 장치

④ 시료가 들어 있는 시험관을 5분간 알코올 램프로 가열한다.

⑤ 시험관을 데시케이터 안에서 식힌 후 ①에서 사용한 비커에 넣고 질량을 잰다.

⑥ 수화물이 완전히 분해되도록 시험관을 5분간 더 가열한다.

⑦ 시험관을 데시케이터 안에서 식힌 후 ①에서 사용한 비커에 넣고 질량을 잰다.

⑧ 더 이상의 질량 변화가 없을 때까지 ⑥과 ⑦의 과정을 반복한다.

⑨ 가열 전과 후의 결정의 모양과 색깔을 비교해본다.

⑩ 물의 양을 계산한다.

⑪ 수화물 속의 물(결정수)의 질량 백분율을 구한다.

2. $CoCl_2 \cdot 6H_2O$의 조성

실험 1과 같은 방법으로 실험한다.

3. $Ni(NO_3)_2 \cdot 6H_2O$의 조성

실험 1과 같은 방법으로 실험한다.

실험 결과

- 시료(수화물)의 화학식 ____________________
- 시험관+비커의 질량 ____________________
- 시험관+비커+시료의 질량 ____________________
- 시료의 질량 ____________________
- 1차 가열 후 시험관+비커+시료의 질량 ____________________
- 2차 가열 후 시험관+비커+시료의 질량 ____________________
- 3차 가열 후 시험관+비커+시료의 질량 ____________________
- 3차 가열 후 시료의 질량 ____________________
- 가열하기 전 시료(수화물)의 색깔과 모양 ____________________
- 가열한 후 시료(무수물)의 색깔과 모양 ____________________
- 시료의 질량 손실 ____________________
- 물(결정수)의 질량 ____________________
- 물(결정수)의 질량 백분율(실험값) ____________________
- 물(결정수)의 질량 백분율(이론값) ____________________
- 오차 ____________________

복습

1. 수화물: 결정 격자 안에 물 분자를 포함하는 화합물

2. 결정수: 수화물에서 결정과 결합되어 있는 물

예 $CuSO_4 \cdot 5H_2O$[황산 구리(II) 오수화물]: 황산 구리(II) 1몰에 대해 5몰의 물이 결합되어 있다.

물 분자(결정수)는 매우 단단히 결합되어 있는 것이 아니기 때문에, 결정을 가열하면 쉽게 날아간다.

3. 무수물: 수화물을 가열함에 따라 물을 잃고 남은 결정

4. 재수화: 무수물이 공기 중 수분을 흡수하여 수화물이 되는 과정

$$\underset{\text{수화물}}{\underline{CuSO_4 \cdot 5H_2O(s)}} \xrightarrow{\triangle} \underset{\text{무수물}}{\underline{CuSO_4(s)}} + \underset{\text{결정수}}{\underline{5H_2O(g)}}$$

$$CuSO_4(s) + 5H_2O(g) \rightarrow CuSO_4 \cdot 5H_2O(s) + \text{열: 재수화 과정}$$

예 깁스라고 하는 의료용 주물: 소석고에 물을 가한 반죽이 굳어지면서(물이 수화되면서) 단단한 보호 주물 형성

$$(CaSO_4)_2 \cdot H_2O(s) + 3H_2O(g) \xrightarrow{\Delta} 2CaSO_4 \cdot 2H_2O(s)$$

5. 결정수의 질량 백분율: 수화물 가열 전후의 질량 차이는 날아간 물(결정수)의 질량과 같다.

$$\%\ H_2O = \frac{H_2O\text{의 질량}}{\text{수화물의 질량}} \times 100$$

예 $CuSO_4 \cdot 5H_2O$의 이론적 결정수의 질량 백분율

- $CuSO_4 \cdot 5H_2O$의 몰질량: 249.6 g
- 결정수(5몰의 물)의 질량: 90.1 g (5×18.02 g)

$$\%\ H_2O = \frac{H_2O\text{의 질량}}{\text{수화물의 질량}} \times 100 = \frac{90.1}{249.6} \times 100 = 36.1\%$$

실험 9

수화물의 화학식

목적

수화물 속의 무수물과 결정수의 질량을 알아내고, 그 몰비로부터 수화물의 화학식을 구한다.

원리

이온 결합 화합물이 결정의 일부에 물분자를 포함하고 있을 때 이를 수화물(hydrate)이라고 하며 수화물에 포함되어 있는 물을 결정수(water of crystallization)라고 한다. 이온 결합 화합물(염)과 물 분자는 화학적으로 결합되어 있으며, 수화물은 가열하면 염과 물로 쉽게 분해되어 물(결정수)은 수증기가 되어 날아가고 염은 무수물(anhydride)로 남게 된다.

이러한 수화물의 예로는 황산 구리(II) 오수화물($CuSO_4 \cdot 5H_2O$), 염화 칼슘 육수화물($CaCl_2 \cdot 6H_2O$), 황산 코발트 칠수화물($CoSO_4 \cdot 7H_2O$) 등이 있다. $CuSO_4 \cdot 5H_2O$의 경우, $CuSO_4$ 1몰당 H_2O 5몰이 결합되어 있다.

이 실험에서는 염화 바륨 수화물($BaCl_2 \cdot xH_2O$)에 들어 있는 $BaCl_2$와 H_2O의 몰비를 구함으로써 염화 바륨 수화물($BaCl_2 \cdot xH_2O$)의 화학식을 구하고자 한다. 즉, $BaCl_2$ 1몰당 결합되어 있는 H_2O의 몰수(x)를 구하고자 한다.

$BaCl_2 \cdot xH_2O$를 가열하면 다음 반응식 (1)과 같이 분해되어 결정수는 날아가고 무수 염화 바륨($BaCl_2$)만 남게 된다.

$$BaCl_2 \cdot xH_2O(s) \xrightarrow{\triangle} BaCl_2(s) + xH_2O(g) \tag{1}$$

시료($BaCl_2 \cdot xH_2O$)를 가열하기 전과 후의 질량 차이는 날아간 결정수의 질량과 같으므로 시료 중의 $BaCl_2$의 양과 H_2O의 양을 알 수 있다. $BaCl_2$와 H_2O의 몰질량으로부터 $BaCl_2$와 H_2O의 몰수를 각각 구할 수 있으며, 몰비로부터 식 (2)에 의해 정수 x를 구할 수 있다.

$$x = \frac{H_2O\text{의 몰수}}{BaCl_2\text{의 몰수}} \tag{2}$$

정수 x를 대입함으로써 염화 바륨 수화물의 화학식을 구할 수 있다.

기구 및 시약

- 도가니
- 도가니 집게
- 삼각 석쇠
- 링 클램프
- 스탠드
- 염화 바륨 수화물($BaCl_2 \cdot xH_2O$)
- 무게 다는 접시
- 시약 주걱
- 화학 저울
- 알코올 램프
- 데시케이터

주의 사항

1. 데시케이터 안에 여러 개의 도가니가 들어가므로, 자기 조의 것을 잘 구분하도록 한다.
2. 5분 가열하고, 10분 식히는 것을 최소한 3회 이상 반복해야 한다. (충분히 가열하기 위해 10분 가열하고, 10분 식히는 것도 좋다.)
3. 도가니를 비스듬히 기울여서 가열을 하면 열이 닿는 면적이 넓어지므로 가열 시간을 단축시킬 수 있다.

실험 방법

① 도가니의 질량을 잰다.
② 약 3.0 g의 시료(염화 바륨 수화물)를 도가니에 넣고 정확한 질량을 잰다.
③ 링 클램프를 스탠드에 고정시킨다.
④ 삼각 석쇠를 링 클램프의 링 위에 걸친다.
⑤ 삼각 석쇠 위에 시료가 담긴 도가니를 걸쳐 놓는다.
⑥ 도가니를 5분간 알코올 램프로 가열한다.
⑦ 도가니를 데시케이터 안에서 식힌 후 질량을 잰다.
⑧ 수화물이 완전히 분해되도록 도가니를 5분간 더 가열한다.
⑨ 도가니를 데시케이터 안에서 식힌 후 질량을 잰다.
⑩ 더 이상의 질량 변화가 없을 때까지 ⑧과 ⑨의 과정을 반복한다.
⑪ 물과 무수물의 질량을 계산한다.
⑫ 수화물의 화학식을 구한다.

실험 결과

- 도가니의 질량 ____________
- 도가니+시료의 질량 ____________
- 시료의 질량 ____________
- 1차 가열 후 도가니+시료의 질량 ____________
- 2차 가열 후 도가니+시료의 질량 ____________
- 3차 가열 후 도가니+시료의 질량 ____________
- 3차 가열 후 시료의 질량 ____________
- 시료의 질량 손실 ____________
- 물의 질량 ____________
- 물의 몰수 ____________
- $BaCl_2$의 질량 ____________
- $BaCl_2$의 몰수 ____________
- 시료의 화학식 ____________

복습

1. 수화물(Hydrate)

이온 결합 화합물(염)이 수용액에서 침전을 형성할 때 물 분자가 결합한 이온 결정으로 석출되는 경우가 있다. 이처럼 결정 격자 안에 물 분자를 포함한 이온 결합 화합물을 수화물이라고 한다.

2. 결정수(Water of Crystallization)

수화물에서 결정과 결합되어 있는 물을 결정수라고 부른다.

3. 무수물(Anhydride)

수화물을 가열하면 염과 물(결정수)로 분해되고, 결정수는 쉽게 날아간다. 결정수를 잃은 수화물을 무수물이라고 한다.

무수물(염) + 결정수 = 수화물

예 황산 구리(II) 오수화물($CuSO_4 \cdot 5H_2O$): 수화물

무수물 결정수

이 실험에서는

① 염화 바륨 수화물($BaCl_2 \cdot xH_2O$)에 들어 있는 $BaCl_2$와 H_2O의 몰수를 구한다.

② 염화 바륨 수화물($BaCl_2 \cdot xH_2O$)의 화학식을 안다. 즉, $BaCl_2$ 1몰당 결합되어 있는 H_2O의 몰수(x)를 구한다.

$$BaCl_2 \cdot xH_2O(s) \xrightarrow{\Delta} \underset{\text{무수물}}{BaCl_2(s)} + \underset{\text{날아감}}{xH_2O(g)}$$

- 가열 후의 질량은 결정수가 날아가 버리고, 무수물만 남기 때문에 $BaCl_2(s)$의 질량이다.
- 가열하기 전과 후의 시료의 질량 차이는 날아간 결정수의 질량, 즉 H_2O의 질량이다.

$$\Rightarrow H_2O\text{의 몰수} = \frac{H_2O\text{의 질량}}{H_2O\text{의 몰질량}}$$

$$\Rightarrow H_2O\text{의 몰수} = \frac{BaCl_2\text{의 질량}}{BaCl_2\text{의 몰질량}}$$

식 $x = \dfrac{H_2O\text{의 몰수}}{BaCl_2\text{의 몰수}}$로부터 염화 바륨 수화물의 화학식을 알 수 있다.

H_2O의 몰질량: 18.02 g/mol

$BaCl_2$의 몰질량: 208.3 g/mol

$$\text{몰수(mol)} = \frac{\text{질량(g)}}{\text{몰질량(g/mol)}}$$

실험 10

분자 구조

목적

분자 모형을 이용하여 원자가 껍질 전자쌍 반발 이론(VSEPR, valence shell electron pair repulsion theory)에 근거한 분자들의 3차원 입체 구조를 공부하고 분자 구조와 특성을 이해한다.

원리

분자 구조는 분자를 형성하고 있는 원자들의 공간 배열로부터 결정된다. 이러한 원자의 공간 배열이 밝혀지기 시작한 것은 20세기 초 William Bragg와 그의 아들 Lawrence에 의해 발전된 X-선 산란법에 의해서였다. 이들은 이 방법을 이용하여 NaCl과 KCl 같은 간단한 결정성 고체의 구조를 규명하였고, 이 업적으로 1915년에 노벨상을 수상하였다. 그 후로 X-선 산란법은 계속 발전하여 더 복잡한 분자들의 구조를 밝히는 데 이용되고 있다.

한편, 분자 모형은 분자를 형성하는 원자의 3차원적인 공간 배열을 쉽게 확인시켜 줄 수 있기 때문에 분자 구조의 연구에 큰 기여를 해왔다. 1953년에 James Watson과 Francis Crick은 분자 모형을 이용하여 DNA의 구조를 완성하여, 1962년 노벨상을 수상하였다.

많은 일반화학 교과서에 평면적으로 그려져 있는 분자 구조를 입체적으로 이해하는 것이 종종 어려운 경우가 있다. 분자의 구조를 이해하기 위해서는 기하학적 구조에 대한 깊이 있는 공부가 필요하지만, 분자 모형을 이용하여 분자의 실제적인 입체 구조를 만들어 보면 평면에서는 복잡하게 보이는 분자들도 비교적 쉽게 그 구조를 이해할 수 있다.

분자 모형에는 두 종류가 있는데, 하나는 “공간-채움(space-filling)” 모형으로서 분자를 형성하고 있는 원자들의 크기에 대한 정보를 제공해 준다. 그러나 “공간-채움” 모형은 분자의 3차원적 구조를 이해하는 데 어려움이 있다. 다른 하나는 “공과 막대(ball and stick)” 모형으로 분자의 3차원적 구조에 대한 정보를 제공해 준다.

VSEPR 이론은 분자를 형성하는 중심 원자의 원자가 껍질 전자쌍(공유 또는 비공유 전자쌍)을 고려하여, 이 전자쌍들을 최소한의 반발력을 갖도록 공간에 배치하는 것이 그 기본 원칙이다. 이 원칙에 의하여 중심 원자의 전자쌍들은 가능한 멀리 떨어져 있어야 한다. 간단한 예로, 중심 원자에 두 개의 원자가 껍질 전자쌍이 있으면, 이들은 중심 원자에 대하여 서로 반대편 일직선상에 위치하게 될 것이다. 그리고 VSEPR 이론에 의한 분자 구조 결정에는 공유 전자쌍과 비공유 전자쌍을 고려해야 한다. 공유 전자쌍은 분자 내에 있는 두 개의 원자를 묶어주는 역할을 하기 때문에 전자쌍 양쪽에 원자가 놓이게 된다. 반면에 비공유 전자쌍은 결합에 참여하지 않는 전자쌍을 말한다. 따라서 분자 구조는 공유 전자쌍과 비공유 전자쌍을 모두 포함한 최외각 전자쌍의 수와 원자를 묶어주는 공유 전자쌍의 수에 의하여 최종적으로 결정된다.

중심 원자에 대한 전자쌍의 구조와 실제 분자 구조를 혼동하는 경우가 종종 있는데, 그 이유는 비공유 전자쌍을 포함하는 모든 원자가 껍질 전자쌍의 수와 공유 전자쌍의 수를 혼동하기 때문이다. 다음 예를 통해서 전자쌍의 구조와 분자 구조의 차이점을 살펴보자.

분자 HCl, H_2O, NH_3, CH_4는 모두 중심 원자에 4개의 전자쌍이 있다. VSEPR 이론에 의하면 4개의 전자쌍은 3차원 공간에서 정사면체(tetrahedron)를 형성한다. 그러나 분자 구조는 공유 전자쌍에 의하여 결정되므로, 모든 분자가 정사면체를 이루지는 않는다. HCl의 경우 단지 두 개의 원자만으로 구성되어 있으므로 가능한 구조는 선형(linear)이다. H_2O의 경우 Lewis 구조로는 일직선으로 보이나 VSEPR 이론에 의하여 전자상의 배열이 정사면체를 이루므로 굽은형(bent) 또는 V-형 구조를 갖는다. NH_3는 공유 전자쌍이 3개이므로 분자 구조는 삼각뿔(trigonal pyramid)이다. CH_4는 4개의 전자쌍 모두가 공유 전자쌍이므로 전자쌍의 구조와 분자 구조가 모두 정사면체로 같다.

기구 및 시약

- 공과 막대 분자 모형 세트

주의 사항

1. 막대가 부러지지 않도록 무리한 힘을 가하지 않는다.
2. 모양이 다른 공과 막대가 서로 섞이지 않도록 정리에 주의한다.

실험 방법

① 약 10분 동안 분자 모형 세트에 있는 공과 막대들에 관해 익힌다.

② 모형을 만들기 전에 아래 주어진 각 분자의 Lewis 구조식을 그린다.: H_2O, NH_3, CH_4, SF_4, XeF_4, BrF_3, SeF_2, PF_5, IF_5

③ VSEPR 이론에 의하여 최외각 전자쌍의 공간 배열을 결정한다(표 10-1 참고).

④ 공유 전자쌍과 비공유 전자쌍의 수를 센다.

⑤ 표 10-1을 참고하여 분자의 실제 구조를 결정한다.

[표 10-1] VSEPR에 의한 전자쌍의 수와 분자의 구조

최외각 전자쌍의 수	전자쌍의 구조	공유 전자쌍의 수	분자의 실제 구조	일반 분자식
2	선형	2	선형	AB_2
3	평면 삼각형	1	선형	AB
		2	굽은형(V-형)	AB_2
		3	평면 삼각형	AB_3
4	정사면체	1	선형	AB
		2	굽은형(V-형)	AB_2
		3	삼각뿔	AB_3
		4	정사면체	AB_4
5	삼각쌍뿔	1	선형	AB
		2	선형	AB_2
		3	T-자형	AB_3
		4	시소형	AB_4
		5	삼각쌍뿔	AB_5
6	정팔면체	1	선형	AB
		2	선형	AB_2
		3	T-자형	AB_3
		4	평면 사각형	AB_4
		5	사각뿔	AB_5
		6	정팔면체	AB_6

실험 결과

	Lewis 구조	분자의 실제 구조
• H_2O		
• NH_3		
• CH_4		
• SF_4		
• XeF_4		
• BrF_3		
• SeF_2		

• PF_5 ______________ ______________

• IF_5 ______________ ______________

복습

1. VSEPR 이론을 이용한 분자 구조 결정하기

① 분자의 Lewis 구조를 그린다.

② 중심 원자 주위의 전자쌍의 개수를 세고, 반발을 최소화할 수 있도록 (가능한 멀리 떨어지도록) 전자쌍의 배열을 결정한다.

③ 원자들의 위치를 결정한다.

④ 원자들의 위치를 고려하여 분자의 구조를 명명한다. 분자 모형을 이용하여 만든 구조는 공유 전자쌍과 비공유 전자쌍 사이의 반발력 차이를 무시하고 있다. 일반적으로 반발력의 크기는 비공유 전자쌍-비공유 전자쌍 > 비공유 전자쌍-공유 전자쌍 > 공유 전자쌍-공유 전자쌍의 순서이다.

혼합물의 조성

목적

혼합물 속의 화합물의 양을 알아내고 질량 백분율을 구해 본다.

원리

$NaHCO_3$를 가열하면 반응식 (1)에서 볼 수 있듯이 Na_2CO_3, CO_2, H_2O로 분해된다.

$$2NaHCO_3(s) \xrightarrow{\triangle} Na_2CO_3(s) + CO_2(g) + H_2O(g) \quad (1)$$

Na_2CO_3와 $NaHCO_3$가 섞여 있는 시료 속에 수분이 없다면 가열 후 생성된 CO_2와 H_2O의 양으로부터 원래 시료 속에 있던 $NaHCO_3$의 양을 계산할 수 있다. 시료 속에 있는 고체 상태의 $NaHCO_3$를 가열하면 CO_2와 H_2O는 기체 상태로 날아가 버리기 때문에 시험관 안에는 고체 상태의 Na_2CO_3만 남게 된다.

반응식 (1)로부터 2몰의 $NaHCO_3$가 1몰의 CO_2와 1몰의 H_2O를 생성함을 알 수 있다. CO_2와 H_2O의 몰수가 같기 때문에 CO_2와 H_2O의 양을 각각 잴 필요는 없다.

시료를 가열하기 전과 후의 질량 차이는 발생한 CO_2 기체와 H_2O 기체의 질량의 합과 같다. 따라서 $NaHCO_3$의 몰질량과 반응물과 생성물의 몰비로부터 시료 속의 $NaHCO_3$의 양을 계산할 수 있으며 질량 백분율을 구할 수 있다.

$NaHCO_3$의 몰질량이 84 g/mol이므로 2몰의 $NaHCO_3$는 168 g이며 완전히 가열된 후 1몰의 CO_2(44 g)와 1몰의 H_2O(18 g)를 생성한다. 즉, 168 g의 $NaHCO_3$는 62 g의 CO_2와 H_2O를 생성하게 된다.

따라서 가열 후의 시료의 질량 손실은 CO_2와 H_2O의 생성량을 의미하며 식 (2)와 (3)으로부터 $NaHCO_3$의 양을 계산할 수 있다. 시료 속의 $NaHCO_3$의 질량 백분율은 식 (4)를 이용하여 구할 수 있다.

$$\text{시료 속의 } NaHCO_3\text{의 질량} : \underset{\text{(가열 후 시료의 질량 손실)}}{CO_2\text{와 } H_2O\text{의 생성량}} = 168\text{ g} : 62\text{ g} \quad (2)$$

$$\text{NaHCO}_3\text{의 질량} = \text{가열 후 시료의 질량 손실} \times \frac{168\,\text{g}}{62\,\text{g}} \tag{3}$$

$$\frac{\text{NaHCO}_3\text{의 질량}}{\text{시료의 질량}} \times 100 = \%\ \text{NaHCO}_3 \tag{4}$$

기구 및 시약

- 시험관
- 클램프
- 스탠드
- 50 mL 비커
- 시약 주걱
- 미지 시료
- 알코올 램프
- 화학 저울
- 무게 다는 접시
- 데시케이터

주의 사항

1. 미지 시료 중 하나를 선택하여 실험한다.
2. 시험관을 알코올 램프로 가열할 때 거의 수평이 되도록 하여 CO_2와 수증기가 잘 날아갈 수 있도록 한다.
3. 가열 시 시험관 입구 부분에 맺힌 수증기를 시험관 집게를 이용해 골고루 가열하여 없애도록 한다.
4. 가열된 시험관은 매우 뜨겁기 때문에 반드시 시험관 집게나 면장갑을 이용한다. 데시케이터 사용 시 깨지지 않게 조심스럽게 사용한다.

실험 방법

① 시험관을 50 mL 비커에 넣고 시험관과 비커의 질량을 잰다.
② 약 3 g의 시료를 시험관에 넣고 정확한 질량을 잰다. 미지 시료의 번호를 적어둔다.
③ 시료를 넣은 시험관을 클램프를 사용하여 그림 11-1과 같이 거의 수평이 되도록 스탠드에 고정시킨다.
④ 시료가 들어 있는 시험관을 5분간 가열한다.
⑤ 시험관을 데시케이터 안에서 식힌 후 ①에서 사용한 비커에 넣고 질량을 잰다.
⑥ 시험관을 5분간 더 가열한다.
⑦ 시험관을 데시케이터 안에서 식힌 후 ⑤와 같이 질량을 잰다.
⑧ 시험관을 5분간 더 가열한다.
⑨ 시험관을 데시케이터 안에서 식힌 후 ⑤와 같이 질량을 잰다.

⑩ $NaHCO_3$의 양을 계산한다.

⑪ 시료 속의 $NaHCO_3$의 질량 백분율을 구한다.

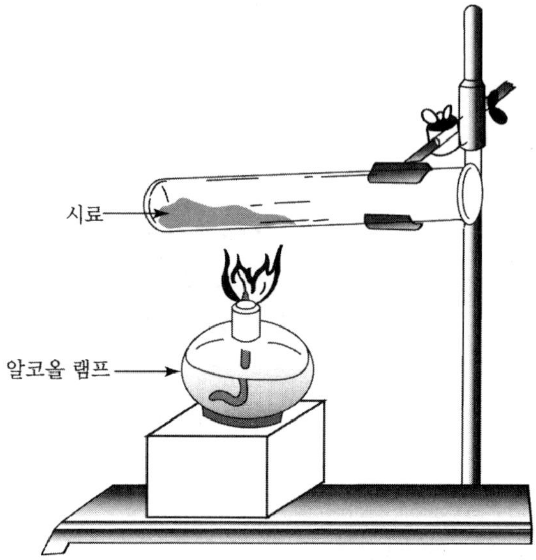

[그림 11-1] 시료의 열분해 장치

실험 결과

- 미지 시료의 번호 ____________
- 시험관+비커의 질량 ____________
- 시험관+비커+시료의 질량 ____________
- 시료의 질량 ____________
- 1차 가열 후 시험관+비커+시료의 질량 ____________
- 2차 가열 후 시험관+비커+시료의 질량 ____________
- 3차 가열 후 시험관+비커+시료의 질량 ____________
- 3차 가열 후 시료의 질량 ____________
- 가열 후의 시료의 질량 손실 ____________
- $NaHCO_3$의 질량 ____________
- $BaCl_2$의 질량 ____________

복습

1.

$$2NaHCO_3(s) \xrightarrow{\triangle} Na_2CO_3(s) + CO_2(g) + H_2O(g)$$

- $NaHCO_3$를 가열하면 Na_2CO_3, CO_2, H_2O로 분해됨
- 시료를 가열하기 전과 후의 질량 차이: 발생한 CO_2 기체와 H_2O 기체의 질량의 합

2. 생성된 CO_2와 H_2O의 양으로부터 원래 시료 속에 있던 $NaHCO_3$의 양을 계산할 수 있다. 즉, $NaHCO_3$의 몰질량과 반응물과 생성물의 몰비로부터 시료 속의 $NaHCO_3$의 양을 계산할 수 있다.

- 168 g의 $NaHCO_3$는 62 g의 $CO_2 + H_2O$를 생성한다.

$$\text{시료 속의 } NaHCO_3\text{의 질량} : \underset{\text{(가열 후 시료의 질량 손실)}}{\underline{CO_2\text{와 } H_2O\text{의 생성량}}} = 168\text{ g} : 62\text{ g}$$

$$NaHCO_3\text{의 질량} = \text{가열 후 시료의 질량 손실} \times \frac{168\text{ g}}{62\text{ g}}$$

3. 질량 백분율(%)

$$NaHCO_3\text{의 질량 백분율} = \frac{NaHCO_3\text{의 질량}}{\text{시료의 질량}} \times 100$$

금속의 반응성

목적

금속을 여러 가지 화합물과 반응시켜 봄으로써 금속의 상대적 반응성을 알아보고 산화-환원 반응을 이해한다.

원리

대부분의 금속은 염산이나 황산 같은 산과 반응하여 수소를 치환한다. 예를 들면 아연 금속은 황산 용액과 반응하면 수소 기체를 발생시킨다. 그러나 구리 금속은 황산 용액과 반응하지 않는다. 이를 화학 반응식으로 표시하면 반응식 (1), (2)와 같다.

$$Zn(s) + H_2SO_4(aq) \rightarrow ZnSO_4(aq) + H_2(g) \quad (1)$$

$$Cu(s) + H_2SO_4(aq) \rightarrow \text{무반응} \quad (2)$$

금속에 따라 산에 대한 반응성이 다른 이유는 금속의 활동도가 다르기 때문이다. 즉, 아연은 수소보다 활동도가 크기 때문에 수소를 치환시킬 수 있으나, 구리는 수소보다 활동도가 작기 때문에 수소를 치환시킬 수 없다. 금속의 활동도가 큰 것부터 작은 것까지 순서대로 나열한 것을 활동도 서열이라 하며 다음과 같다.

$$K > Ca > Na > Mg > Al > Zn > Fe > Ni > Sn > Pb >$$
$$(H) > Cu > Hg > Ag > Pt > Au$$

금속과 산의 반응은 산화-환원 반응으로 설명할 수 있다. 산화-환원 반응은 전자의 이동으로 일어난다. 어떤 물질이 전자를 잃으면 산화, 전자를 얻으면 환원이 된다고 말한다. 반응식 (1)을 이온을 포함한 식으로 표시하면 반응식 (3)과 같다.

$$Zn + 2H^+ + SO_4^{2-} \rightarrow Zn^{2+} + SO_4^{2-} + H_2 \quad (3)$$

이 반응의 알짜 이온 반응식을 쓰면 반응식 (4)와 같다.

$$Zn + 2H^{+} \rightarrow Zn^{2+} + H_2 \quad (4)$$

이를 다시 전자를 포함한 산화-환원 반응식으로 나누어 표시하면 다음과 같다.

$$Zn \rightarrow Zn^{2+} + 2e^{-} \quad \text{(산화)} \quad (5)$$

$$2H^{+} + 2e^{-} \rightarrow H_2 \quad \text{(환원)} \quad (6)$$

즉, 아연(Zn)은 전자를 잃어 아연 이온(Zn^{2+})으로 산화되어 물속에 녹아들어가고 황산 용액에 있던 수소 이온(H^{+})은 전자를 얻어 수소(H_2)로 환원되므로 수소 기체가 발생하게 된다.

산화와 환원은 전자의 이동에 의해 일어나기 때문에 항상 동시에 일어난다. 한 물질이 산화되면 다른 물질은 환원된다. 전자를 잃어버리는 물질은 자신은 산화되면서 다른 물질을 환원시키기 때문에 환원제라고 한다. 반면 전자를 받아들이는 물질은 다른 물질을 산화시키기 때문에 산화제라고 한다. 반응식 (1)의 경우, 아연이 환원제, 황산이 산화제가 된다.

쉽게 전자를 잃어버리는 경향이 있는 금속은 산화되기 쉽다고 말할 수 있으며 쉽게 이온화된다고 말할 수도 있다. 따라서 금속의 활동도는 금속의 이온화 경향과 일치한다.

금속과 다른 금속의 화합물에서도 금속들 간의 활동도 서열에 따라 치환 반응이 일어나기도 하고 반응이 일어나지 않는 경우도 있다.

철을 황산 구리(II) 용액에 넣으면 철은 용액 속으로 녹아들고(이온화되고) 구리가 석출된다. 이는 철이 구리보다 이온화 경향이 크기 때문이다. 이 반응의 화학 반응식, 알짜 이온 반응식, 산화-환원 반응식은 다음과 같다.

$$Fe(s) + CuSO_4(aq) \rightarrow Cu(s) + FeSO_4(aq) \quad (7)$$

$$Fe + Cu^{2+} \rightarrow Fe^{2+} + Cu \quad (8)$$

$$Fe \rightarrow Fe^{2+} + 2e^{-} \quad \text{(산화)} \quad (9)$$

$$Cu^{2+} + 2e^{-} \rightarrow Cu \quad \text{(환원)} \quad (10)$$

반면, 구리를 황산 철(II) 용액에 넣으면 아무런 반응도 일어나지 않는다. 구리가 철보다 이온화 경향이 작기 때문에 구리가 이온화되기보다는 철이 이온 상태로 그대로 있게 된다.

$$Cu(s) + FeSO_4(aq) \rightarrow \text{무반응} \quad (11)$$

이를 산화-환원 반응으로 설명하면 철이 구리보다 이온화 경향이 크기 때문에 (철이 이온화되기가 구리가 이온화되는 것보다 쉽기 때문에) 철이 구리보다 산화되기가 쉽다. 따라서 철은 산화되어 이온이 되고, 구리 이온은 환원되어 구리로 석출된다. 즉, 반응식 (7)에서 볼 수 있듯이 철은 산화되어 용액 속으로 녹아들어가고 황산 구리(II)는 환원되므로 구리가 석출된다. 이때 철은 환원제, 황산 구리(II)는 산화제가 된다.

이와 같이 금속을 산 및 다른 금속의 화합물과 반응시켜 봄으로써 금속의 상대적인 반응성을 알 수 있으며 이로부터 활동도 서열을 구할 수 있다. 또한 각각의 반응을 식으로 나타내봄으로써 산화-환원 반응을 이해할 수 있게 된다.

기구 및 시약

- 시험관
- 시험관대
- 아연 조각
- 철 조각
- 구리 조각
- 10 mL 눈금 실린더
- 1 M 황산(H_2SO_4)
- 0.1 M 황산 구리(II)($CuSO_4$)
- 0.1 M 황산 아연($ZnSO_4$)
- 0.1 M 황산 철(II)($FeSO_4$)
- 핀셋
- 스포이트

주의 사항

1. 실험 2. 금속과 다른 금속의 화합물과의 반응에서, 반응 도중 시험관을 부드럽게 흔들어 주면 석출되는 금속을 쉽게 관찰할 수 있다.

실험 방법

1. 산과 금속의 반응

① 시험관에 1 M 황산 5 mL를 넣고, 아연 조각을 넣는다. 아연 조각이 어떻게 변하는지 관찰하고 기체가 발생하는지를 확인한다.

② 시험관에 1 M 황산 5 mL를 넣고, 아연 조각을 넣는다. 아연 조각이 어떻게 변하는지 관찰하고 기체가 발생하는지를 확인한다.

③ 시험관에 1 M 황산 5 mL를 넣고, 구리 조각을 넣는다. 구리 조각이 어떻게 변하는지 관찰하고 기체가 발생하는지를 확인한다.

2. 금속과 다른 금속 화합물과의 반응

① 시험관에 0.1 M 황산 구리(II) 용액 5 mL를 넣고, 아연 조각을 넣는다. 아연 조각이 어떻게 변하는지 관찰한다. 용액의 색변화를 관찰한다.

② 시험관에 0.1 M 황산 구리(II) 용액 5 mL를 넣고, 철 조각을 넣는다. 철 조각이 어떻게 변하는지 관찰한다. 용액의 색변화를 관찰한다.

③ 시험관에 0.1 M 황산 아연 용액 5 mL를 넣고, 철 조각을 넣는다. 철 조각이 어떻게 변하는지 관찰한다. 용액의 색변화를 관찰한다.

④ 시험관에 0.1 M 황산 아연 용액 5 mL를 넣고, 구리 조각을 넣는다. 구리 조각이 어떻게 변하는지 관찰한다. 용액의 색변화를 관찰한다.

⑤ 시험관에 0.1 M 황산 철(II) 용액 5 mL를 넣고, 아연 조각을 넣는다. 아연 조각이 어떻게 변하는지 관찰한다. 용액의 색변화를 관찰한다.

⑥ 시험관에 0.1 M 황산 철(II) 용액 5 mL를 넣고, 구리 조각을 넣는다. 구리 조각이 어떻게 변하는지 관찰한다. 용액의 색변화를 관찰한다.

실험 결과

* 각각의 반응에 대하여 관찰한 결과를 적고, 반응식으로 나타내본다. 아무런 반응이 일어나지 않았을 경우는 생성물에 무반응이라고 표시한다. 각 화학 반응식을 전자를 포함한 산화 반응식과 환원 반응식으로 나타내본다.

1. 산과 금속의 반응

① 관찰 결과 ______________________

화학 반응식 ______________________

산화 반응식 ______________________

환원 반응식 ______________________

② 관찰 결과 ______________________

화학 반응식 ______________________

산화 반응식 ______________________

환원 반응식 ______________________

③ 관찰 결과 ______________________

화학 반응식 ______________________

산화 반응식 ______________________

환원 반응식 ______________________

2. 금속과 다른 금속 화합물과의 반응

① 관찰 결과 ____________________

화학 반응식 ____________________

산화 반응식 ____________________

환원 반응식 ____________________

② 관찰 결과 ____________________

화학 반응식 ____________________

산화 반응식 ____________________

환원 반응식 ____________________

③ 관찰 결과 ____________________

화학 반응식 ____________________

산화 반응식 ____________________

환원 반응식 ____________________

④ 관찰 결과 ____________________

화학 반응식 ____________________

산화 반응식 ____________________

환원 반응식 ____________________

⑤ 관찰 결과 ____________________

화학 반응식 ____________________

산화 반응식 ____________________

환원 반응식 ____________________

⑥ 관찰 결과 ____________________

화학 반응식 ____________________

산화 반응식 ____________________

환원 반응식 ____________________

* 이상의 실험 결과를 토대로 아연, 철, 구리, 수소를 반응성이 큰 것부터 작은 것까지 차례로 나열해본다. ____________________

복습

1. 대부분의 금속은 산과 반응하여 수소를 치환한다. 그러나 구리 금속은 산과 반응하지 않는다.

예 $Zn(s) + H_2SO_4(aq) \rightarrow ZnSO_4(aq) + H_2(g)$
$Cu(s) + H_2SO_4(aq) \rightarrow$ 무반응

2. 왜 이런 것일까? 금속에 따라 산에 대한 반응성이 다른 이유는 금속의 활동도가 다르기 때문이다. 금속의 활동도가 큰 것부터 작은 것까지 순서대로 나열한 것을 활동도 서열이라고 한다.

K > Ca > Na > Mg > Al > Zn > Fe > Ni > Sn > Pb > (H) > Cu > Hg > Ag > Pt > Au
치환 가능 > (H) > 치환 불가능

활동도 서열을 보면, 아연은 수소보다 활동도가 크기 때문에 수소를 치환할 수 있지만, 구리는 수소보다 활동도가 작기 때문에 수소를 치환할 수 없다.

3. 금속과 산의 반응은 산화-환원 반응으로 설명 가능하며, 산화-환원 반응은 전자의 이동으로 일어난다.

• 산화: 전자를 잃는 것
• 환원: 전자를 얻는 것

$$Zn(s) + H_2SO_4(aq) \rightarrow ZnSO_4(aq) + H_2(g)$$

⇩ 이온을 포함한 식으로 표시

$$Zn + 2H^+ + SO_4^{2-} \rightarrow Zn^{2+} + SO_4^{2-} + H_2$$

⇩ 알짜 이온 반응식

$$Zn + 2H^+ \rightarrow Zn^{2+} + H_2$$

⇩ 전자를 포함한 산화-환원 반응식

$$Zn \rightarrow Zn^{2+} + 2e^- \text{ (산화)}$$
$$2H^+ + 2e^- \rightarrow H_2 \text{ (환원)}$$

- 아연(Zn)은 전자를 잃어 아연 이온(Zn^{2+})으로 산화되어 물속으로 들어가고, 황산 용액에 있던 수소 이온(H^+)은 전자를 얻어 수소(H_2)로 환원되므로 수소 기체가 발생한다.

4. 산화와 환원은 전자의 이동에 의해 일어나기 때문에 항상 동시에 일어난다. 즉, 한 물질이 산화되면 다른 물질은 환원된다.

- **환원제**: 자신은 전자를 잃고 산화되면서 **다른 물질을 환원**시키기 때문에 환원제
- **산화제**: 자신은 전자를 얻어 환원되면서 **다른 물질을 산화**시키기 때문에 산화제
(아연과 황산의 반응에서 아연은 환원제, 황산은 산화제이다.)

5. 쉽게 전자를 잃어버리는 경향이 있는 금속은 산화되기 쉽다고 말할 수 있으며, 쉽게 이온화된다고 말할 수 있다.

- 금속의 활동도는 금속의 이온화 경향과 일치한다.

실험 13

반응열

목적

고체 수산화 소듐과 염산의 중화 반응을 한 단계 및 두 단계로 일으켜서 각 단계의 반응열을 측정하고 Hess의 법칙을 확인한다.

원리

화학 반응에 수반하여 출입하는 열을 반응열이라고 하며, 보통 1몰의 물질이 변화할 때 출입하는 열량을 나타낸다.

반응열에는 여러 가지 종류가 있는데, 물질 1몰이 완전히 연소할 때 발생하는 열량을 연소열이라고 하며, 산과 염기가 각각 1그램당량씩 반응하여 1몰의 물을 생성할 때 발생하는 열량을 중화열이라고 하고, 1몰의 물질이 물에 녹을 때 발생하는 열량을 용해열이라고 한다.

반응열은 반응 전과 후의 온도 변화를 관찰하여 측정할 수 있으며, 반응 후의 온도가 반응 전보다 높아지면 반응으로 인해 열이 발생한 것이므로 이를 발열 반응이라고 하며, 반대의 경우를 흡열 반응이라고 한다.

화학 변화가 일어나는 동안에 발생 또는 흡수한 열량은 반응 전의 물질의 종류 및 상태와 반응 후의 물질의 종류 및 상태만 같으면 반응 경로에 관계없이 항상 일정하며, 이것을 Hess의 법칙이라고 한다.

고체 수산화 소듐과 염산 용액과의 중화 반응을 반응식으로 나타내면 반응식 (1)과 같으며, 여기서 ΔH_1은 이 반응의 반응열이다.

$$NaOH(s) + H^+(aq) + Cl^-(aq) \rightarrow H_2O(l) + Na^+(aq) + Cl^-(aq) + \Delta H_1 \qquad (1)$$

이 반응을 다음과 같이 두 단계로 일어나게 할 수 있다. 즉, 고체 수산화 소듐을 물에 녹여 NaOH 수용액을 만들고, 이것을 염산 용액으로 중화한다.

$$NaOH(s) \rightarrow Na^+(aq) + OH^-(aq) + \Delta H_2 \qquad (2)$$

$$Na^+(aq) + OH^-(aq) + H^+(aq) + Cl^-(aq) \rightarrow H_2O(l) + Na^+(aq) + Cl^-(aq) + \Delta H_3 \quad (3)$$

여기서 ΔH_2 및 ΔH_3는 각각 두 반응에 대한 반응열로서 ΔH_2는 용해열이고, ΔH_3는 중화열이다.

반응식 (2)와 반응식 (3)을 더하면 반응식 (1)이 된다. 따라서 각 반응열 ΔH_1, ΔH_2, ΔH_3 사이에는 식 (4)와 같은 관계가 성립하며, 이로부터 Hess의 법칙이 성립됨을 확인할 수 있다.

$$\Delta H_1 = \Delta H_2 + \Delta H_3 \quad (4)$$

이 실험의 반응 (1), (2), (3)은 모두 발열 반응이며, 반응에서 방출된 열은 용액과 플라스크에 의해 흡수된 열량의 합과 같다. 용액에 의해 흡수된 열량은 용액의 질량에 온도 차와 비열을 곱한 것과 같으며, 마찬가지로 플라스크에 의해 흡수된 열량은 플라스크의 질량에 온도 차와 비열을 곱한 것과 같다. 따라서 각 반응의 반응열은 식 (5)와 같이 구할 수 있다.

$$\begin{aligned} \Delta H = & \ (\text{용액의 질량}) \times \Delta T \times (4.18 \text{ J/g℃}) \\ & + (\text{플라스크의 질량}) \times \Delta T \times (0.85 \text{ J/g℃}) \end{aligned} \quad (5)$$

여기서 ΔT는 반응 후의 온도에서 반응 전의 온도를 뺀 값이며, 묽은 수용액의 비열은 4.18 J/g℃, 유리의 비열은 0.85 J/g℃로 가정한다.

기구 및 시약

- 100 mL 눈금 실린더
- 100 mL 삼각 플라스크
- 보온재(솜)
- 온도계
- 화학 저울
- 유리 막대
- 고체 수산화 소듐
- 0.5 M NaOH
- 0.5 M HCl
- 0.25 M HCl
- 무게 다는 접시
- 시약 주걱

주의 사항

1. 수산화 소듐은 조해성이 있으므로, 전자저울 사용 시 주위에 떨어뜨리지 않도록 주의한다.
2. 온도 측정 시 유효 숫자를 고려하여 온도 변화를 정확히 기록한다.
3. 시료가 피부에 직접 닿지 않도록 주의하며, 묻었을 경우에는 즉시 다량의 흐르는 물로 씻어준다.

실험 방법

1. 반응 (1)의 반응열

① 깨끗하게 씻어 말린 100 mL 삼각 플라스크의 질량을 측정한 후 보온재로 싸서 보온한다.

② 눈금 실린더로 0.25 M 염산 용액 50 mL를 취하여 삼각 플라스크에 넣은 다음 온도를 0.1℃까지 측정한다.

③ 약 0.5 g의 고체 수산화 소듐 알갱이의 질량을 재빠르게 측정하여 삼각 플라스크에 넣고 흔들어서 잘 녹인다. (수산화 소듐은 조해성이 있으므로 가능한 빨리 질량을 측정해야 한다.)

④ 용액의 최고 온도를 기록하고 삼각 플라스크의 질량을 측정한다.

2. 반응 (2)의 반응열

실험 1의 0.25 M 염산 용액 대신 증류수 50 mL를 사용하여 같은 방법으로 실험을 행한다.

3. 반응 (3)의 반응열

① 깨끗하게 씻어 말린 100 mL 삼각 플라스크의 질량을 측정한 후 보온재로 싸서 보온한다.

② 눈금 실린더로 0.5 M 염산 용액 25 mL를 취하여 삼각 플라스크에 넣은 다음 온도를 0.1℃까지 측정한다.

③ 눈금 실린더로 0.5 M 수산화 소듐 용액 25 mL를 취하고 용액의 온도를 0.1℃까지 측정한다.

④ 두 용액의 온도가 거의 같아지면 온도를 기록한다.

⑤ 수산화 소듐 용액을 재빠르게 염산 용액에 쏟아 넣고 잘 섞는다.

⑥ 용액의 최고 온도를 기록하고 삼각 플라스크의 질량을 측정한다.

실험 결과

1. 반응 (1)의 반응열

- 삼각 플라스크의 질량 ______
- 고체 NaOH의 질량 ______
- 용액+삼각 플라스크의 질량 ______
- 용액의 질량 ______
- 염산 용액의 온도 ______
- 용액의 최고 온도 ______
- 온도 차(ΔT_1) ______
- 용액에 의해 흡수된 열량 ______
- 삼각 플라스크에 의해 흡수된 열량 ______
- 반응 (1)의 반응열, ΔH_1 ______

2. 반응 (2)의 반응열

- 삼각 플라스크의 질량 ______
- 고체 NaOH의 질량 ______
- 용액+삼각 플라스크의 질량 ______
- 용액의 질량 ______
- 증류수의 온도 ______
- 용액의 최고 온도 ______
- 온도 차(ΔT_2) ______
- 용액에 의해 흡수된 열량 ______
- 삼각 플라스크에 의해 흡수된 열량 ______
- 반응 (2)의 반응열, ΔH_2 ______

3. 반응 (3)의 반응열

- 삼각 플라스크의 질량 ______
- 용액+삼각 플라스크의 질량 ______
- 용액의 질량

• 염산 용액의 온도 ____________________

• 용액의 최고 온도 ____________________

• 온도 차(ΔT_3) ____________________

• 물용액에 의해 흡수된 열량 ____________________

• 삼각 플라스크에 의해 흡수된 열량 ____________________

• 반응 (3)의 반응열, ΔH_3 ____________________

복습

1. 반응열: 화학 반응에 수반하여 출입하는 열(1몰의 물질이 변화할 때 출입하는 열량)

① 연소열: 물질 1몰이 완전히 연소할 때 발생하는 열량

② 중화열: 산과 염기가 각각 1그램당량씩 반응하여 1몰의 물을 생성할 때 발생하는 열량

③ 용해열: 1몰의 물질이 물에 녹을 때 발생하는 열량

④ 발열 반응: 반응 후 온도 > 반응 전 온도

⑤ 흡열 반응: 반응 후 온도 < 반응 전 온도

2. Hess의 법칙: 화학 변화가 일어나는 동안에 발생 또는 흡수된 열량은 반응 전 물질의 종류 및 상태와 반응 후 물질의 종류 및 상태만 같으면, 반응 경로에 관계없이 항상 일정하다.

예 반응식: 고체 수산화 소듐과 염산 용액과의 중화 반응

$$\begin{aligned} &NaOH(s) + H^+(aq) + Cl^-(aq) \rightarrow \\ &\qquad H_2O(l) + Na^+(aq) + Cl^-(aq) + \Delta H_1(\text{반응열}) \end{aligned} \tag{1}$$

반응식 (1)을 두 단계로 나누어 보면

$$NaOH(s) \rightarrow Na^+(aq) + OH^-(aq) + \Delta H_2(\text{용해열}) \tag{2}$$

$$\begin{aligned} &Na^+(aq) + OH^-(aq) + H^+(aq) + Cl^-(aq) \\ &\qquad \rightarrow H_2O(l) + Na^+(aq) + Cl^-(aq) + \Delta H_3(\text{중화열}) \end{aligned} \tag{3}$$

반응식 (2)와 반응식 (3)을 더하면 반응식 (1)이 되므로,

$$\Delta H_1 = \Delta H_2 + \Delta H_3 \tag{4}$$

③ 반응 (1), (2), (3)은 모두 발열 반응이며, 반응에서 방출된 열은 용액과 플라스크에 의해 흡수된 열량의 합과 같다.

$$\begin{aligned}\Delta H =& \text{ 용액의 질량} \times \Delta T(\text{온도 차}) \times (\text{수용액의 비열: } 4.18\ J/g℃) \\ &+ \text{플라스크의 질량} \times \Delta T(\text{온도 차}) \times (\text{유리의 비열: } 0.85\ J/g℃)\end{aligned} \quad (5)$$

실험 14

용액의 농도

목 적

여러 가지 종류의 용액을 만들어 보고 온도에 따른 용해도를 비교하고 각 용액의 농도(질량 백분율 농도)를 구한다.

원 리

한 물질이 다른 물질에 녹아 있을 때 이를 용액(solution)이라고 한다. 용액은 또한 평균 직경이 0.05~0.25 nm 정도 되는 원자, 분자 혹은 작은 이온들이 균일하게 섞인 혼합물로 정의되는데, 용액을 형성하기 위해 녹아 들어가는 물질을 용질(solute), 그리고 녹이는 물질을 용매(solvent)라고 한다. 용매는 일반적으로 훨씬 과량으로 존재하며, 용액의 이름은 용질의 이름을 사용한다. 소금이 물에 녹아 있을 때 소금은 용질이고 용매는 물이며 용액은 소금 용액이 된다. 특별히 용매가 물인 경우를 수용액이라고 한다.

용액을 형성하는 원동력은 계가 무질서하게 되려는 경향(열역학 제2법칙)과 용매-용질 사이의 인력이라고 생각할 수 있다. 따라서 용질과 용매의 성질에 따라 용액 형성 정도가 달라지는데, 극성인 물은 무기염을 잘 녹이며 벤젠, 에터와 같은 비극성 용매는 유기 물질을 잘 녹인다. 즉, 극성 용매는 극성 용질을 잘 녹이고 비극성 용매는 비극성 용질을 더 잘 녹인다(끼리끼리 녹는다: like dissolves like). 용해도(solubility)는 용매에 녹을 수 있는 용질의 양을 뜻하며, 정확하게 용매 100 g당 녹아 들어가는 용질의 g수를 의미한다.

용액의 농도(concentration)는 일정한 양의 용매 또는 용액 속에 녹아 있는 용질의 상대적인 양을 뜻한다. 용질의 농도가 용해도와 같을 때, 그 용액은 포화(saturated)되었다고 하며, 용질의 농도가 용해도보다 작을 때, 그 용액은 불포화(unsaturated)되었다고 한다. 용해도에 해당하는 평형 농도 이상의 용질을 포함하는 용액은 과포화(supersaturated) 용액이라고 한다. 포화 용액 속에는 용해되지 않은 용질과 용해된 용질이 평형을 이루고 있다. 용해도는 온도에 따라 달라지기 때문에 용액의 포화 정도는 온도에 따라 달라진다.

기본적으로 농도의 단위에 널리 사용되는 것으로 질량 백분율 농도와 몰농도가 있는데, 이들은 모두 용액의 양에 대한 용질의 양을 나타내는 단위이다(용해도의 경우는 용매의 양에 대한 용질의 양에 관한 단위임을 주의하라). 질량 백분율 농도는 용액에 대한 용질의 질량비로서 식 (1)과 같이 나타낼 수 있다.

$$\text{질량 백분율 농도} = \frac{\text{용질의 g수}}{\text{용질의 g수} + \text{용매의 g수}} \times 100 \qquad (1)$$

몰농도(molarity)는 1리터의 용액에 있는 용질의 몰수이며 식 (2)와 같이 나타낸다.

$$\text{몰농도(M)} = \frac{\text{용질의 몰수}}{\text{용액의 부피(리터)}} \qquad (2)$$

기구 및 시약

- 눈금 실린더
- 화학 저울
- 무게 다는 접시
- 시약 주걱
- 물중탕 장치
- 알코올 램프
- 시험관
- 고무마개
- 염화 암모늄(NH_4Cl)
- 염화 소듐(NaCl)

주의 사항

1. 염을 녹이기 위해 시험관을 흔들어 줄 때 마개를 잘 닫아 준다.
2. 뜨거운 물에 화상을 입지 않도록 한다.
3. 실험 시작할 때에 물중탕 장치를 먼저 가열한다(시간 절약).

실험 방법

① 네 개의 무게 다는 접시에 각각 1.0 g의 NaCl, 1.4 g의 NaCl, 1.0 g NH_4Cl, 1.4 g NH_4Cl을 취하고 정확한 질량을 잰다.

② 두 개의 시험관 A와 B의 질량을 잰다.

③ 두 개의 시험관에 각각 5 mL의 증류수를 넣고 질량을 잰다.

④ 시험관 A에는 1.0 g의 NaCl, 시험관 B에는 1.0 g의 NH_4Cl을 각각 넣고 고무마개로

막은 후 염이 녹을 때까지 흔들어 준다.

⑤ 염이 모두 녹았다면 각 용액의 질량 백분율 농도를 계산한다.

⑥ ①에서 잰 1.4 g의 NaCl을 ④의 시험관 A에, 1.4 g의 NH_4Cl을 시험관 B에 넣고 고무마개로 막은 후 염이 녹을 때까지 흔들어 준다.

⑦ 염이 모두 녹았다면 각 용액의 질량 백분율 농도를 계산한다.

⑧ 두 개의 시험관을 마개를 닫지 않은 채로 물중탕으로 가열하고 가끔씩 시험관을 물중탕에서 꺼내어 흔들어 준다. 약 5분 후 두 시험관을 비교한다. 어느 시험관의 염이 모두 녹았는지 기록한다.

⑨ 시험관을 물중탕에서 꺼내 시험관 표면을 찬 수돗물로 식힌 후 결과를 비교한다.

실험 결과

1. 1.0g의 NaCl과 NH_4Cl은 상온에서 5 mL의 물과 불포화 용액을 만드는가? 포화 용액을 만드는가? 각 용액의 질량 백분율 농도를 계산하시오.

	NaCl	NH_4Cl
• 용매(물)의 질량		
• 용질의 질량		
• 포화 여부		
• 질량 백분율 농도		

2. 2.4g의 NaCl과 NH_4Cl은 상온에서 5 mL의 물과 불포화 용액을 만드는가? 포화 용액을 만드는가? 각 용액의 질량 백분율 농도를 계산하시오.

	NaCl	NH_4Cl
• 용매(물)의 질량		
• 용질의 질량		
• 포화 여부		
• 질량 백분율 농도		

3. 2.4g의 NaCl과 NH_4Cl은 높은 온도에서 5 mL의 물과 불포화 용액을 만드는가? 포화 용액을 만드는가? 각 용액의 질량 백분율 농도를 계산하시오.

	NaCl	NH_4Cl
• 용매(물)의 질량	____________	____________
• 용질의 질량	____________	____________
• 포화 여부	____________	____________
• 질량 백분율 농도	____________	____________

4. 높은 온도에서는 어느 염이 덜 녹는가? ____________

5. 높은 온도에서는 불포화되고 상온에서는 포화되는 염은 어느 염인가?

____

복습

1. 용액

① 용질[녹아 들어가는 물질] + 용매[녹이는 물질]

② 한 물질이 다른 물질에 녹아 있는 형태

- 평균 직경이 0.05~0.25 nm 정도 되는 원자, 분자 혹은 작은 이온들이 균일하게 섞여 있는 혼합물
- 용액의 이름은 용질의 이름을 사용

예 소금물[소금 용액] = 소금[용질] + 물[용매] → 용매가 물인 경우 수용액이라고 함

2. 용액을 형성하는 원동력

① 열역학 제2법칙: 계가 무질서하게 되려는 경향

② 용매-용질 사이의 인력: 용질과 용매의 성질에 따라 용액 형성 정도가 달라짐 (Like dissolves like.)

- 극성 용매는 극성 용질을 잘 녹임
- 비극성 용매는 비극성 용질을 잘 녹임

3. 용해도: 용매에 녹을 수 있는 용질의 양: 용매 100 g당 녹아 들어가는 용질의 g수

4. 용액의 농도: 일정한 양의 용매 또는 용액 속에 녹아 있는 용질의 상대적인 양

① 용질의 농도 > 용해도 ⇒ 과포화 용액

② 용질의 농도 = 용해도 ⇒ 포화 용액

③ 용질의 농도 < 용해도 ⇒ 불포화 용액

- 용해도는 온도에 따라 달라짐.⇒ 용액의 포화 정도는 온도에 따라 달라짐.

5. 농도의 단위: 용액의 양에 대한 용질의 양을 나타내는 단위

① 질량 백분율 농도

② 몰농도

6. 염이 모두 녹으면 불포화, 남으면 포화

NH_4Cl은 상온에서는 포화이나, 높은 온도에서는 모두 녹으므로 불포화 용액이 되며, 수돗물로 식히면 다시 포화 용액이 되어 염이 석출되는 것을 확인할 수 있다.

염의 용해도

목 적

온도에 따른 염의 용해도의 변화를 알아보고 용해도 곡선을 그려본다.

원 리

소금물과 같이 소금과 물이 균일하게 분포되어 섞인 혼합물을 용액이라고 하며, 물과 같이 녹이는 물질을 용매, 소금과 같이 녹는 물질을 용질이라고 한다. 특별히 용매가 물인 경우를 수용액이라고 한다.

염이란 이온 결합 화합물을 일컬으며 염의 용해도는 어떤 온도에서 용매 100 g에 녹을 수 있는 염(용질)의 최대 질량을 말하며 온도에 따라서 다른 값을 갖는다. 녹을 수 있는 최대량의 용질이 녹아 있는 용액을 포화 용액이라고 한다.

일반적으로 고체의 용해도는 온도가 높을수록 커지며 용해도와 온도와의 관계를 그래프로 나타낸 것을 용해도 곡선이라고 한다.

고체의 용해도를 구하기 위해서는 용매 100 g당 녹는 용질의 최대량을 측정하여야 하며 두 가지 방법이 있다. 한 가지 방법은 용매 일정량에 과량의 용질을 넣은 후 녹지 않은 용질을 걸러서 포화 용액을 만든 후 용매를 완전히 증발시켜 남아 있는 용질의 양을 측정하여 용매와 용질의 비로부터 용해도를 구하는 방법이다.

예를 들어 20℃에서 NaCl의 물에 대한 용해도가 36이라면 물 100 g당 최대 36 g의 NaCl이 녹을 수 있다. 물 10 g에 4.0 g의 NaCl을 넣었을 경우 3.6 g의 NaCl만 물에 녹고 0.4 g의 NaCl은 녹지 않을 것이다.

따라서 0.4 g의 고체를 거른 액은 포화 용액이 되며 이 용액을 증발시키면 3.6 g의 NaCl만 남게 된다. 그러므로 20℃에서의 용해도는 10 g : 3.6 g = 100 g : 36 g이 되어 NaCl의 용해도는 36(36 g/100g H_2O)이 된다. 이러한 방법은 용매를 완전히 증발시켜야 하기 때문에 시간이 오래 걸리고 번거롭다.

또 다른 방법은 용매 일정량에 과량의 용질을 넣은 후 용액의 온도를 높여 불포화 용액을 만든 후 냉각시켜 결정을 석출시키는 방법을 이용하는 것이다.

예를 들어, 20℃에서 KNO_3의 물에 대한 용해도가 32라면 물 5 g에 8 g의 KNO_3를 넣었을 경우 1.6 g의 KNO_3만 물에 녹고 6.4 g의 KNO_3가 녹지 않는다.

이 용액을 가열하여 모든 KNO_3를 녹인 후 서서히 냉각시켰을 때 t_1℃에서 결정이 석출되기 시작했다고 한다면 그 온도에서 물 5g에 녹을 수 있는 KNO_3의 최대량은 8 g이다. 따라서 t_1℃에서의 용해도는 5 g : 8 g = 100 g : 160 g이 되어 KNO_3의 용해도는 160(160 g/100 g H_2O)이 된다.

여기에 물 2 g을 추가하면 용매의 양이 늘었기 때문에 온도를 높이지 않아도 KNO_3는 다시 녹는다. 이 용액의 온도를 낮추어 t_2℃에서 다시 결정이 석출되기 시작한다면 t_2℃에서 물 7 g(5 g + 2 g)에 최대 녹을 수 있는 KNO_3의 양은 8 g이다. 따라서 t_2℃에서의 용해도는 7 g : 8 g = 100 g : 114 g이 되어 KNO_3의 용해도는 114(114 g/100 g H_2O)가 된다.

이러한 원리를 이용하여 다양한 온도에서의 KNO_3의 용해도를 구할 수 있다.

기구 및 시약

- 시험관
- 50 mL 비커
- 100 mL 비커
- 화학 저울
- 핫플레이트
- 유리 막대
- 무게 다는 접시
- KNO_3
- 10 mL 눈금 피펫
- 스탠드
- 클램프
- 온도계
- 시약 주걱
- 물중탕 장치

주의 사항

1. 넣어 준 증류수의 온도가 용액보다 낮으면, 용액의 온도가 낮아져 결정이 남아 있게 된다. 따라서 다시 가열한 후 식혀야 한다.

실험 방법

① 시험관을 50 mL 비커에 넣고 시험관과 비커의 질량을 잰다.

② 약 8 g의 KNO_3를 시험관에 넣고 정확한 질량을 잰다.

③ 클램프를 이용하여 시험관을 스탠드에 고정시킨다.

④ 100 mL 비커에 약 75 mL의 증류수를 넣는다.

⑤ 증류수의 온도를 측정한다.

⑥ 피펫을 이용하여 5 mL의 증류수를 KNO_3가 들어 있는 시험관에 넣는다.

⑦ 시험관에 온도계를 꽂은 후 온도를 측정한다.

⑧ 유리 막대로 용액을 저어주면서 온도 변화를 관찰한다. (이 반응이 발열 반응인지 흡열 반응인지를 알아본다.)

⑨ 증류수가 담긴 100 mL 비커에 시험관을 담그고 85~90℃가 될 때까지 서서히 가열한다.

⑩ KNO_3가 완전히 녹을 때까지 용액을 저어준다.

⑪ 가열을 중지하고 시험관을 비커에서 꺼낸 후 용액을 계속 저어주면서 결정이 석출될 때의 온도를 기록한다.

⑫ 피펫을 이용하여 2 mL의 증류수를 시험관에 더 넣어주고 계속 저어주면서 결정이 석출될 때의 온도를 기록한다. 이때 증류수를 넣자 마자 결정이 생기면 시험관을 물중탕으로 가열하여 결정을 녹인 후 서서히 식힌다.

⑬ ⑫와 같은 과정을 3회 더 반복한다.

⑭ 각각의 온도에서의 용해도를 구한다. (1 mL 물의 질량을 1 g으로 가정한다.)

⑮ 그래프 용지를 사용하여 x축에 온도, y축에 용해도를 표시하여 용해도 곡선을 완성한다.

실험 결과

- 시험관+비커의 질량
- 시험관+비커+KNO_3의 질량
- KNO_3의 질량
- KNO_3를 넣기 전의 증류수의 온도
- KNO_3를 넣은 후의 용액의 온도
- 발열 반응인가? 흡열 반응인가?
- 결정이 석출되기 시작한 온도
  - 5 mL의 H_2O를 넣었을 때의 온도(t_1℃)
  - 7 mL의 H_2O를 넣었을 때의 온도(t_2℃)
  - 9 mL의 H_2O를 넣었을 때의 온도(t_3℃)

- 11 mL의 H_2O를 넣었을 때의 온도(t_4℃) __________
- 13 mL의 H_2O를 넣었을 때의 온도(t_5℃) __________

• 각각의 온도에서의 KNO_3의 용해도

- t_1℃에서의 용해도 __________
- t_2℃에서의 용해도 __________
- t_3℃에서의 용해도 __________
- t_4℃에서의 용해도 __________
- t_5℃에서의 용해도 __________

복습

1. 용액 = 용질 + 용매

예 소금물(용액) = 소금(용질) + 물(용매)

특별히 용매가 물인 경우: 수용액

2. 염(이온 결합 화합물)의 용해도: 어떤 온도에서 용매 100 g에 녹을 수 있는 염(용질)의 최대 질량, 온도에 따라 다른 값 가짐.

포화 용액: 녹을 수 있는 최대량의 용질이 녹아 있는 용액

3. 고체의 용해도를 구하는 방법

① 용매 100 g당 녹는 용질의 최대량을 측정해야 함.

② 고체의 용해도는 온도가 높을수록 커짐.

• 용매 일정량에 과량의 용질을 넣은 후 녹지 않은 용질을 걸러서 포화 용액을 만든 후 용매를 완전히 증발시켜 남아 있는 용질의 양을 측정하여 용매와 용질의 비로부터 용해도를 구하는 방법

⇒ 용매를 완전히 증발시켜야 하기에 시간이 오래 걸리고 번거로움!

• 용매 일정량에 과량의 용질을 넣은 후 용액의 온도를 높여 불포화 용액을 만든 후 서서히 냉각시켜 포화 용액을 만들어 결정을 석출시키는 방법

4. 예 20℃에서 KNO_3의 물에 대한 용해도가 32일 때,

• 물 5 g에 8 g의 KNO_3를 넣었을 경우, 1.6 g의 KNO_3만 물에 녹고 6.4 g의 KNO_3는 녹지 않음.

- 이 용액을 가열해서 모든 KNO_3를 녹인 후, 서서히 냉각시켰을 때 t_1℃에서 결정이 석출되기 시작함.
- 이 온도에서 물 5 g에 녹을 수 있는 KNO_3의 최대량은 8 g

$$5\ g : 8\ g = 100\ g : x\ g$$
$$x = 160$$
$$\rightarrow \text{용해도} = 160(160\ g/100\ g\ \ H_2O)$$
$$\therefore\ t_1℃\text{에서의 용해도} = 160$$

- 이 용액에 물 2 g을 가해서 모든 KNO_3를 녹인 후, 서서히 냉각시켰을 때 t_2℃에서 결정이 석출되기 시작함.
- 이 온도에서 물 7 g(5 g+2 g)에 녹을 수 있는 KNO_3의 최대량은 8 g

$$7g : 8\ g = 100\ g : x\ g$$
$$x = 114$$
$$\rightarrow \text{용해도} = 114(114\ g/100\ g\ \ H_2O)$$
$$\therefore\ t_2℃\text{에서의 용해도} = 114$$

- 이러한 원리를 이용해서 다양한 온도에서 KNO_3의 용해도를 구할 수 있음.

실험 16

분별 결정

목적

분별 결정으로 혼합물을 분리하여 순수한 화합물을 얻고 수득률을 구한다.

원리

혼합물에서 순수한 물질을 분리해 내기 위해서는 물질의 고유한 성질을 이용하게 되며 분별 증류, 크로마토그래피 등이 널리 쓰이는 분리 방법이다.

두 화합물의 온도에 따른 용해도의 차이가 클 경우는 용해도의 차이를 이용해 두 물질을 분리할 수 있는데 이러한 방법을 분별 결정이라고 하며, 순수한 물질을 얻는 중요한 수단으로 이용되고 있다.

용해도란 100 g의 용매에 녹는 용질의 최대 질량으로서 용매의 종류와 온도에 따라 달라진다. 몇 가지 예외가 있지만 대부분 고체의 경우 온도가 높아지면 용해도가 증가한다.

그러나 염화 소듐의 경우, 0℃의 수용액에서 35.7 g/100g H_2O의 용해도를 보이며 100℃에서는 39.1 g/100 g H_2O의 용해도를 나타내는 등 온도 증가에 따른 용해도의 변화가 크지 않다.

반면 황산 구리(II)는 0℃의 수용액에서 31.6 g/100 g H_2O의 용해도를 보이며 100℃에서는 203.3 g/100 g H_2O의 용해도를 나타내는 등 온도 증가에 따른 용해도의 변화가 크다.

이와 같이 두 화합물의 온도에 따른 용해도의 변화가 크게 다를 경우 두 염이 섞인 혼합물에서 각각의 염을 분리해 낼 수 있다.

예를 들어 물 100 g에 120 g의 황산 구리(II)와 20 g의 염화 소듐이 섞여 있는 용액을 100℃로 가열하면 100℃에서 황산 구리(II)의 용해도가 203.3이고 염화 소듐은 39.1이므로 두 염이 모두 녹는다.

이 용액을 0℃로 서서히 냉각시키면 황산 구리(II)는 0℃에서의 용해도가 31.6이므로 120 g − 31.6 g = 88.4 g이 석출되지만 염화 소듐은 0℃에서의 용해도가 35.7이므로 불포화 용액이 되어 전부 용액에 그대로 녹아 있게 된다. 그러므로 이 용액을 거르면 88.4 g

의 순수한 황산 구리(II)를 얻을 수 있게 된다.

이러한 원리를 이용하여 이 실험에서는 황산 구리(II)와 염화 소듐의 혼합물에서 순수한 황산 구리(II)를 분리할 수 있으며 얻은 황산 구리(II)의 수득률을 계산할 수 있다.

기구 및 시약

- 아스피레이터
- 500 mL 감압 플라스크
- 부흐너 깔때기
- 50 mL 비커
- 500 mL 비커
- 50 mL 눈금 실린더
- 10 mL 눈금 피펫
- 핫플레이트
- 온도계
- 시약 주걱
- 황산 구리(II)
- 염화 소듐
- 얼음
- 증류수
- 무게 다는 접시
- 고무관
- 유리 막대
- 거름종이
- 화학 저울

주의 사항

1. 온도계를 이용하여 온도 변화를 정확히 관찰한다.
2. 각 온도에서의 염화 소듐과 황산 구리(II)의 정확한 용해도를 이용하여 수득률을 계산한다.
3. 결정이 석출된 후 묻어 있는 용액을 제거하기 위해 같은 온도의 증류수로 씻어 주어야 한다.

실험 방법

① 약 7.5 g의 황산 구리(II)를 취하여 정확한 질량을 잰다.

② 약 1 g의 염화 소듐을 취하여 정확한 질량을 잰다.

③ 피펫으로 증류수 10 mL를 취하여 50 mL 비커에 넣고 황산 구리(II)와 염화 소듐을 가한다.

④ 유리 막대로 저어주면서 용액을 서서히 가열한다.

⑤ 용질이 모두 녹으면 가열을 중지하고 상온으로 식힌다.

⑥ 황산 구리(II) 결정이 석출되기 시작하면 이때의 온도를 기록하고 비커를 잘 흔들면서 식힌다.

⑦ 50 mL 비커를 얼음을 채운 500 mL 비커에 담그고 용액을 0℃까지 냉각시킨다.

⑧ 거름종이의 질량을 잰다.

⑨ 부흐너 깔때기와 감압 플라스크, 아스피레이터를 연결하여 그림 16-1과 같이 감압 거름 장치를 꾸민다.

⑩ 감압 거름 장치를 이용하여 황산 구리(II) 결정을 거른다.

⑪ 0℃의 증류수로 결정을 잘 씻어준다.

⑫ 걸러진 결정의 모양과 색을 잘 관찰하고 건조시켜 거름종이와 함께 질량을 잰다.

⑬ 황산 구리(II)의 용해도를 이용하여 황산 구리(II) 질량의 이론값을 계산하고 수득률을 구한다. (증류수 1 mL는 1 g으로 가정한다.)

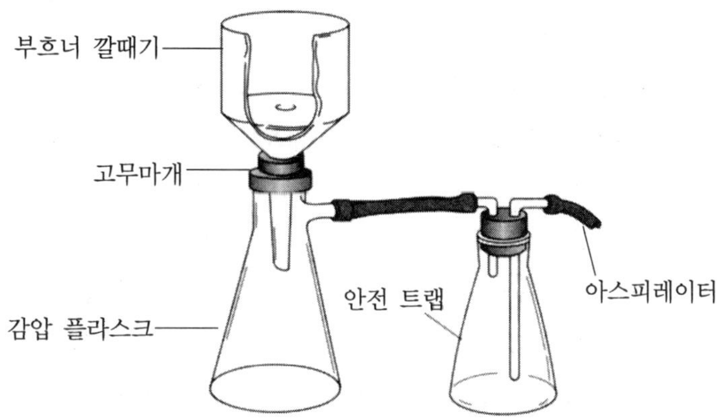

[그림 16-1] 증류 장치

실험 결과

- 넣어준 황산 구리(II)의 질량 ______
- 넣어준 염화 소듐의 질량 ______
- 증류수의 질량 ______
- 결정이 석출되기 시작하는 온도 ______
- 거름종이의 질량 ______
- 거름종이+황산 구리(II)의 질량 ______
- 석출된 황산 구리(II)의 질량 ______
- 석출된 황산 구리(II)의 색과 모양 ______
- 이론적 황산 구리(II)의 질량 ______
- 황산 구리(II)의 수득률 ______

복습

1. 물질의 고유한 성질을 이용하여 혼합물에서 순수한 물질을 분리하는 방법

① 물질의 끓는점 차이를 이용한 분별 증류

② 물질의 크기와 분자량의 차이를 이용하는 크로마토그래피

③ 물질의 용해도 차이를 이용한 분별 결정

2. 용해도: 100 g의 용매에 녹는 용질의 g수

① 용매 및 용매의 온도에 따라 달라짐

② 일반적으로 온도가 높으면 용해도 증가

3. 예 • 염화 소듐: 100℃의 온도 증가에 따른 약 9.5%의 용해도 증가
(0℃에서의 용해도 35.7 g/100 g, 100℃에서의 용해도 39.1 g/100 g)

• 황산 구리(II): 100℃의 온도 증가에 따른 약 540%의 용해도 증가
(0℃에서의 용해도 31.6 g/100 g, 100℃에서의 용해도 203.3 g/100 g)

따라서 125 g의 황산 구리(II)와 12.5 g의 염화 소듐이 섞여 있는 용액을 100℃에서 0℃로 온도를 낮출 경우 황산 구리(II)는 125−31.6=93.4 g이 침전할 것이지만 염화 소듐은 0℃에서의 용해도가 35.7 g/100 g이므로 전부 용액에 그대로 녹아 있게 된다. 이 용액을 거르면 93.4 g의 순수한 황산 구리(II)를 얻을 수 있다.

실험 17

재결정

목적

산-염기 성질을 이용해서 용해도가 비슷한 두 물질을 분리하고 정제한다.

원리

자연에서 분리되거나 실험으로 합성된 물질에는 대부분의 경우 원하지 않은 불순물이 함유되어 있다. 이런 혼합물에서 원하는 물질을 순수한 상태로 분리시키는 것은 화학 실험에서 아주 중요한 과정이다. 고체의 경우, 원하는 물질과 불순물의 용해도가 상당히 다르면 따뜻한 용매에 혼합물을 녹인 후 재결정하여 순수한 물질을 얻을 수 있다. 이 밖에도 추출, 크로마토그래피, 그리고 액체 혼합물의 경우에는 증류도 많이 사용되는 분리 방법이다.

재결정(recrystallization)은 온도에 따라 용해도가 다른 점을 이용하는 방법이다. 대부분 화합물이 용매에 녹는 용해 과정은 흡열 과정이기 때문에 온도가 높아질수록 용해도가 커지지만, 반대의 경향을 보이는 경우도 있다. 예를 들어서 아세트산 소듐을 물에 녹이는 경우 열이 발생하는 발열 과정이기 때문에 아세트산 소듐의 용해도는 온도가 높을수록 작아진다.

주어진 온도에서 어떤 물질이 용매에 더 이상 녹지 않을 때까지 녹인 용액을 포화 용액이라 하고, 용매 100 g에 녹을 수 있는 용질의 양을 용해도라고 한다. 주어진 용질이 어떤 용매에 잘 녹는가를 결정할 수 있는 일반적인 법칙은 없다. 그러나 흔히 극성 용질은 극성 용매에 잘 녹고, 비극성 용질은 비극성 용매에 잘 녹는다고 알려져 있다.

혼합물을 뜨거운 용매에 녹인 후 다시 식히면 대부분의 경우 용해도가 줄어들어 용해도 이상으로 녹아있던 용질은 침전물로 떨어지게 된다. 만일 불순물의 양이 적고, 우리가 관심을 가지고 있는 물질이 충분히 포함되어있는 경우 용해도에 의한 침전물은 불순물이 포함되지 않은 순수한 물질이 된다. 그러므로 재결정 방법을 이용하여 불순물을 제거할 경우 불순물의 용해도는 크고 원하는 물질의 용해도는 비교적 작게 하는 용매를 선택하는 것이 바람직하다. 또한 온도가 높을 때와 낮을 때의 용해도 차이는 회수할 수 있는 물질의 양을 결정하기 때문에 온도에 따른 용해도의 차이가 큰 용매일수록 더 바람직하다.

그러나 이와 같은 정보를 실험 전에 미리 아는 것은 쉽지 않다. 그러한 경우, 적은 양의 용매를 사용하여 높은 온도로 포화 용액을 만든 후 충분히 낮은 온도까지 냉각시켜 재결정하는 일반적인 방법을 사용한다. 그러나 지나치게 적은 양의 용매를 사용하거나 너무 낮은 온도로 냉각시키게 되면 불순물도 함께 침전으로 떨어지게 되어서 순수한 물질을 분리하지 못하게 될 수도 있다.

고체 물질은 정해진 온도에서 녹아 액체가 된다. 순수한 고체의 경우는 고체가 녹는 동안에 온도가 거의 변화하지 않아 녹는 온도의 범위가 매우 좁지만, 불순물로 오염된 경우 순수 물질보다 낮은 온도에서 녹기 시작하여 혼합물이 녹으면서 온도가 계속 올라가서 고체 혼합물이 녹는 온도의 범위가 상당히 넓어지게 된다. 따라서 고체 시료가 녹기 시작해서 완전히 녹을 때까지의 온도 범위를 측정하면 고체 시료의 순도를 쉽게 알아낼 수 있다. 한편 혼합물 시료에는 용매에 거의 녹지 않는 불순물이 섞여 있을 수도 있다. 이런 경우에는 용매에 녹는 부분만 녹이고, 녹지 않는 불순물은 걸러낸 후 재결정하는 방법을 사용할 수 있다.

그러나 뜨거운 용액을 식힐 때 포화 용액이 되는 온도에서도 침전이 형성되지 않는 경우도 많다. 이런 상태의 용액은 비평형 상태의 과포화 용액(supersaturated solution) 또는 과냉각 용액(supercooled solution)이라고 한다. 이런 비평형 상태의 용액에 얻고자 하는 물질['씨앗(seed)'이라고 함]을 조금 넣어주거나, 유리막대로 용기의 벽을 문질러 주면 갑자기 결정이 생기는 경우가 있다. 그러나 결정이 형성되는 속도가 너무 빠르면 입자의 크기가 매우 작아서 결정을 씻는 과정에서 쉽게 녹을 수도 있고, 결정의 내부에 불순물이 갇혀서 함께 침전되는 경우가 있다. 그러므로 재결정 방법을 사용할 때는 용액을 식히는 속도를 낮추어서 크기가 충분히 큰 결정이 서서히 만들어지도록 하는 것이 좋다.

재결정으로 얻은 침전물은 용액으로부터 걸러서 분리한다. 걸러낸 침전의 표면에는 불순물이 포함된 용액에 묻어 있기 때문에 차가운 용매로 씻어내어야 한다. 이때 용매의 온도가 너무 높거나 너무 많은 양을 사용하면 회수한 침전이 다시 녹아버릴 수 있기 때문에 조심해야 한다. 이 실험에서는 아세트아닐라이드(acetanilide)와 벤조산(benzoic acid)의 혼합물을 분리해서 재결정 방법으로 정제한다. 두 화합물은 모두 물에 조금 녹지만, 벤조산의 경우 염기성 용액에서 해리되기 때문에 용해도가 더 커진다. 따라서 먼저 염기성 수용액에서 아세트아닐라이드를 침전으로 분리한 다음 용액을 산성으로 변화시켜서 벤조산의 침전물을 얻는다.

아세트아닐라이드(물에 약간 녹음) + 벤조산(물에 약간 녹음)

↓ NaOH

아세트아닐라이드(물에 약간 녹음) + 벤조산(물에 녹음)

↓ 재결정

- 아세트아닐라이드 침전물 회수
- 벤조산 소듐 용액 → (HCl) → 벤조산 침전물 회수

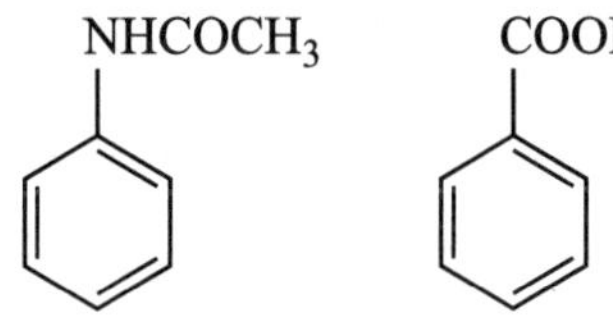

[그림 17-1] 아세트아닐라이드와 벤조산의 구조식

기구 및 시약

- 100 mL 부피 플라스크
- 눈금 피펫(또는 1회용 피펫)
- 화학저울
- 증류수
- 오븐
- 유리막대
- 부흐너 깔때기
- 감압기
- 무게 다는 접시
- 벤조산
- HCl
- 100 mL 비커
- 10 mL 눈금 실린더
- pH 시험지
- 온도계
- 핫플레이트
- 시계접시
- 감압 플라스크
- 거름종이
- 시약 주걱
- 아세트아닐라이드
- NaOH

주의 사항

1. 용액을 거를 때는 먼저 액체를 따른 다음에 고체를 거름종이 위로 옮긴다. 침전물을 씻을 때는 먼저 차가운 물을 비커에 넣고 비커에 남아있는 침전물과 함께 여과지에 따른다.
2. 시간이 충분하지 못하면 실험 A에서 아세트아닐라이드만 회수해도 된다.
3. 회수한 침전물의 녹는점이 문헌값인 122.4℃(벤조산)과 113~115℃(아세트아닐라이드)보다 낮으면 다시 한번 물에서 재결정하는 것이 좋다.

[표 17-1] 물에 대한 용해도(g/L)

온도	10℃	25℃	95℃
벤조산	2.1	3.4	68
아세트아닐라이드	-	5.4	50

실험 방법

1. 아세트아닐라이드의 분리와 재결정

① 벤조산과 아세트아닐라이드가 혼합된 시료 약 2 g의 무게를 정확하게 측정해서 비커에 넣고 30 mL의 물을 넣는다.

② 시료의 50%가 벤조산이라고 생각하고 이를 중화시키는 데 필요한 3 M NaOH 수용액의 부피를 계산하여 이 양의 1.5배를 시료가 녹아있는 비커에 넣는다.

③ 충분히 저어준 후에 pH 시험지로 용액의 pH가 염기성인지 확인한다. 만약 염기성이 아니면 NaOH 수용액을 몇 방울 더 넣어주고 다시 확인한다.

④ 용액을 거의 끓을 때까지 가열한다. 만약 녹지 않은 고체가 남아있으면 NaOH 수용액을 몇 방울 더 가하고, 그래도 녹지 않은 것이 있으면 뜨거운 상태에서 그대로 거른다.

⑤ 비커를 시계접시로 덮고 용액이 식을 때까지 기다린다.

⑥ 침전물을 부흐너 깔때기를 이용하여 여과하고 차가운 물 1 mL씩으로 2~3회 씻어 내린다. 거른 용액과 침전물을 씻은 용액은 모두 합쳐서 실험 2에서 사용할 것이므로 잘 보관한다.

⑦ 침전물을 말린 다음 무게를 잰다. 녹는점 측정 장치가 있으면 회수한 고체의 녹는점을 측정한다.

2. 벤조산의 분리와 재결정

① 실험 A에서 얻은 거른 용액에 5 M HCl 수용액을 첨가하여 용액이 산성이 되도록

한다. 필요한 HCl 수용액의 부피는 실험 A에서 첨가한 NaOH 용액의 부피와 비슷하다. 용액이 확실하게 산성이 되도록 만들기 위해서 HCl을 약 1 mL 정도 더 첨가한다.

② 용액을 거의 끓을 정도로 가열한다. 뜨거운 상태에서도 녹지 않는 물질이 있으면 증류수 2~3 mL를 더 넣는다. 녹지 않은 물질이 다 녹을 때까지 증류수를 2~3 mL씩 첨가한다.

③ 비커를 시계접시로 덮고 용액이 식을 때까지 기다린다.

④ 침전물을 거르고 차가운 물 1 mL씩으로 2~3회 씻는다.

⑤ 침전물을 말려서 무게를 잰다. 녹는점 측정 장치가 있으면 녹는점도 측정한다.

실험 결과

- 분리와 재결정에 사용한 혼합 시료의 무게 ____________
- 벤조산을 중화시키는 데 사용한 NaOH의 부피 ____________
- 실험 1에서 얻은 아세트아닐라이드의 무게 ____________
- 재결정한 아세트아닐라이드의 녹는 범위 ____________
- 실험 2에서 첨가한 HCl 수용액의 부피 ____________
- 실험 2에서 얻은 벤조산의 무게 ____________
- 재결정한 벤조산의 녹는 범위 ____________

복습

1. 용해도

용질이 용매 100 g에 최대로 녹을 수 있는 질량(g)이며, 온도와 용매 및 용질의 종류에 따라 달라진다.

2. 재결정

혼합물에서 특정 성분을 분리하거나 순도를 높이기 위해 용해도의 차이를 이용하는 방법

3. 재결정 과정

① 용해: 혼합물을 적절한 용매에 가열해 완전히 녹인다.

② 냉각: 용액을 천천히 식혀 용해도가 낮은 물질을 먼저 결정화한다.
③ 여과: 생성된 결정을 거름종이로 걸러 순수한 물질을 회수한다.

아세트아닐라이드와 벤조산의 물에 대한 용해도는 비슷하여 분리가 어렵지만, 염기성 용액에서 벤조산은 해리되어 용해도가 증가한다. 즉, 염기성 용액에서 벤조산을 녹여 아세트아닐라이드를 분리하고 용액을 다시 산성화하여 벤조산을 석출시키어 두 혼합물을 분리할 수 있다.

실험 18

분자량 결정

목적

용액의 총괄성 중 하나인 어는점 내림을 이용하여 용액 내에 존재하는 용질의 분자량을 구한다.

원리

용매에 용질을 가했을 때 용액의 어는점이나 끓는점은 용질의 양에 따라 달라진다. 이러한 변화는 용질과 용매 분자의 상대적인 수와 분자 사이의 인력에 따라 달라진다. 비휘발성 용질을 포함하는 용액의 어는점과 끓는점의 변화를 그림 18-1에 나타내었다. 용액의 경우 어는점은 순수한 용매의 정상 어는점보다 내려가고, 끓는점은 정상 끓는점보다 올라감을 알 수 있다.

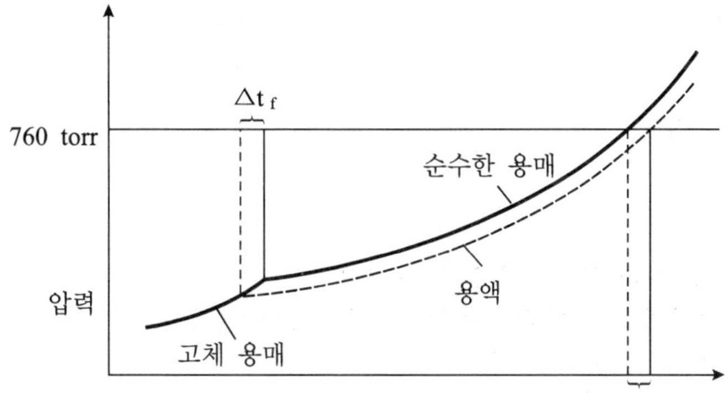

[그림 18-1] 증기 압력 내림 곡선

용질을 가할 때의 어는점 내림(Δt_f)은 식 (1)로 표현된다.

$$\Delta t_f = K_f m \tag{1}$$

여기에서 K_f는 용매의 어는점 내림 상수, m은 몰랄 농도를 나타낸다. 몰랄 농도(m)는 식 (2)와 같으므로 식 (1)은 식 (3)과 같이 고쳐 쓸 수 있다.

$$m = \frac{\text{용질의 몰수}}{\text{용매의 kg}} = \frac{\frac{w_{용질}}{M_{용질}}}{\frac{w_{용매}}{1000}} = \frac{1000w_{용질}}{M_{용질}w_{용매}} \tag{2}$$

$$\Delta t_f = \frac{1000K_f w_{용질}}{M_{용질}w_{용매}} \tag{3}$$

여기에서 $M_{용질}$은 용질의 분자량(몰질량), $w_{용질}$, $w_{용매}$는 각각 용질과 용매의 질량(g)을 나타낸다. 식 (3)을 $M_{용질}$에 대하여 정리하면 식 (4)와 같다.

$$M_{용질} = \frac{1000K_f w_{용질}}{t_f w_{용매}} \tag{4}$$

용질과 용매의 양을 알고 어는점을 측정하면, 식 (4)로부터 용질의 분자량을 결정할 수 있다.

기구 및 시약

- 500 mL 비커 2개
- 시험관 집게
- 솜(보온재)
- 온도계
- 다이페닐아민
- 시험관
- 초시계
- 핫플레이트
- 나프탈렌
- 물중탕 장치

주의 사항

1. 유효 숫자를 고려하여 온도 변화를 정확히 관찰한다.
2. 정확한 온도 측정을 위해 온도계의 수은주가 시험관의 중간 정도에 오게 한다.
3. 열 손실이 없도록 단열에 주의한다.
4. 나프탈렌에 다이페닐아민을 가할 때 시험관 벽에 묻은 다이페닐아민을 드라이어를 사용하여 녹여 준다.
5. 나프탈렌의 증기를 흡입하면 두통, 구역 및 정신착란을 일으킬 수 있으므로 주의한다.
6. 실험실의 환기가 잘 되도록 한다.

실험 방법

① 500 mL 비커에 시험관을 넣은 다음 솜을 채워 구멍을 만든다.

② 다른 500 mL 비커에 물을 넣고 핫플레이트를 사용하여 가열한다.

③ 10 g 정도 나프탈렌의 질량을 정확히 측정하여 시험관에 넣고 물이 든 비커에 넣어 물중탕을 한다.

④ 나프탈렌이 완전히 녹은 후 온도계를 시험관에 넣는다. 이때 온도계의 수은주가 시험관의 바닥에 닿지 않도록 하며 2~3 cm 떨어지도록 한다.

⑤ 시험관을 물에서 꺼내어 표면의 물기를 완전히 제거하고, 비커 솜 구멍 속으로 다시 넣는다.

⑥ 30초마다 온도를 측정하고, 온도의 변화가 거의 없을 때까지 온도를 기록하여 순수한 나프탈렌의 어는점을 측정한다.

⑦ 이 시험관에 2 g 정도의 다이페닐아민($C_{12}H_{11}N$)의 질량을 정확히 측정하여 넣고 ③~⑥의 과정을 반복하여 이 혼합물의 어는점을 측정하고 순수한 나프탈렌의 어는점과의 차이로 Δt_f를 결정한다.

⑧ 추가로 2 g 정도의 다이페닐아민의 질량을 정확히 측정하여 시험관에 넣고 ⑦의 과정을 반복한다.

실험 결과

- 나프탈렌의 질량 ________ ________
- 순수한 나프탈렌의 어는점 ________ ________
- 2 g 다이페닐아민의 질량 ________ ________
- 나프탈렌 + 2 g 다이페닐아민의 어는점 ________ 어는점 내림 ________
- 4 g 다이페닐아민의 질량 ________ ________
- 나프탈렌 + 4 g 다이페닐아민의 어는점 ________ 어는점 내림 ________
- 나프탈렌의 어는점 내림 상수 ________ ________
- 다이페닐아민의 분자량 ________ ________

복습

1. 분자량: 화합물의 가장 중요한 성질 중의 하나로서, 화합물의 분자 속에 있는 원자 수를 말해 준다. 다음은 분자량의 측정 방법이다.

① 화합물이 기체이면, 정해진 조건하에서 밀도를 측정함으로써 구할 수 있다.

② 화합물이 기화될 수 있으면, 질량 분석계를 이용하여 구할 수 있다.

③ 화합물(용질)을 포함하는 용액에 대한 총괄성*을 이용하여 구할 수 있다.

- "총괄적"이라는 단어는 라틴어로부터 왔으며, "함께 묶인"을 뜻한다. 즉, '성질이 근본적으로 같은 원인으로부터 모두 생긴다.'라는 의미로, 일반적으로 세 가지 총괄성은 증기 압력 내림, 끓는점 오름, 어는점 내림이다.

2. 몰질량

물질 1몰의 질량 → 몰질량을 "1몰당 그램수" 단위로 나타내면 몰질량과 분자량은 숫자상으로 같다. 분자량은 무차원비이다. 그것은 단위가 없으며 몰질량은 언제나 질량을 물질의 양(몰수)으로 나눈 단위를 가진다.

3. 휘발성이 없는 용질이 들어 있는 용액의 경우, 용질의 첨가는 용액의 증기 압력을 낮춘다.

4. 묽은 용액에서, 총괄성은 존재하는 용질 입자의 몰수에만 의존하고 용질의 종류에는 의존하지 않는다.

5. 따라서 용액의 총괄성 변화를 알면 존재하는 용질 입자의 몰수를 구할 수 있고, 이로부터 용질의 몰질량을 구할 수 있다.

6. 몰랄 농도(m)는 용매 단위 질량(kg)에 용해된 용질의 몰수

7. 용질을 가할 때의 어는점 내림(Δt_f)은 다음과 같다.

$$\Delta t_f = mK_f$$

여기서 K_f는 용매의 어는점 내림 상수, m은 몰랄 농도이다.

[표 18-1] 몇 가지 용매의 어는점 내림 상수(K_f)

용매	어는점(℃)	K_f	용매	어는점(℃)	K_f
물	0	1.86	아세트산	16.7	3.9
황산	10.5	6.81	사이클로헥세인	6.5	20.0
아닐린	−6	5.87	나프탈렌	80.2	6.9
벤조산	122	7.85	페놀	42	7.27
안트라퀴논	285	14.8	벤젠	5.5	5.12
안트라센	217	11.6	나이트로벤젠	5.7	6.9

• 용질을 가함으로써 어는점에 나타나는 효과에 대한 예

① 겨울에 얼음과 눈을 녹이기 위해 도로 위에 염이나 요소를 뿌린다.

② 자동차 라디에이터 속에 부동액을 넣는다.

③ 아이스크림 제조기에 물과 소금의 혼합물을 넣는다.

실험 19

이상 기체 방정식을 이용한 몰질량 측정

목적

이상 기체 상태 방정식을 이용해서 쉽게 증발하는 기체의 몰질량을 결정한다.

원리

원자나 분자는 매우 작은 입자이기 때문에 질량을 직접 측정하는 것은 매우 어렵다. 그래서 원자나 분자의 질량을 나타내기 위해서 상대적인 방법을 사용한다. 즉, 질량수 12인 탄소 원자의 몰질량을 12라고 정의하고, 이 동위원소 12 g에 들어있는 탄소 원자의 수를 아보가드로 수(6.022×10^{23})라고 하며, 아보가드로 수만큼의 원자 또는 분자를 1몰이라고 정의한다. 따라서 분자의 몰질량도 1몰에 해당하는 분자의 질량을 탄소 원자 1몰의 질량과 비교하여 결정한다.

분자의 몰질량을 측정하는 방법은 여러 가지가 있다. 그 중에서도 가장 간단하게 몰질량을 측정하는 방법은 기체의 상태 방정식을 이용하는 것이다. 대부분의 기체는 상온, 상압에서 이상 기체 상태 방정식을 어느 정도 만족하기 때문에 기체의 부피, 온도, 압력과 함께 용기를 가득 채우는 데에 필요한 물질의 질량 W를 측정하면 이상 기체 상태 방정식으로부터 몰질량 M을 계산할 수 있다.

$$M = \frac{WRT}{PV} \tag{1}$$

이 실험에서는 액체를 가열해서 일정한 부피를 가진 플라스크의 내부를 기체로 채운 다음에 플라스크를 다시 냉각시켜 액체로 만들어 질량을 측정하는 방법을 사용한다. 정밀한 측정을 위해서는 피크노미터(pycnometer)라고 하는 특별하게 만든 작은 플라스크를 사용하지만, 이 실험에서는 100 mL 둥근 플라스크 또는 삼각 플라스크를 사용한다.

기구 및 시약

- 100 mL 둥근 바닥 플라스크
- 500 mL 비커
- 10 mL 눈금 피펫
- 눈금 실린더
- 화학저울
- 핫플레이트
- 온도계
- 스탠드
- 클램프
- 알루미늄박
- 면장갑
- 바늘
- 액체 시료(isopropyl acetate, isopropyl alcohol, ethyl acetate 중 선택)

주의 사항

1. 증발한 기체를 직접 흡입하지 않도록 조심하고, 실험실의 환기가 최대한 잘 일어날 수 있도록 조치한다.
2. 가열된 플라스크 등에 화상을 입지 않도록 주의한다.

실험 방법

① 깨끗하게 씻어서 말린 100 mL 둥근 바닥 플라스크에 알루미늄박으로 뚜껑을 만들어 씌우고, 바늘로 작은 구멍을 뚫는다. 구멍의 크기는 작을수록 좋다.
② 뚜껑을 덮은 플라스크의 무게를 화학저울을 사용해서 정확하게 측정한다.
③ 플라스크에 약 3 mL의 액체 시료를 넣고 뚜껑을 다시 막고 스탠드에 고정시킨다.
④ 500 mL 비커에 물을 절반 정도 채우고 끓을 때까지 가열한다.
⑤ 플라스크를 비커의 바닥에 닿지 않을 정도로 물 속에 깊이 넣는다.
⑥ 끓는 물의 온도와 대기압을 측정하고, 플라스크 속의 액체가 모두 기화할 때까지 기다린다. 플라스크를 비커에서 꺼내면 안 된다. 뚜껑에 뚫린 구멍을 옆에서 자세히 관찰하면 빛의 산란 때문에 기체가 새어 나오는 것을 관찰할 수 있다.
⑦ 플라스크의 액체가 모두 기화하면 잠시 기다린 후에 플라스크를 끓는 물에서 꺼내 식힌다. 플라스크는 매우 뜨거우므로 손으로 만지지 말고 면장갑을 끼고 꺼낸다.
⑧ 플라스크 바깥에 묻어 있는 물기를 종이수건을 사용해서 완전히 닦아낸다.
⑨ 바깥을 완전히 말린 플라스크와 뚜껑의 무게를 다시 측정한다.
⑩ 플라스크를 깨끗하게 씻은 후에 증류수를 가득 채우고, 눈금 실린더를 사용해서 증류수의 부피를 측정하고 이 값을 이용해서 플라스크의 부피를 계산한다.

⑪ 시간이 허용되면 위의 실험을 한 번 더 반복한다.

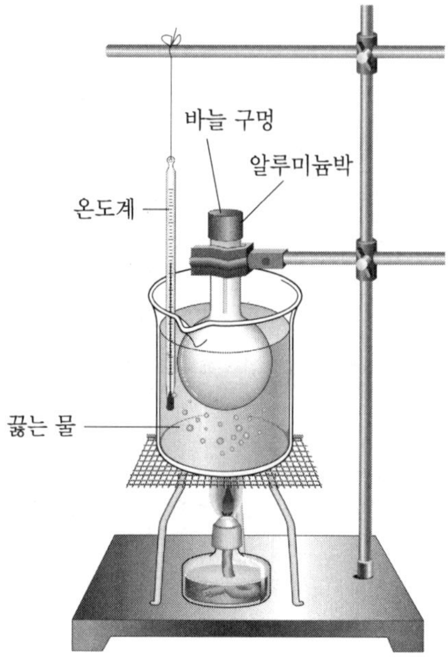

[그림 19-1] 분자량 측정 장치

실험 결과

- 플라스크와 알루미늄 뚜껑의 처음 무게 ____________________
- 냉각시킨 플라스크와 뚜껑의 무게 ____________________
- 응축된 시료의 무게 ____________________
- 끓는 물의 온도 ____________________
- 대기압 ____________________
- 플라스크의 부피 ____________________
- 액체 시료의 몰질량 ____________________

복습

1. 몰질량

물질 1몰의 질량을 나타내는 물리량으로, 일반적으로 g/mol 단위로 표시한다. 1몰은 아보가드로의 수(6.022×10^{23})만큼의 입자(원자, 분자 등)를 포함하는 양을 의미한다.

2. 이상 기체

실제로 존재하지 않는 이론상의 기체이며, 이상 기체 상태 방정식을 따른다. 끊임없이 무질서하게 운동하지만 분자 사이의 상호작용이 없고, 분자 자체의 부피는 0이며 완전 탄성 충돌을 한다고 가정을 하는 기체이다. 실제로 존재하는 기체들은 고온, 저압의 상황에서 이상 기체와 매우 유사한 성질을 띤다.

3. 이상 기체 상태 방정식

이상 기체의 압력, 부피, 몰수, 온도의 관계를 나타내는 방정식이다.

$$PV = nRT$$

여기서 P는 압력(보통 atm, Pa 등의 단위 사용), V는 부피(보통 L, m^3 등의 단위 사용), n은 몰수(mol 단위 사용), R은 기체 상수(약 0.0821 L·atm/mol·K 또는 8.314 J/mol·K의 값을 가짐), T는 절대 온도(보통 K 단위 사용)를 의미한다. 기체 분자 운동론의 기본을 이루며 보일의 법칙, 샤를의 법칙, 아보가드로의 법칙 등을 포함한다. 이상 기체 상태 방정식은 이상 기체를 서술하는 법칙이므로 실제 기체에 적용하면 오차가 생기나, 고온 저압에서는 그 오차를 무시할 수 있어서 기초적인 학부 실험에서 쓰이고 있다.

4. 몰질량 계산

몰수(n)는 질량(W)을 몰질량(M)으로 나눈 값($n = \frac{W}{M}$)이므로, 이 값을 이상 기체 상태 방정식에 대입하면 $PV = nRT = (\frac{W}{M})RT$가 된다. 이 식을 몰질량에 대해 정리하면 식(1)이 된다.

$$M = \frac{WRT}{PV}$$

산과 염기의 성질

목적

산 또는 염기가 리트머스 시험지나 지시약의 색을 어떻게 변화시키는가를 살펴보고, 산이 금속 또는 어떤 산의 염과 어떻게 반응하는가를 살펴봄으로써 산과 염기의 화학적 성질을 알아본다.

원리

산은 수용액에서 수소 이온(H^+)을 내놓는 물질로 신맛을 내며 푸른색 리트머스 시험지를 붉은색으로 변화시킨다. 산은 또한 활성이 큰 금속과 반응하여 수소 기체를 발생시키며 염기를 중화시킬 수 있다.

산은 치환 가능한 수소 원자를 가지고 있으며, 또 산화 반응을 일으킬 수도 있기 때문에 공업적으로 매우 중요한 화학 약품이다. 그 중에서도 황산은 가장 중요한 화학 약품의 하나이며, 어떤 화학 공업에서나 황산을 쓰는 과정이 포함되어 있다.

화학적인 성질을 볼 때 묽은 황산은 강산으로 작용하며, 진한 황산은 산화력이 크고 탈수 작용을 한다. 황산 이외의 염산, 질산 및 인산 등도 중요한 무기산이다. 질산은 황산과 같이 산화력이 뛰어난 산이지만 염산은 산화력이 없다.

산에는 위에서 예로 들은 무기산들 이외에도 아세트산, 옥살산 등 여러 가지 유기산들이 있다.

염기는 수용액에서 수산화 이온(OH^-)을 내놓는 물질로 그 수용액이 떫거나 쓴맛을 나타내며, 미끈거리고 붉은 리트머스 시험지를 푸른색으로 변화시킨다. 전형적인 염기는 NaOH, $Ca(OH)_2$ 등과 같이 금속의 수산화물들이지만 Na_2CO_3, CaO, NH_3 등도 수용액에서 수산화 이온을 만들 수 있으므로 염기로 분류된다. 특히 염기 중에서 NaOH나 KOH 등과 같이 물에 잘 녹는 강염기를 알칼리라고 부른다.

기구 및 시약

- 시험관
- 5 mL 피펫
- 6 M HCl
- 6 M HNO_3
- $NaNO_3$
- Na_2CO_3
- 마그네슘 가루
- 구리 가루
- 메틸오렌지 지시약
- 온도계
- 스포이트
- 3M H_2SO_4
- NaCl
- NaOH
- 리트머스 시험지
- 아연 가루
- 철 가루
- 페놀프탈레인 지시약

주의 사항

1. 산과 염기를 이용하는 실험이므로 실험복은 꼭 착용해야 하며 산과 염기는 절대로 맛을 보거나 손으로 만지지 않는다.
2. 스포이트 조절을 잘 해야 한다.
3. 실험 후 폐기물은 폐기물 처리통에 버리고, 깨끗이 시험관을 씻는다.

실험 방법

1. 산

① 3개의 시험관을 준비한 후 각각 증류수를 5mL 정도 채우고 온도를 측정한다. 6 M HCl, 3 M H_2SO_4, 6 M HNO_3를 각각의 시험관에 10방울 정도 가한 후 열이 발생되는지를 온도계를 이용하여 관찰한다.

② ①의 용액에 푸른색 리트머스 시험지를 넣어 색깔 변화를 관찰하고, ①의 용액을 반으로 나누어 각각에 메틸오렌지, 페놀프탈레인 지시약을 1방울씩 넣어보고 색깔 변화를 관찰한다.

③ 휘발성 산은 그 산의 염에다 비휘발성 산을 가하여 만들 수 있다. 비휘발성 산으로서는 H_3PO_4나 H_2SO_4 등이 이용된다. 0.2 g 정도의 NaCl과 $NaNO_3$를 각각 시험관에 넣고 각 시험관에 진한 황산 3~4방울을 떨어뜨린 다음 시험관 입구에다 젖은 푸른색 리트머스 시험지와 마른 리트머스 시험지를 대어 본다. 만일 아무 반응이 없으면 시험관을 조금 가열해 본다. 이는 비휘발성 산을 휘발성 산의 염에 가함

으로써 휘발성 산으로 만들 수 있음을 보여 주는 것이다.

④ 마그네슘, 아연, 구리, 철가루를 각각 시험관에 넣은 다음 각 시험관에 6 M HCl을 가하고 어떤 변화가 일어나는지 관찰해 본다. 같은 실험을 3 M H_2SO_4, 6 M HNO_3으로 되풀이해 본다.

2. 염기

① 시험관에 증류수 5 mL 정도를 가한 후 온도를 측정한다. 고체 NaOH를 0.3g 정도 가하고 열이 발생하는지를 온도계를 이용하여 관찰한다.

② ①의 용액에 붉은색 리트머스 시험지를 넣어 색깔 변화를 관찰하고, ①의 용액을 반으로 나누어 각각에 메틸오렌지와 페놀프탈레인 지시약을 1방울씩 넣어보고 색깔 변화를 관찰한다.

③ NaOH 대신에 Na_2CO_3를 넣어 ①과 ②의 실험을 반복한다.

실험 결과

1. 산

① 열의 발생 여부(온도 변화)

6 M HCl	________
3 M H_2SO_4	________
6 M HNO_3	________

② 지시약 또는 리트머스 시험지의 색깔 변화

	메틸오렌지	페놀프탈레인	푸른색 리트머스 시험지
HCl	________	________	________
H_2SO_4	________	________	________
HNO_3	________	________	________

③ 휘발성 산의 생성 여부(화학식 완성)

$NaCl + H_2SO_4 \rightarrow$ ________________

$NaNO_3 + H_2SO_4 \rightarrow$ ________________

④ 수소 기체의 발생 여부

	Mg	Zn	Cu	Fe
6 M HCl				
3 M H_2SO_4				
6 M HNO_3				

2. 염기

① 열의 발생 여부(온도 변화)

NaOH	
Na_2CO_3	

② 지시약 또는 리트머스 시험지의 색깔 변화

	메틸오렌지	페놀프탈레인	붉은색 리트머스 시험지
NaOH			
Na_2CO_3			

복습

1. 산은 수용액에서 수소 이온(H^+)을 생성하지만, 그 자체가 양성자이므로 수소 이온 자체의 형태로서 수용액 중에 존재하는 것이 아니라 극성인 물 분자와 결합하여 하이드로늄 이온(hydronium ion)이라 부르는 수화된 수소 이온(H_3O^+)을 형성한다.

$$HCl + H_2O \rightarrow H_3O^+ + Cl^-$$
$$H_2SO_4 + H_2O \rightarrow H_3O^+ + HSO_4^-$$
$$HNO_3 + H_2O \rightarrow H_3O^+ + NO_3^-$$

• 일반적인 산의 특징

① 신맛

② 식물 염료인 푸른색 리트머스 시험지를 붉은색으로 변화시킨다.

③ 다음과 같이 반응한다.

- 아연, 마그네슘 등의 금속과 반응하여 수소 기체를 발생시킨다.
- 수산화 염기와 반응하여 물과 이온 결합 화합물(염)을 생성한다.
- 탄산염과 반응하여 이산화 탄소를 발생시킨다.

2. 염기는 수용액에서 수산화 이온(OH^-)을 생성한다.

$$MOH \xrightarrow{H_2O} M^+(aq) + OH^-(aq)$$

- 일반적인 염기의 특징
  ① 쓴맛 또는 쏘는 맛
  ② 비누의 미끌미끌한 느낌
  ③ 식물 염료인 붉은색 리트머스 시험지를 푸른색으로 변화시킨다.
  ④ 산과 반응한다.
- 염기 중에서 NaOH나 KOH 등과 같이 물에 잘 녹는 강염기를 알칼리라고 부른다.

실험 21

산-염기의 적정

목적

지시약을 이용한 산-염기의 적정을 통해서 적정법을 이해하고 농도를 모르는 산이나 염기의 농도를 구한다.

원리

산과 염기가 섞이면 산에서 나오는 H^+와 염기에서 나오는 OH^-가 반응하여 H_2O가 생성되는 반응, 즉 중화 반응이 일어나게 된다. 예를 들면, NaOH 용액으로 HCl 용액을 적정할 때의 반응은 다음과 같다.

$$H^+ + Cl^- + Na^+ + OH^- \rightarrow Na^+ + Cl^- + H_2O$$

산과 염기의 중화 반응은 화학량론적이며 매우 빠르게 일어나기 때문에 중화 반응을 이용하면 수용액 속에 녹아 있는 산이나 염기의 농도를 정확하게 알아낼 수 있으며, 이런 실험 방법을 산-염기 적정법이라고 한다.

산과 염기의 중화 반응의 경우 산을 완전히 중화시킬 만큼의 염기를 넣어준 상태를 "당량점"이라고 하고 당량점에서는 순수한 산 또는 염기만 있을 때와는 다른 pH를 나타낸다. 당량점 부근에서는 pH 변화가 있으므로 pH 미터를 사용하면 당량점을 편리하게 찾을 수 있으나 보통의 경우 수용액의 pH에 따라 색이 변하는 지시약을 사용한다. 적당한 지시약을 사용하면 반응의 종말점을 쉽게 찾을 수 있고, 이로부터 반응의 당량점을 알 수 있다. 산-염기 적정법의 종류와 그때 쓰이는 지시약을 알아보자.

1. 강산과 강염기의 중화

$$HCl + NaOH \rightarrow Na^+ + Cl^- + H_2O$$

Na^+와 Cl^-는 물과 반응하지 않기 때문에 수용액은 중성이 되므로 당량점에서의 pH는 7이 되고, 당량점 부근에서의 pH 변화가 굉장히 크기 때문에(pH 4~10 정도) 이 범위

안에서 변색을 일으킬 수 있는 지시약인 페놀프탈레인(무색 8.3~10.0 분홍색), 메틸오렌지(붉은색 3.1~4.4 노란색)를 쓰면 된다.

2. 약산과 강염기의 중화

$$CH_3COOH + NaOH \rightarrow H_2O + Na^+ + CH_3COO^-$$

Na^+는 H_2O와 반응하지 않지만, CH_3COO^-는 H_2O와 반응하여 OH^-를 내놓는다.

$$H_2O + CH_3COO^- \leftrightarrows CH_3COOH + OH^-$$

전체 생성물의 pH는 염기성에 가까우므로 당량점은 염기성에 해당한다. 이 경우 지시약은 pH 8.3~10.0 범위에서 색이 변화하는 페놀프탈레인을 많이 쓴다.

3. 강산과 약염기의 중화

$$HCl + NH_4OH \rightarrow NH_4^+ + Cl^- + H_2O$$

여기서 Cl^-는 H_2O와 반응하지 않지만 NH^{4+}는 H_2O와 반응하여 $NH_4^+ + H_2O \leftrightarrows NH_3 + H_3O^+$가 되게 한다. 수소 이온을 내기 때문에 당량점은 산성에 해당하고, 이때 지시약은 pH 3.0~4.4 사이에서 변할 수 있는 메틸오렌지를 많이 사용한다.

4. 약산과 약염기와의 반응은 당량점 부근에서 pH 변화가 크지 않기 때문에 거의 적정하지 않는다.

$$NH_4OH + CH_3COOH \rightarrow H_2O + CH_3COO^- + NH_4^+$$

이때 CH_3COO^-의 K_b와 NH_4^+의 K_a가 같기 때문에 당량점에서의 액성은 중성이다. 즉, 약산과 약염기의 반응은 각 화학종의 K_a와 K_b에 따라 액성이 달라진다.

산과 염기는 정량적으로 반응하기 때문에 산(또는 염기)의 농도와 부피를 알면 이와 반응한 염기(또는 산)의 농도를 알 수 있다. 이 실험에서는 농도를 아는 HCl 표준 용액을 이용하여 NaOH 용액의 농도를 구하고자 한다. 당량점에서는 다음과 같은 관계가 성립된다.

염산의 몰수 = 수산화 소듐의 몰수

염산의 몰농도를 M_A, 염산의 부피를 V_A, 수산화 소듐의 몰농도를 M_B, 수산화 소듐의 부피를 V_B라고 한다면 $M_AV_A = M_BV_B$이다.

따라서 염산의 농도와 부피를 알고 있다면 수산화 소듐의 농도를 다음 식으로부터 구할 수 있다.

$$M_B = \frac{M_A V_A}{V_B}$$

기구 및 시약

- 100 mL 삼각 플라스크
- 스탠드
- 스포이트
- 페놀프탈레인 지시약
- 25 mL 피펫
- 피펫 필러
- 50 mL 뷰렛
- 뷰렛 클램프
- 0.1 M HCl 표준 용액
- 자석 젓개 막대
- 교반기

주의 사항

1. 삼각 플라스크 중앙에 한 방울씩 떨어지도록 하며 적정한다.
2. 삼각 플라스크 기벽에 묻지 않도록 한다.
3. 육안으로 겨우 알아볼 수 있을 정도의 엷은 분홍색이 적어도 10초 동안 없어지지 않고 남아있을 때까지 적정하여 뷰렛의 눈금을 읽는다.

실험 방법

① 피펫으로 0.10 M HCl 용액 25.00 mL를 취하여 100 mL 삼각 플라스크에 넣는다.

② 페놀프탈레인 지시약 2~3방울을 넣는다.

③ 자석 젓개 막대를 삼각 플라스크에 넣고 교반기에 올려놓는다.

④ 농도를 모르는 NaOH 용액을 50 mL 뷰렛에 채운다.

⑤ 뷰렛 클램프를 이용하여 뷰렛을 스탠드에 고정시킨다. (삼각 플라스크 위에 뷰렛이 오도록 뷰렛의 위치를 조절한다.)

⑥ 교반기로 HCl 용액을 저어주면서 뷰렛을 통하여 NaOH 용액을 넣어준다.

⑦ 용액의 색이 분홍색을 띠면 NaOH 용액을 조금씩 넣어준다. 분홍색이 30초 이상 지속되다가 없어지면 NaOH 용액을 한 방울 더 넣어주고 들어간 NaOH의 부피를 측정한다.

⑧ 실험을 2회 반복한다.

⑨ NaOH 용액의 농도를 구한다.

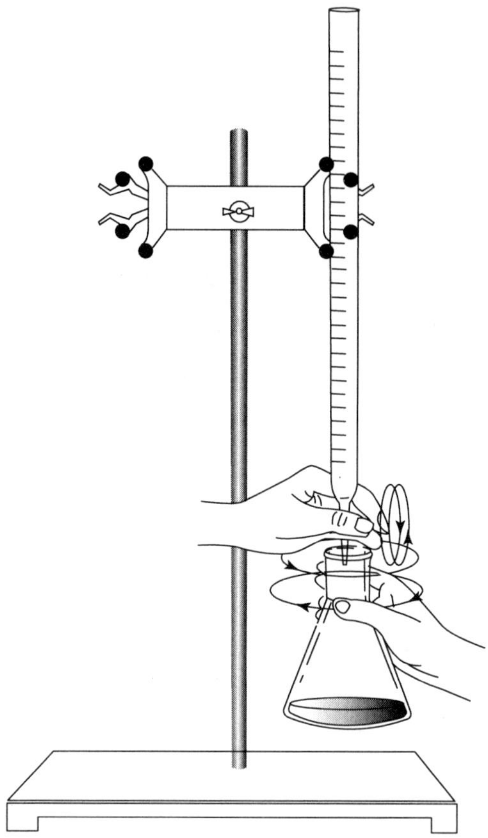

[그림 21-1] 분자량 측정 장치

실험 결과

	1차	2차	3차
• 0.10 M HCl의 부피	25.00 mL	25.00 mL	25.00 mL
• NaOH의 부피			
• NaOH의 농도			
• NaOH의 평균 농도			

복습

1. 산과 염기의 중화 반응

① 산과 염기가 섞여 산에서는 H^+가, 염기에서는 OH^-가 나와 반응하여 H_2O가 생성되는 반응

② 반응이 매우 빠르게 일어남.

⇒ 이 반응을 이용해서 수용액 속에 녹아 있는 산이나 염기의 농도를 정확히 알아낼 수 있음(산 - 염기 적정법).

2. 당량점

① 산과 염기의 중화 반응에서 산을 완전히 중화시킬 만큼의 염기를 넣어준 상태

② 순수한 산 또는 염기만 있을 때와 다른 pH를 나타냄.

⇒ [당량점 찾기]

- pH 미터 사용 → 편리함.
- 수용액의 pH에 따라 색이 변하는 지시약 사용 → 일반적

1) 강산과 강염기의 중화

$$HCl + NaOH \rightarrow Na^+ + Cl^- + H_2O$$

- Na^+와 Cl^-은 물과 반응하지 않으므로 수용액은 중성!

⇒ 당량점: pH=7

∴ pH 4~10 정도에서 변색을 일으킬 수 있는 지시약 사용

- 페놀프탈레인(무색 pH 8.3~10.0 분홍색)
- 메틸오렌지(붉은색 pH 3.1~4.4 노란색)

2) 약산과 강염기의 중화

$$CH_3COOH + NaOH \rightarrow H_2O + Na^+ + CH_3COO^-$$

- Na^+는 물과 반응하지 않음.
- CH_3COO^-는 물과 반응함. → OH^- 내놓음.

⇒ OH^- 이온을 내놓기 때문에 전체 생성물의 pH는 염기성에 가까움.

$$H_2O + CH_3COO^- \leftrightarrows CH_3COOH + OH^-$$

∴ 당량점: 염기성

• 페놀프탈레인(무색 pH 8.3~10.0 분홍색) 사용

3) 강산과 약염기의 중화

$$HCl + NH_4OH \rightarrow H_2O + NH_4^+ + Cl^-$$

• Cl^-는 물과 반응하지 않음.

• NH_4^+는 물과 반응함. → H_3O^+ 내놓음.

⇒ 수소 이온을 내놓기 때문에 전체 생성물의 pH는 산성에 가까움.

$$H_2O + NH_4^+ \leftrightharpoons NH_3 + H_3O^+$$

∴ 당량점: 산성

• 메틸오렌지(붉은색 pH 3.1~4.4 노란색) 사용

4) 약산과 약염기의 반응

• 당량점 부근에서 pH 변화가 크지 않기 때문에 적정하지 않음.

$$CH_3COOH + NH_4OH \rightarrow H_2O + CH_3COO^- + NH_4^+$$

• NH_4^+의 K_a ≒ CH_3COO^-의 K_b

∴ 당량점: 중성

• 약산과 약염기의 반응은 각 화학종의 K_a와 K_b에 따라 액성이 달라짐.

3. 산(또는 염기)의 농도와 부피를 알면 염기(또는 산)의 농도를 알 수 있음.(산과 염기는 정량적으로 반응하기 때문)

∴ 산의 몰수 = 염기의 몰수

실험 22

산소의 몰부피

목적

산소 기체를 발생시켜 산소의 부피와 질량을 측정하고 이로부터 산소의 몰부피를 구한다.

원리

기체의 부피는 온도와 압력에 따라 변한다. 기체의 부피는 압력에 반비례하며 절대 온도, 몰수에 비례한다. 기체의 부피를 V, 압력을 P, 절대 온도를 T라고 한다면 다음과 같은 관계식 (1)이 성립한다.

$$\frac{P_1V_1}{T_1} = \frac{P_2V_2}{T_2} \tag{1}$$

기체의 몰부피란 표준 상태(STP)에서 기체 1몰(mol)이 차지하는 부피를 말하며 모든 기체는 종류에 상관없이 22.4 L의 몰부피를 갖는다. 표준 상태란 1기압(760 mmHg), 0℃(273 K)를 말한다.

이 실험에서는 산소의 몰부피를 실험 데이터로부터 구해보고 이론값과의 오차를 계산하고 오차의 원인을 분석해보고자 한다. 즉, 산소 1몰(32 g)이 표준 상태에서 22.4 L가 되는지를 알아보고자 한다.

산소의 제법에는 여러 가지가 있으나, 가장 널리 쓰이는 방법 중 하나가 이산화 망가니즈를 촉매로 하여 염소산 포타슘($KClO_3$)을 열분해시키는 것이다.

$KClO_3$를 가열하면 반응식 (2)에서 볼 수 있듯이 산소 기체가 발생하고 KCl이 고체로 남게 된다. 따라서 시료의 질량 감소는 생성된 산소 기체의 질량이 되고, 이로부터 생성된 산소 기체의 몰수(n)를 구할 수 있다.

$$NaOH(s) \rightarrow Na^+(aq) + OH^-(aq) + \Delta H_2 \tag{2}$$

$KClO_3$를 가열할 때 이산화 망가니즈(MnO_2)를 넣어주는데, MnO_2는 이 반응의 촉매

로서 반응이 빠르게 진행되도록 도와주는 역할을 하며 자기 자신은 변하지 않는다.

발생되는 산소 기체는 일반적으로 수상 포집법으로 받아 모을 수 있으며, 기체 발생 장치에서 밀려난 물의 부피를 측정함으로써 산소 기체의 부피를 구할 수 있다. 몰부피를 구하기 위해서는 실험에서 얻은 산소 기체의 부피를 표준 상태의 부피로 환산해 주어야 하는데, 이는 식 (3)에 의해 구할 수 있다.

표준 상태에서의 산소 기체의 부피를 구하기 위해서는 식 (3)에 산소 기체의 압력을 대입해 주어야 하는데, 정확한 압력을 구하기 위해서는 약간의 보정이 필요하다.

그림 22-1의 기체 발생 장치에서 볼 수 있듯이 시약병의 윗부분에는 산소 기체뿐만 아니라 수증기도 함께 들어 있기 때문에 산소 기체의 압력을 구할 때는 수증기의 부분 압력을 고려해야 한다.

기체의 전체 압력은 산소 기체와 수증기의 부분 압력의 합과 같으므로 산소 기체의 압력은 전체 압력(대기압)에서 물의 증기압을 빼 준 값과 같다. 측정한 온도에서의 물의 증기압은 표 22-1에서 얻을 수 있다. 산소 기체의 온도도 절대 온도로 환산해야 한다.

[표 22-1] 여러 온도에서의 물의 증기압

온도(℃)	압력(mmHg)	온도(℃)	압력(mmHg)	온도(℃)	압력(mmHg)
0	4.6	17	14.5	34	39.9
1	4.9	18	15.5	35	42.2
2	5.3	19	16.5	40	55.3
3	5.7	20	17.5	45	71.9
4	6.1	21	18.7	50	92.5
5	6.5	22	19.8	55	118.0
6	7.0	23	21.1	60	149.4
7	7.5	24	22.4	65	187.5
8	8.0	25	23.8	70	233.7
9	8.6	26	25.2	75	289.1
10	9.2	27	26.7	80	355.1
11	9.8	28	28.3	85	433.6
12	10.5	29	30.0	90	525.8
13	11.2	30	31.8	95	633.9
14	12.0	31	33.7	97	682.1
15	12.8	32	35.7	99	733.2
16	13.6	33	37.7	100	760.0

이렇게 실험으로부터 얻은 산소 기체의 압력, 부피, 온도를 P_1, V_1, T_1이라고 하면 표준 상태에서의 산소 기체의 부피 V_2는 식 (3)에 의해 다음과 같이 구할 수 있다. 표준 상태이므로 T_2=273K, P_2=760mmHg이다.

$$V_2 = \frac{V_1 P_1 T_2}{P_2 T_1} \tag{3}$$

몰부피는 표준 상태의 부피 V_2를 몰수(n)으로 나누어 구할 수 있다.

기구 및 시약

- 100 mL 비커
- 500 mL 시약병
- 1 L 비커
- 500 mL 눈금 실린더
- 핀치 클램프
- 스탠드
- 클램프
- 고무마개
- 시약 주걱
- 쇠그물
- 유리관
- 고무관
- 시험관
- 온도계
- 알코올 램프
- 이산화 망가니즈(MnO_2)
- 염소산 포타슘($KClO_3$)
- 무게 다는 접시
- 삼발이
- 화학 저울

주의 사항

1. 기체 발생 장치를 만들 때, 마개와 유리관의 연결 부분을 통하여 기체가 새어나가지 않도록 한다.
2. 열분해 시 시료가 든 시험관을 거의 수평이 되도록 고정하고 시료가 마개에 닿지 않도록 하되, 시료가 시험관 벽에 넓게 퍼지도록 한다.
3. 산소 기체가 너무 급격히 발생하지 않도록 주의하면서 시험관 전체를 서서히 가열한다.

실험 방법

① 그림 22-1과 같이 시험관, 시약병, 비커를 유리관, 고무마개 등으로 연결하여 기체 발생 장치를 만든다. 마개와 유리관의 연결 부분을 통하여 기체가 새어나가지 않는지를 확인해야 한다. 비커 쪽으로 연결된 유리관은 시약병의 바닥에 닿을 정도

로 길어야 한다.

② 500 mL 시약병에 물을 가득 채우고 고무마개를 잘 막아 새지 않게 한다.

③ 시약병과 1 L 비커를 연결한 고무관의 핀치 클램프를 열어 시약병의 물이 비커에 밀려나와 모아지도록 한다.

④ 시약병과 1 L 비커 사이의 U자관과 고무관에 물이 가득 채워지도록 하고, 실험장치의 모든 연결 부분이 완벽한가를 확인한 후 핀치 클램프를 잠근다.

⑤ 약 1.5 g의 염소산 포타슘($KClO_3$)과 약 0.15 g의 이산화 망가니즈(MnO_2)를 취하여 시험관에 넣는다.

⑥ 시료가 담긴 시험관을 100 mL 비커에 넣고 질량을 잰다.

⑦ 시료를 넣은 시험관을 클램프를 사용하여 그림 22-1과 같이 거의 수평이 되도록 고정시킨다. 시료가 시험관 벽에 넓게 퍼지도록 하여야 하지만 시료가 마개에 닿아서는 안 된다.

⑧ 시험관과 시약병을 고무마개, 유리관 등으로 연결한다.

⑨ 비커에 물을 300 mL 정도 채운 후 핀치 클램프를 연다.

⑩ 비커와 시약병의 수면의 높이가 같게 되도록 비커의 높이를 조절한 후 핀치 클램프를 잠근다.

⑪ 비커의 물을 모두 버리고 비커를 원래의 위치에 놓은 후 핀치 클램프를 다시 열어준다.

⑫ 알코올 램프의 작은 불꽃으로 시험관 전체를 서서히 가열한다. 산소 기체가 발생하면 시약병의 물이 비커로 밀려나오게 된다. 산소 기체가 너무 급격히 발생하지 않도록 주의하면서 시험관을 서서히 가열한다.

⑬ 시약병에서 밀려나온 물의 양이 300 mL 정도가 되면 알코올 램프를 끈다.

⑭ 시험관의 온도가 실온이 될 때까지 식힌다.

⑮ ⑩에서와 같이 비커의 높이를 조절하여 비커와 수면의 높이를 같게 한 후에 핀치 클램프를 잠근다.

⑯ ⑥에서 사용했던 100 mL 비커에 시험관을 넣고 질량을 잰다.

⑰ 눈금 실린더를 사용하여 비커 속 물의 부피를 정확히 측정한다.

⑱ 대기압을 기록하고 시약병 물의 온도를 측정한다.

⑲ 산소의 몰부피를 계산한다.

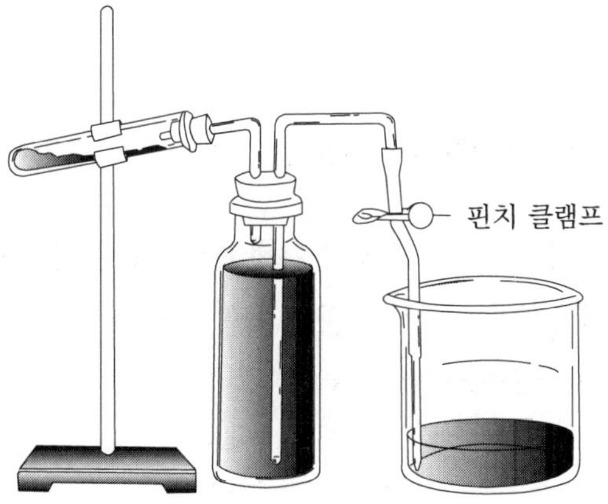

[그림 22-1] 기체 발생 장치

실험 결과

- 가열 전의 시험관+비커+시료의 질량 ____________
- 가열 후의 시험관+비커+시료의 질량 ____________
- 생성된 산소 기체의 질량 ____________
- 생성된 산소 기체의 몰수 ____________
- 생성된 산소 기체의 부피 ____________
- 생성된 산소 기체의 온도(물의 온도) ____________
- 대기압 ____________
- 물의 증기압 ____________
- 산소의 부분 압력(대기압-물의 증기압) ____________
- STP에서의 산소 기체의 부피 ____________
- 산소의 몰부피(실험값) ____________
- 이론적 산소의 몰부피 ____________
- 오차 % ____________

복습

1. 기체의 부피는 압력에 반비례하며 절대 온도, 몰수에 비례한다.

2. 기체의 몰부피는 표준 상태(STP)에서 기체 1몰(mol)이 차지하는 부피를 말하며, 모든 기체는 종류에 상관없이 22.4 L의 몰부피를 갖는다.

- 표준 상태: 1기압(760 mmHg), 0℃(273 K)

$$\frac{P_1V_1}{T_1} = \frac{P_2V_2}{T_2}$$

여기서 V: 기체의 부피, P: 기체의 압력, T: 절대 온도

3. 염소산 포타슘($KClO_3$)을 가열하면,

$$2KClO_3(s) \rightarrow 2KCl(s) + 3O_2(g) \uparrow$$

- $KClO_3$ 시료의 질량 감소는 생성된 산소 기체의 질량이 되고, 이로부터 생성된 산소 기체의 몰수(n)를 구할 수 있다.
- $KClO_3$를 열분해할 때 넣어주는 이산화 망가니즈(MnO_2)는 촉매로 사용된다.
- 발생되는 산소 기체는 수상 포집 장치에서 밀려난 물의 부피를 측정함으로써 산소 기체의 부피를 구할 수 있다.

$$V_2 = \frac{V_1P_1T_2}{P_2T_1}$$

- 포집된 기체에는 순수한 산소 기체뿐만 아니라 수증기도 함께 들어 있기 때문에 산소 기체의 압력을 구할 때는 수증기의 부분 압력을 고려해야 한다.
  ⇒ 즉, 기체의 전체 압력은 산소 기체와 수증기의 부분 압력의 합과 같으므로 산소 기체의 압력은 전체 압력(대기압)에서 물의 증기압을 빼 준 값과 같다.
- 얻은 산소 기체의 압력, 부피, 온도를 P_1, V_1, T_1이라고 하고 T_2 = 273 K, P_2 = 760 mmHg를 대입하면 표준 상태에서의 산소 기체의 부피 V_2를 구할 수 있다.
- 몰부피는 표준 상태의 부피 V_2를 몰수(n)로 나누어 구할 수 있다.

실험 23

기체 상수 결정

목적

일정량의 산소 기체를 발생시켜 기체의 상태를 설명하는 데 사용되는 기본 상수인 기체 상수 값을 결정한다.

원리

기체의 상태는 압력(P), 부피(V), 온도(T), 양(n)의 네 개의 변수들로 설명된다. 대부분의 기체는 높은 온도와 낮은 압력에서 이상 기체 상태 방정식 $PV = nRT$를 만족시킨다. 이상 기체 상태 방정식에서 R은 기체 상수로 불리는데 기체의 상태를 설명하는 기본 상수이다. 이 실험에서는 산소 기체의 압력(P), 부피(V), 온도(T), 양(n)을 측정한 후 이상 기체 상태 방정식을 사용하여 기체 상수 값을 계산한다.

염소산 포타슘($KClO_3$)을 가열하면 산소 기체(O_2)가 발생하고 KCl 고체가 남는다. 산소 기체의 발생 속도를 높이기 위해 이산화 망가니즈(MnO_2)를 촉매로 사용한다.

$$2KClO_3(s) \xrightarrow[\triangle]{MnO_2} 2KCl(s) + 3O_2(g)$$

발생한 산소 기체의 부피는 그림 22-1과 같은 기체 발생 장치에서 발생한 산소 기체에 의해 밀려나간 물의 부피로부터 계산한다.

산소 기체가 포집된 시약병의 위쪽에는 산소 기체와 함께 수증기도 포함되어 있기 때문에 발생한 산소 기체의 압력은 표 22-1에 나타낸 수증기의 부분 압력을 고려해 주어야 한다.

$$\text{기체의 전체 압력}(P_{tot}) = \text{산소 기체의 부분 압력}(P_{O_2}) + \text{수증기의 부분 압력}(P_{H_2O})$$

발생한 산소 기체의 몰수는 시료를 넣은 시험관의 가열 전과 후의 질량 차이를 산소 기체의 분자량으로 나누어 얻을 수 있다. 가열 전과 후의 시료를 넣은 시험관의 질량 차이는 반응을 통해 발생한 산소 기체의 질량과 같다.

$$발생한\ 산소\ 기체의\ 양(n) = \frac{발생한\ 산소\ 기체의\ 질량(g)}{산소\ 기체의\ 몰질량(g/mol)}$$

반응에서 발생한 산소 기체의 온도는 포집된 산소 기체가 있는 시약병에 담긴 물의 온도와 같은 것으로 간주한다.

기체 상수 값을 이상 기체 상태 방정식을 이용하여 계산할 수 있다. 여기서 P는 산소 기체의 부분 압력, V는 산소 기체의 부피, n은 산소 기체의 몰수, T는 산소 기체의 온도이다.

$$R = \frac{PV}{nT}$$

기체 상수는 모든 기체에 대해 사용되는 기본 상수이다. 0℃, 1 atm(기체의 표준 온도 압력, STP, Standard Temperature and Pressure)에서 모든 기체 1.00몰의 부피는 대략 22.414 L임이 실험적으로 밝혀졌다. 따라서 기체 상수 값을 다음과 같이 계산할 수 있다.

$$R = \frac{PV}{nT} = \frac{(1.00\ \text{atm})(22.414\ \text{L})}{(1.00\ \text{mol})(273.15\ \text{K})} = 0.0821\ \text{L} \cdot \text{atm/K} \cdot \text{mol}$$

물론 기체 상수 값은 주어진 압력, 부피, 온도의 단위에 맞추어 선택하여 사용한다. 단위의 변화에 따른 기체 상수 값은 각각 다음과 같다.

$$\begin{aligned} 기체\ 상수(R) &= 0.0821 && \text{L} \cdot \text{atm/K} \cdot \text{mol} \\ &= 8.314 && \text{J/K} \cdot \text{mol} \\ &= 62.364 && \text{L} \cdot \text{torr/K} \cdot \text{mol} \\ &= 8.314 \times 10^{-2} && \text{L} \cdot \text{bar/K} \cdot \text{mol} \\ &= 1.987 && \text{cal/K} \cdot \text{mol} \end{aligned}$$

이상 기체 상태 방정식을 유도하는 과정에는 두 개의 가정이 포함되는데, 하나는 기체 분자들은 서로 작용하지 않는다는 것이며, 또 다른 하나는 기체 전체의 부피에 비해 기체 분자 하나가 차지하는 부피는 대단히 작기에 기체 분자 자체의 부피는 무시한다는 것이다. 그러나 상대적으로 낮은 온도와 높은 압력의 실제 기체는 기체 분자들 사이의 상호작용이 존재하고 기체 분자 자체의 크기를 무시할 수 없을 정도로 기체 분자들이 가깝기에 이상 기체의 거동에서 다소 벗어나게 된다. 따라서 실제 기체의 경우, van der Waals 방정식을 이용한다.

$$(P + \frac{n^2 a}{V^2})(V - nb) = nRT$$

이 식에서 van der Waals 상수로 불리는 a와 b는 물질에 따라 실험적으로 결정되는 상수로 a는 기체 분자들 간의 상호작용을, b는 기체 분자의 부피를 보정한다(부록 2). van der Waals 상수 a와 b가 작을수록 실제 기체는 이상 기체에 가깝게 거동한다.

기구 및 시약

- 100 mL 비커
- 1 L 시약병
- 1 L 비커
- 500 mL 눈금 실린더
- 핀치 클램프
- 스탠드
- 클램프
- 고무마개
- 시약 주걱
- 쇠그물
- 유리관
- 고무관
- 시험관
- 온도계
- 알코올 램프
- 염소산 포타슘($KClO_3$)
- 이산화 망가니즈(MnO_2)
- 무게 다는 접시
- 삼발이
- 화학저울

주의 사항

1. 기체 발생 장치를 만들 때, 마개와 유리관의 연결 부위를 통해 기체가 새어나가지 않도록 한다.
2. 시험관을 가열할 때, 시험관이 거의 수평이 되도록 고정하고 시료가 마개에 닿지 않도록 하되, 시료가 시험관 벽에 넓게 펴지도록 한다.
3. 산소 기체가 급격히 발생하지 않도록 주의하면서 시험관 전체를 서서히 가열한다.

실험 방법

① 그림 22-1과 같이 기체 발생 장치를 설치한다. 마개와 유리관의 연결 부분 사이로 기체가 새어나가지 않도록 유의한다. 비커에 연결된 유리관은 시약병의 바닥에 닿을 정도로 충분히 길어야 한다.

② 1 L 시약병에 물을 가득 채우고 고무마개를 잘 막아 새지 않게 한다.

③ 시약병과 1 L 비커를 연결한 고무관의 핀치 클램프를 열어 시약병의 물이 비커로 밀려나와 모이도록 한다.

④ 시약병과 1 L 비커 사이의 U자 관과 고무관에 물이 가득 채워지도록 하고, 실험

장치의 모든 연결 부분이 완벽한가를 확인한 후 핀치 클램프를 잠근다.

⑤ 약 2 g의 염소산 포타슘($KClO_3$)과 약 0.2 g의 이산화 망가니즈(MnO_2)를 취해 시험관에 넣는다.

⑥ 시료가 담긴 시험관을 100 mL 비커에 넣고 질량을 잰다.

⑦ 시료를 넣은 시험관을 그림 22-1과 같이 거의 수평이 되도록 고정한다. 시료가 시험관 벽에 넓게 퍼지도록 하고, 시료가 마개에 닿지 않도록 유의한다.

⑧ 시험관과 시약병을 고무마개, 유리관 등으로 연결한다.

⑨ 비커에 물을 300 mL 정도 채운 후 핀치 클램프를 연다.

⑩ 비커와 시약병의 수면 높이가 같게 되도록 비커의 높이를 조절한 후 핀치 클램프를 잠근다.

⑪ 비커의 물을 모두 버리고 비커를 원래의 위치에 놓은 후 핀치 클램프를 다시 열어준다.

⑫ 알코올 램프의 작은 불꽃으로 시험관 전체를 서서히 가열한다. 산소 기체가 발생하기 시작하면 시약병의 물이 비커로 밀려나오게 된다. 산소 기체가 너무 급격히 발생하지 않도록 주의하면서 시험관을 서서히 가열한다.

⑬ 시약병에서 밀려나온 물의 양이 약 400 mL 정도가 되면 알코올 램프를 끈다. 이때 시약병에서 밀려나온 물의 양이 500 mL가 넘지 않도록 주의한다.

⑭ 시험관의 온도가 실온이 될 때까지 식힌다.

⑮ ⑩과 같이 비커의 높이를 조절하여 비커와 수면의 높이를 같게 하고 핀치 클램프를 잠근다.

⑯ ⑥에서 사용했던 100 mL 비커에 시험관을 넣고 질량을 잰다.

⑰ 500 mL 눈금 실린더를 사용하여 비커 속 물의 부피를 측정한다.

⑱ 대기압을 기록하고 시약병 물의 온도를 측정한다.

⑲ 기체 상수 값을 계산한다.

실험 결과

- 가열 전의 시험관+비커+시료의 질량 ______________
- 가열 후의 시험관+비커+시료의 질량 ______________
- 생성된 산소 기체의 질량 ______________
- 생성된 산소 기체의 몰수 ______________
- 생성된 산소 기체의 부피 ______________

- 생성된 산소 기체의 온도(물의 온도와 같다) ______________
- 대기압 ______________
- 물의 증기압 ______________
- 산소 기체의 부분 압력(대기압-물의 증기압) ______________
- 기체 상수 값 ______________
- 오차 % ______________

복습

1. 기체의 상태는 압력(P), 부피(V), 온도(T), 양(n)의 네 개의 변수로 설명된다. 대부분의 기체는 높은 온도와 낮은 압력에서 이상 기체 상태 방정식 $PV = nRT$를 만족시킨다. 이상 기체 상태 방정식의 R은 기체 상수로 불리는데 기체의 상태를 설명하는 기본 상수이다.

2. 0℃, 1atm(기체의 표준 온도 압력, STP, Standard Temperature and Pressure)에서 모든 기체 1.00몰의 부피는 약 22.414 L임이 실험적으로 밝혀졌다. 따라서 기체 상수 값을 다음과 같이 계산할 수 있다.

$$R = \frac{PV}{nT} = \frac{(1.00\ \text{atm})(22.414\ \text{L})}{(1.00\ \text{mol})(273.15\ \text{K})} = 0.0821\ \text{L} \cdot \text{atm/K} \cdot \text{mol}$$

3. 염소산 포타슘($KClO_3$)을 가열하면,

$$2KClO_3(s) \xrightarrow[\triangle]{MnO_2} 2KCl(s) + 3O_2(g)$$

- 반응 전과 후의 $KClO_3$ 시료 질량 감소는 생성된 산소 기체의 질량이 되고, 이로부터 생성된 산소 기체의 몰수(n)를 구할 수 있다.
- 생성된 산소 기체의 부피는 시약병에서 밀려 나온 물의 부피로부터 구할 수 있다.
- 포집된 기체에는 산소 기체와 함께 수증기도 포함되어 있기에 산소 기체의 압력을 구할 때는 수증기의 부분 압력을 고려해야 한다. 기체의 전체 압력은 표준 압력으로 가정한다.
- 반응에서 발생한 산소 기체의 온도는 포집된 산소 기체가 있는 시약병에 담긴 물의 온도와 같은 것으로 간주한다.

- 실험을 통해 얻은 산소 기체의 압력, 부피, 온도, 몰수를 이상 기체 상태 방정식에 대입하면 기체 상수(R)를 구할 수 있다.

$$R = \frac{PV}{nT}$$

실험 24

화학 평형

목 적

화학 평형에 대하여 알아보고 평형에 미치는 농도의 영향을 살펴봄으로써 르샤틀리에의 원리를 적용해 본다.

원 리

정반응과 역반응이 동시에 진행되는 가역 반응은 궁극적으로 평형에 이르게 되며, 평형 위치는 농도, 온도, 압력 등 반응 조건에 따라 달라진다. 르샤틀리에(Le Châtelier)의 원리는 "외부의 어떤 자극으로 평형이 깨어졌을 때, 그 계는 자극의 영향을 최소화하는 방향으로 변화한다."는 것이다. 즉, 평형 상태에 있는 반응계의 외부 조건을 바꾸어 주면 반응물에 대한 생성물의 비를 변화시킬 수 있다. 화학 평형에 영향을 주는 것들로는 반응물 또는 생성물의 첨가 또는 제거, 기체 반응에서 용기의 부피 변화, 온도 변화 등이 있다.

이 실험에서는 반응물 또는 생성물의 일부를 첨가할 때 일어나는 크로뮴산 이온, 다이크로뮴산 이온, 코발트 이온 착물의 색깔 변화를 살펴봄으로써 평형에 미치는 농도의 효과에 대해서 알아보고, 르샤틀리에 원리를 적용시켜 보고자 한다.

비완충 용액에서 일어나는 다이크로뮴산 이온과 크로뮴산 이온의 평형 반응은 다음과 같다.

$$\underset{\text{오렌지색}}{Cr_2O_7^{2-}} + H_2O \rightleftharpoons 2H^+ + \underset{\text{노란색}}{2CrO_4^{2-}}$$

즉, 수소 이온 농도에 따라 $Cr_2O_7^{2-}$와 CrO_4^{2-}가 생기는 정도가 달라진다. 산성 용액에서는 H^+ 농도가 크므로 역반응이 일어나 $Cr_2O_7^{2-}$이 수용액 중에 많이 존재하여 오렌지색을 띨 것이고, 염기성 용액에서는 H+ 농도가 작으므로 정반응이 일어나 CrO_4^{2-}가 많이 존재하여 노란색을 띨 것이다.

코발트(II) 이온 Co^{2+}는 착물에 따라 색깔이 다르다. 예를 들어 물에서는 착물 $Co(H_2O)_6^{2+}$로 존재하여 분홍색을 띠며 Cl^-와 결합한 $CoCl_4^{2-}$ 착물은 푸른색을 띤다.

다음 평형식에 의해 Cl^- 이온의 상대적인 농도에 따라 용액의 색깔이 변한다.

$$Co(H_2O)_6^{2+} + 4\,Cl^- \rightleftharpoons CoCl_4^{2-} + 6\,H_2O$$

분홍색　　　　　　　　푸른색

기구 및 시약

- 5 mL 피펫
- 시험관
- 스포이트
- 시험관대
- $K_2Cr_2O_7$
- K_2CrO_4
- HCl
- NaOH
- NH_4Cl
- $CoCl_2$
- 핫플레이트
- 400 mL 비커

주의 사항

1. 뜨거운 물에 화상을 입지 않도록 한다.
2. 실험 시작할 때에 400 mL 비커에 증류수를 넣고 먼저 가열한다(시간 절약).

실험 방법

1. 크로뮴산-다이크로뮴산 이온의 평형

① 0.1 M K_2CrO_4와 0.1 M $K_2Cr_2O_7$을 각각 2 mL씩 취한다. 이들은 수용액 중에서 CrO_4^{2-}와 $Cr_2O_7^{2-}$를 각각 제공할 것이므로 이것에 의한 색깔이 나타나게 된다. 각 용액의 색을 기록한다.

② 1 M NaOH 용액을 ①의 두 시험관에 어느 하나가 색 변화를 일으킬 때까지 번갈아가면서 한 방울씩 떨어뜨린다.

③ 색이 변하면 색을 기록한 후 두 용액에 다른 색이 나타날 때까지 1 M HCl 용액을 번갈아가면서 한 방울씩 떨어뜨린다.

④ 새로 ①의 두 시험관 용액을 준비하여 1 M HCl 용액을 색이 변할 때까지 번갈아 한 방울씩 넣는다.

⑤ 색 변화를 기록한 후 다른 색이 나타날 때까지 1 M NaOH 용액을 번갈아 한 방울씩 가하며 관찰한다.

2. 코발트(II) 이온 착물

① 0.1 M $CoCl_2$ 용액을 세 개의 시험관에 각각 2 mL씩 취한다.

② 첫 번째 시험관에 1~2 mL의 진한 HCl 용액을 넣어 변화 여부를 살핀다.

③ 두 번째 시험관에 1.3~1.6 g NH_4Cl 고체를 가하고 포화 용액이 되도록 흔든다.

④ $CoCl_2$ 용액만 들어 있는 세 번째 시험관의 용액과 색을 비교한다.

⑤ 끓는 물이 들어 있는 비커에 세 시험관을 넣어 관찰하고 식힌 후 변화를 알아본다.

실험 결과

1. 크로뮴산-다이크로뮴산 이온의 평형

① CrO_4^{2-} ________________ 색

$Cr_2O_7^{2-}$ ________________ 색

② CrO_4^{2-} + NaOH ________________ 색

$Cr_2O_7^{2-}$ + NaOH ________________ 색

③ CrO_4^{2-} + NaOH + 과량의 HCl ________________ 색

$Cr_2O_7^{2-}$ + NaOH + 과량의 HCl ________________ 색

④ CrO_4^{2-} + HCl ________________ 색

$Cr_2O_7^{2-}$ + HCl ________________ 색

⑤ CrO_4^{2-} + HCl + 과량의 NaOH ________________ 색

$Cr_2O_7^{2-}$ + HCl + 과량의 NaOH ________________ 색

2. 코발트(II) 이온 착물

① $CoCl_2$ ________________ 색

$CoCl_2$ + HCl ________________ 색

② $CoCl_2$ ________________ 색

$CoCl_2$ + NH_4Cl ________________ 색

③ 가열한 후

$CoCl_2$ ________________ 색

$CoCl_2$ + HCl ________________ 색

$CoCl_2$ + NH_4Cl ________________ 색

④ 식힌 후

$CoCl_2$	색
$CoCl_2$ + HCl	색
$CoCl_2$ + NH_4Cl	색

복습

1. 가역 반응

① 정반응과 역반응이 동시에 진행되어 평형에 도달한다.

② 평형에 도달할 때 농도, 온도, 압력 등 반응 조건에 따라 평형 위치가 달라진다.

2. 르샤틀리에(Le Châtelier) 원리: 외부의 어떤 자극으로 평형이 깨어졌을 때, 그 계는 자극의 영향을 최소화하는 방향으로 변화한다.

- 르샤틀리에 원리에 따라, 평형 상태에 있는 반응계의 외부 조건을 바꾸어 주면 반응물에 대한 생성물의 비를 변화시킬 수 있다.
- 화학 평형에 영향을 미치는 요인

① 반응물의 첨가 또는 제거

② 생성물의 첨가 또는 제거

③ 기체 반응에서 용기의 부피 변화

④ 온도 변화

3. 다이크로뮴산 이온과 크로뮴산 이온의 평형 반응

$$\underset{\text{오렌지색}}{Cr_2O_7^{2-}} + H_2O \rightleftharpoons 2H^+ + \underset{\text{노란색}}{2CrO_4^{2-}}$$

- 수소 이온 농도에 따라 $Cr_2O_7^{2-}$와 CrO_4^{2-}가 생기는 정도가 달라진다.

① 산성 용액: 수소 이온 많음(역반응이 일어남)

$Cr_2O_7^{2-}$이 많이 존재 → 오렌지색

② 염기성 용액: 수소 이온 적음(정반응이 일어남)

CrO_4^{2-}이 많이 존재 → 노란색

4. 코발트(II) 이온의 평형 반응

$$\underset{\text{분홍색}}{Co(H_2O)_6^{2+}} + 4Cl^- \rightleftharpoons \underset{\text{푸른색}}{CoCl_4^{2-}} + 6H_2O$$

- Cl^- 이온의 상대적인 농도에 따라 색이 변한다.
  ① 물에서 착이온 $Co(H_2O)_6^{2+}$로 존재 → 분홍색
  ② Cl^-와 결합한 $CoCl_4^{2-}$ 착이온 형성 → 푸른색

은거울 반응

목적

은거울 반응에 대하여 알아보고 산화-환원 반응을 이해한다.

원리

은거울 반응이란 암모니아성 질산은 용액이 알데하이드와 반응하여 환원됨으로써 은이 석출되는 반응이다. 이 반응을 이용하면 전기를 이용하지 않고 은을 도금할 수 있다.

은거울 반응이 일어나는 과정은 다음과 같다.

질산 은($AgNO_3$) 용액에 암모니아수(NH_4OH)를 가하면 Ag^+ 이온이 OH^- 이온과 반응하여 갈색의 Ag_2O 앙금이 생긴다.

$$2Ag^+(aq) + 2OH^-(aq) \rightarrow Ag_2O(s) + H_2O(l) \tag{1}$$

계속 암모니아수를 가하면 은 이온이 암모니아(NH_3)와 착이온을 형성하여 갈색 앙금이 사라지며 맑은 용액이 된다.

$$Ag_2O(s) + 4NH_3(aq) + H_2O(l) \rightarrow 2Ag(NH_3)_2^+(aq) + 2OH^-(aq) \tag{2}$$

이 용액에 수산화 소듐 용액과 포도당 용액을 가하면 포도당의 알데하이드 작용기(-CHO)가 카복실기(-COOH)로 산화되면서 은 이온을 환원시켜 용기 벽에 은(Ag)을 석출시킨다. 석출된 은이 용기 벽에 도금되면서 거울처럼 보이므로 이 반응을 은거울 반응이라고 한다.

$$\begin{aligned} &C_6H_{12}O_6(aq) + 2Ag(NH_3)_2^+(aq) + 2NaOH(aq) \rightarrow \\ &C_5H_{11}O_5COOH(aq) + 2Ag(s) + 4NH_3(aq) + H_2O(l) + 2Na^+(aq) \end{aligned} \tag{3}$$

은거울 반응은 산화-환원 반응으로 설명될 수 있다. 산화-환원 반응은 동시에 일어나며 산화는 어떤 원소의 산화수가 증가할 때 일어나며, 환원은 산화수가 감소할 때 일어난다. 다른 물질의 산화수를 증가시키는 물질을 산화제라고 하며, 다른 물질의 산화수를 감소시키는 물질을 환원제라고 한다. 은의 암모니아 착이온이 염기성 용액에서 포도당과 반응하면 은 이온은 은으로 환원되고, 포도당은 알데하이드 작용기가 카복실기로 산화된다. 은 이온은 자신이 환원되면서 포도당을 산화시키므로 산화제이고, 포도당은 자신이 산화되면서 은 이온을 환원시키므로 환원제이다.

기구 및 시약

- 2 mL 바이알
- 스포이트
- 질산 은($AgNO_3$)
- 수산화 소듐(NaOH)
- 물중탕 장치
- 핀셋
- 비닐장갑
- 포도당($C_6H_{12}O_6$)
- 진한 암모니아수(NH_4OH)

주의 사항

1. 질산 은 용액이 손에 닿으면 손이 검게 변하기 때문에 비닐장갑을 끼고 실험한다.
2. 질산 은 용액은 햇빛을 차단하기 위해 갈색병에 보관하거나 은박지로 싸서 어두운 곳에 보관한다.
3. 진한 암모니아수는 반드시 후드 안에서 넣도록 한다.

실험 방법

① 2 mL 바이알에 0.1 M 질산 은 용액을 1.3~1.4 mL 넣는다.

② 바이알을 흔들어 주면서 진한 암모니아수(NH_4OH)를 1방울 넣는다. (이때 갈색 앙금이 생긴다.)

③ 갈색 앙금이 사라질 때까지 바이알을 잘 흔들어주면서 진한 암모니아수를 2방울 정도 더 넣는다.

④ 0.8 M NaOH 용액을 7방울 떨어뜨린다.

⑤ 0.5 M 포도당 용액을 7방울 떨어뜨리고, 바이알을 잘 흔들어 준다.

⑥ 바이알의 목 부분을 핀셋으로 잡고, 물중탕으로 가열하면서, 바이알 벽면에 은이 고르게 도금되도록 잘 돌려준다.

실험 결과

1. 질산 은 용액에 암모니아수를 넣었을 때 무슨 변화가 있었는가? 관찰한 결과를 적고 화학 반응식으로 나타내시오.

• 관찰 결과 ______________________________

• 화학 반응식 ______________________________

2. 암모니아수를 더 넣었을 때 무슨 변화가 있었는가? 관찰한 결과를 적고 화학 반응식으로 나타내시오.

• 관찰 결과 ______________________________

• 화학 반응식 ______________________________

3. 암모니아수를 더 넣었을 때 무슨 변화가 있었는가? 관찰한 결과를 적고 화학 반응식으로 나타내시오.

• 관찰 결과 ______________________________

• 화학 반응식 ______________________________

복습

1. 은거울 반응: 은 이온(Ag^+)이 환원되어 은(Ag)이 석출되는 반응

① 은 이온(Ag^+)은 암모니아수와 반응하여 갈색의 앙금(Ag_2O)을 생성한다.

$$2Ag^+(aq) + 2OH^-(aq) \rightarrow Ag_2O(s) + H_2O(l)$$

② 갈색의 앙금(Ag_2O)은 과량의 암모니아수와 반응하여 은의 암모니아 착이온, $Ag(NH_3)_2^+$을 형성한다.

$$Ag_2O(s) + 4NH_3(aq) + H_2O(l) \rightarrow 2Ag(NH_3)_2^+(aq) + 2OH^-(aq)$$

③ 은의 암모니아 착이온, $Ag(NH_3)_2^+$은 염기성 용액에서 포도당 용액과 반응하여 환원되면서 은(Ag)을 석출시킨다. 이때 포도당은 알데하이드 작용기(-CHO)가 카복실기(-COOH)로 산화된다. 은 이온은 환원되므로 산화제이고, 포도당은 산화되므로 환원제이다.

$$C_6H_{12}O_6(aq) + 2Ag(NH_3)_2^+(aq) + 2NaOH(aq) \rightarrow$$
$$C_5H_{11}O_5COOH(aq) + 2Ag(s) + 4NH_3(aq) + H_2O(l) + 2Na^+(aq)$$

비누화 반응

목적

지방의 비누화 반응(saponification, ester hydrolysis)을 배우고, 실제로 비누를 제조해 본다.

원리

비누를 만드는 과정은 지방의 염기성 가수 분해(비누화) 과정이다. 염기성 용액으로는 주로 양잿물(NaOH 수용액)을 쓴다. 지방에 양잿물을 넣게 되면 지방은 사슬이 긴 카복실산의 염(비누)과 글리세롤로 분해된다. 비누를 순수하게 얻기 위해서는 반응 용액에 소금을 넣으면 비누가 침전으로 석출된다.

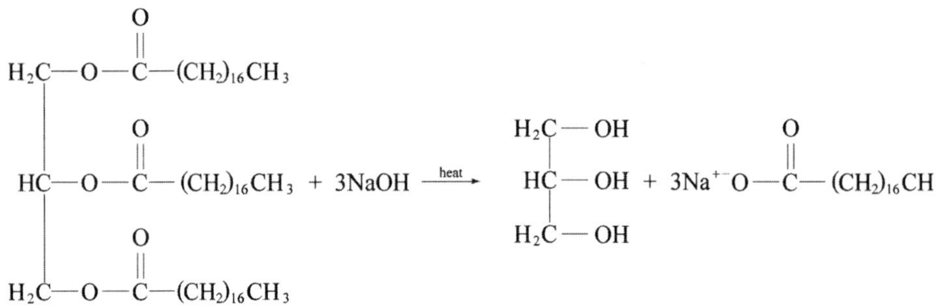

glycerol tristearate, a fat NaOH glycerol sodium stearate, a soap

비누는 물에 녹는 극성 부분(염 부분)과 기름에 녹는 비극성 부분(탄화수소 부분)으로 이루어져 있는데, 이 비누 분자가 더러운 옷이나 피부 등의 표면에 있는 오물과 만나게 되면 탄화수소 부분은 오물과 결합하게 되고, 극성 부분인 이온성 카복실산염 부분은 물과 결합하게 된다. 많은 양의 비누 분자가 있게 되면 비누의 탄화수소 부분이 서로 뭉쳐 마이셀(micelle)을 형성하여 물속에 떠 다니게 되며, 물을 버리게 될 때 비누와 결합되어 있던 오물도 함께 제거된다.

비누를 만들 때 사용되는 동물성 지방은 소기름, 돼지비계, 버터 등이 있으며, 식물성 지방은 옥수수기름, 올리브기름, 땅콩기름 등 여러 가지가 있다. 사용하고 남은 폐식

용유로도 비누를 만들 수 있다.

기구 및 시약

- 100 mL 비커
- 250 mL 비커 2개
- 유리 막대
- 옥수수기름
- 부흐너 깔때기
- 500 mL 감압 플라스크
- 거름종이
- 물중탕 장치
- 50 mL 눈금 실린더
- 95% 에탄올
- 소금
- 핫플레이트
- 아스피레이터

주의 사항

1. NaOH 용액이 손에 닿지 않도록 한다.
2. 감압 거름 장치를 이용하여 비누를 거를 때 아스피레이터의 압력 조절이 쉽지 않아 거름종이가 종종 찢어져 비누가 새는 경우가 있으므로, 처음부터 거름종이 두 장을 사용하는 것도 고려해 볼 수 있다.

실험 방법

① 250 mL 비커에 물 10 mL와 95% 에탄올 10 mL를 넣고, 여기에 NaOH 3 g을 넣어서 녹인다.

② 옥수수기름 5 g을 취하여 정확한 질량을 잰다.

③ 100 mL 비커에 옥수수기름 5 g을 넣고, ①에서 만든 용액을 넣는다.

④ 반응 혼합물을 물중탕으로 약 30분간 가열하면서 잘 젓는다. 이때 물과 95% 에탄올이 1 : 1로 섞인 용액 20 mL를 조금씩 첨가한다.

⑤ 또 다른 250 mL 비커에 물 80 mL와 소금 25 g을 넣고 잘 저어 녹여 둔다. 이 소금 수용액을 차게 한 후, 여기에 ④에서 가열한 용액을 붓고 몇 분 동안 잘 젓는다.

⑥ 이 반응물을 상온으로 식힌다.

⑦ 거름종이의 질량을 잰다.

⑧ 감압 거름 장치를 꾸민다.

⑨ 생긴 비누를 여과하고, 찬물 5 mL로 두 번 씻는다.

⑩ 물기를 말린 후, 거름종이와 함께 비누의 질량을 잰다.

실험 결과

- 취한 지방의 질량 ______________________
- 거름종이의 질량 ______________________
- 거름종이+비누의 질량 ______________________
- 비누의 질량 ______________________

복습

1. 비누를 만드는 과정: 지방의 염기성 가수 분해(비누화) 과정

지방 + NaOH 수용액 → 글리세롤 + 비누

$$
\begin{array}{lcclcl}
CH_2-COO-R_1 & & & CH_2-OH & & R_1COONa \\
| & & & | & & | \\
CH-COO-R_2 & +\ 3NaOH & \rightarrow & CH-OH & + & R_2COONa \\
| & & & | & & | \\
CH_2-COO-R_3 & & & CH_2-OH & & R_3COONa
\end{array}
$$

지방산 글리세롤 에스터 (지방) | 글리세롤 | 지방산 소듐 (비누)

- 사용되는 지방: 동물성 지방(소기름, 돼지비계 등)식물성 지방(옥수수기름, 올리브 기름 등)
- 염기성 용액으로 주로 NaOH 수용액을 사용
- 비누가 잘 석출되도록 소금을 넣어줌.

2. 마이셀(Micelle)

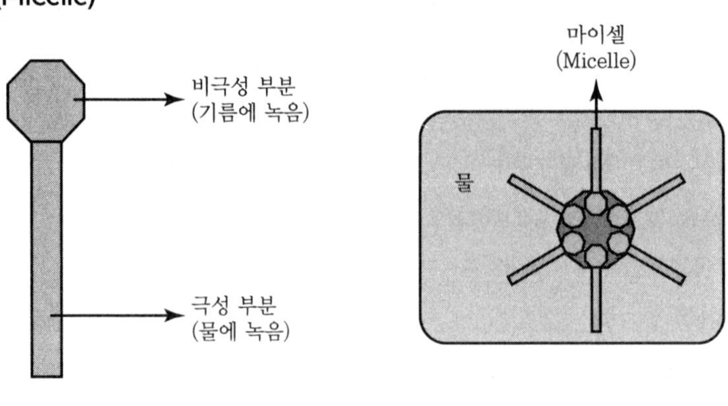

- 비누는 물에 녹는 극성 부분(염 부분)과 기름에 녹는 비극성 부분(탄화수소 부분)으로 이루어져 있다.
- 비누 분자가 오물과 만나게 되면, 탄화수소 부분은 오물과 결합하게 되고 극성 부분인 이온성 카복실산염 부분은 물과 결합하게 된다.
- 비누의 탄화수소 부분이 서로 뭉쳐 마이셀을 형성한다.
- 마이셀은 물속에서 떠다니는데, 물을 버릴 때 같이 제거된다.

실험 27

아스피린의 합성

목적

유기산과 알코올의 에스터화 반응(esterification)을 이용하여 아스피린을 합성하고 아스피린의 수득률을 구한다.

원리

아스피린(aspirin)은 현대를 살아가는 사람들에게 가장 인기 있는 만능약 중의 하나이다. 알려진 지 200년이 지났지만, 아직도 수수께끼 같은 치료 효과에 대해 연구할 것이 많다.

버드나무 껍질에서 약효가 있는 부분을 추출해서 살리실산(salicylic acid)이라 이름 붙인 후, 의약용으로 많이 사용되었으나 이 물질은 여러 가지 심각한 부작용을 나타내었다. 그래서 독일의 Bayer 제약회사의 연구진은 다양한 유도체를 합성하여 안정성을 확보하려 하였다. 그러던 중에 아세틸살리실산(acetylsalicyclic acid)이 만들어졌으며, 이 화합물이 오늘날 해열제와 진통제로 많이 사용되고 있는 아스피린이다.

아스피린은 에스터(ester)의 일종이다. 알코올 1몰과 유기산 1몰이 반응하면 에스터 1몰과 물 1몰이 생긴다. 따라서 살리실산 1몰과 아세트산 1몰이 반응하면 에스터인 아세틸살리실산(아스피린) 1몰과 물 1몰이 생성될 수 있다.

유기산 대신 산 무수물을 사용하면 더 쉽고 빠르게 에스터가 생성될 수 있다. 즉 아세트산 대신 무수 아세트산을 사용하면 보다 빠르고 쉽게 아스피린을 합성할 수 있다. 실험실에서는 다음 반응식에서 볼 수 있듯이 H_2SO_4를 촉매로 하여 살리실산(salicylic acid)과 무수 아세트산(acetic anhydride)의 반응으로부터 아스피린을 합성한다.

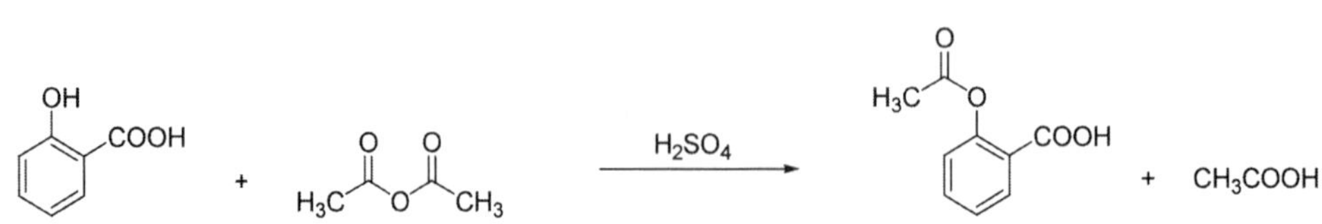

Salicylic acid
분자량: 138.12
녹는점: 159℃

Acetic anhydride
분자량: 102.09
녹는점: 140℃

Aspirin
분자량: 180.15
녹는점: 128 ~ 137℃

생성되는 아스피린의 몰수는 사용한 살리실산과 무수 아세트산의 몰수로부터 알아낼 수 있다. 살리실산과 무수 아세트산이 각각 1몰씩 반응했을 때 아스피린이 1몰 생성되므로 사용한 살리실산과 무수 아세트산의 몰비가 1 : 1이 아니라면 생성되는 아스피린의 몰수는 소량의 반응물(한계 반응물)의 몰수와 같다. 따라서 생성될 수 있는 아스피린의 몰수와 몰질량으로부터 아스피린의 이론적 수득량과 수득률을 계산할 수 있다.

기구 및 시약

- 100 mL 삼각 플라스크
- 스포이트
- 500 mL 비커
- 50 mL 눈금 실린더
- 500 mL 감압 플라스크
- 거름종이
- 건조기
- 살리실산(salicylic acid)
- 무수 아세트산(acetic anhydride)
- 물중탕 장치
- 온도계
- 유리 막대
- 시계접시
- 핫플레이트
- 부흐너 깔때기
- 아스피레이터
- 화학 저울
- 시약 주걱
- 황산(H_2SO_4)

주의 사항

1. 무수 아세트산은 식초 냄새가 나고, 물을 가하여 분해시키면 아세트산 증기(acetic acid vapor)가 발생하므로 실험실의 환기가 잘 되도록 한다.
2. 이 실험에서 합성한 아스피린은 순수하지 않으므로 절대 복용해서는 안 된다.
3. 황산은 스포이트를 이용하여 가하며, 강산이므로 항상 사용에 주의한다.
4. 물중탕(water bath)의 물이 뜨거우므로 주의한다.

실험 방법

① 500 mL 비커에 300 mL의 물을 넣고 핫플레이트로 가열한다.

② 약 3 g의 살리실산의 질량을 정확히 측정한다.

③ 삼각 플라스크에 살리실산을 넣는다.

④ 삼각 플라스크에 무수 아세트산(acetic anhydride) 7 mL를 스포이트로 넣는다(삼

각 플라스크 벽면에 묻은 살리실산을 씻어낼 수 있도록 무수 아세트산을 용기 벽으로 흐르게 넣는다.)

⑤ 스포이트를 이용하여 황산(H_2SO_4) 7방울을 가한다.

⑥ 삼각 플라스크를 충분히 흔들어 주어 살리실산을 녹인다.

⑦ 삼각 플라스크를 물이 끓고 있는 500 mL 비커에 담그고 클램프로 고정시킨다.

⑧ 반응 혼합물을 물중탕을 사용하여 80~85℃에서 약 15분간 가열한다.

⑨ 삼각 플라스크에 스포이트를 이용하여 증류수 2 mL를 천천히 떨어뜨린다.

⑩ 2분간 더 가열한다.

⑪ 삼각 플라스크를 물중탕에서 꺼낸다.

⑫ 증류수 25 mL를 넣어주고 상온에서 식힌다.

⑬ 이 반응 혼합물을 상온으로 식히면 아스피린이 결정으로 석출되기 시작한다. 만일 결정이 석출되지 않으면 유리 막대로 플라스크 벽면을 긁거나, 삼각 플라스크를 찬물로 식힌다.

⑭ 삼각 플라스크를 흔들어 준다.

⑮ 거름종이의 질량을 잰다.

⑯ 아스피레이터, 감압 플라스크, 부흐너 깔때기를 연결하여 감압 거름 장치를 준비한다.

⑰ 결정 석출이 끝나면, 준비된 감압 거름 장치로 여과한다.

⑱ 삼각 플라스크에 남아 있는 결정들을 여과하기 위해 차가운 증류수 25 mL를 더 가하여 잘 씻은 후 한 번 더 여과한다.

⑲ 차가운 증류수 3 mL를 사용하여 여과된 결정을 두 번 씻어준다.

⑳ 여과된 결정과 거름종이를 시계 접시 위에 올려놓고 건조기에서 15분간 건조시킨다.

㉑ 거름종이와 함께 결정의 질량을 잰다.

㉒ 결정의 질량을 계산하고 수득률을 구한다.

실험 결과

- 살리실산의 질량 ______________
- 살리실산의 몰질량 ______________
- 살리실산의 몰수 ______________
- 무수 아세트산의 부피 ______________
- 무수 아세트산의 질량(d = 1.08g/mL) ______________

- 무수 아세트산의 몰질량 ______________________
- 무수 아세트산의 몰수 ______________________
- 거름종이의 질량 ______________________
- 거름종이+결정의 질량 ______________________
- 결정(아스피린)의 질량 ______________________
- 아스피린의 몰질량 ______________________
- 아스피린의 이론적 수득량 ______________________
- 아스피린의 수득률 ______________________

복습

1. 에스터(ester)는 중요한 유기 화합물로 알코올을 유기산과 반응시키면 생성된다. 이때 물 한 분자가 생성된다.

$$\underset{\text{알코올}}{R-OH} + \underset{\text{유기산}}{R'-\overset{\overset{\displaystyle O}{\|}}{C}-OH} \xrightarrow{\triangle} \underset{\text{에스터}}{R-O-\overset{\overset{\displaystyle O}{\|}}{C}-R'} + H_2O$$

- 간단한 두 분자가 결합되어 하나의 큰 분자가 생성되는 이러한 형태의 반응(물의 제거 반응과 더불어)을 축합 반응이라고 한다.
- 대부분의 에스터는 자연적으로 생성되며 꽃, 식물, 과일의 냄새와 같은 맛을 낸다. 또 다른 것들은 페인트, 광택제(매니큐어용 에나멜에 함유되어 있는)나 액체 아교와 같은 생성물에 대한 용매로서 공업적으로 사용된다.

2. 아스피린은 H_2SO_4를 촉매로 하여 살리실산(salicylic acid)과 무수 아세트산(acetic anhydride)의 에스터 반응으로부터 합성할 수 있다.

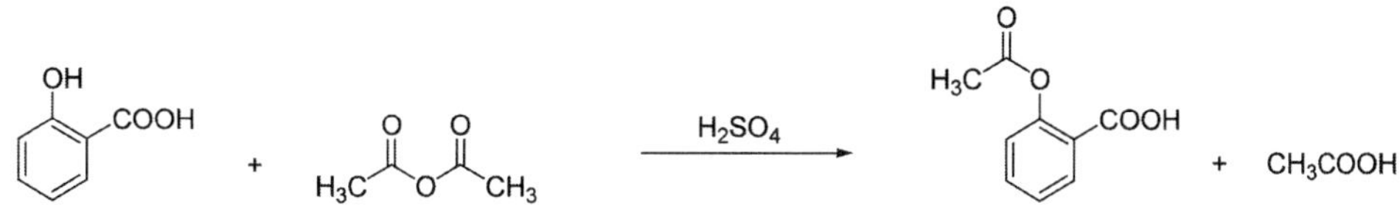

Salicylic acid	Acetic anhydride	Aspirin
분자량: 138.12	분자량: 102.09	분자량: 180.15
녹는점: 159℃	녹는점: 140℃	녹는점: 128 ~ 137℃

3. 아스피린의 수득률

- 반응물인 살리실산과 무수 아세트산의 몰비가 1 : 1이므로, 소량의 반응물(한계 반응물)에 대한 수득률을 알기 위해서는, 무수 아세트산과 살리실산의 질량을 몰수로 환산해야 한다.
- 무수 아세트산의 부피를 측정하고, 밀도(1.082 g/mL)를 알면 질량을 알 수 있다.

무수 아세트산의 질량 = 무수 아세트산의 부피(mL) × 1.082 g/mL

- 각 반응 물질의 질량을 몰질량으로 나누면 몰수를 구할 수 있다.

예 $$\text{무수 아세트산의 몰수} = \frac{\text{무수 아세트산의 질량(g)}}{\text{무수 아세트산}(C_4H_6O_3)\text{의 몰질량(g/mol)}}$$

- 예상되는 아스피린의 몰수는 소량의 반응 물질의 몰수와 같으므로,

아스피린의 질량(g) = 한계 반응물의 몰수(mol) × 아스피린의 몰질량(g/mol)

- 이론적인 수득률

$$\text{수득률}(\%) = \frac{\text{얻어진 생성물의 질량(g)}}{\text{아스피린의 이론적 수득량(g)}} \times 100$$

실험 28

완충 용액: pH 변화가 작은 용액

목적

산이나 염기를 첨가했을 때 pH 변화를 최소화하는 완충 작용의 원리를 이해하고, 완충 용액을 제조하여 pH 변화를 관찰한다.

원리

완충 용액(buffer solution)은 약산과 그 약산의 염, 약염기와 그 약염기의 염을 포함하는 용액으로, 소량의 산이나 염기를 첨가했을 때 pH 변화에 서항하는 성질을 가신 용액이다. 완충 용액은 첨가된 OH^- 이온과 반응할 수 있도록 비교적 큰 농도의 산을 포함하고 있어야 하며, 또한 첨가된 H^+ 이온과도 반응할 수 있도록 충분한 농도의 염기를 포함하고 있어야 한다.

약산 HA가 수용액 중에서 부분적으로 해리되어 소량의 H_3O^+ 이온을 생성할 때, 화학 반응은 다음과 같다.

$$HA(aq) + H_2O(l) \rightleftarrows H_3O^+(aq) + A^-(aq) \qquad K_a \qquad (1)$$

또한 물에 녹아 HA의 짝염기인 A^- 이온을 생성하는 강전해질 NaA는 완전히 해리되어 다음과 같은 반응으로 가수분해한다.

$$A^-(aq) + H_2O(l) \rightleftarrows HA(aq) + OH^-(aq) \qquad K_b \qquad (2)$$

수용액에 HA와 NaA가 함께 녹아 있으면 두 화합물은 해리되어 모두 공통 이온(common ion)인 A^-를 생성할 수 있다. NaA는 강전해질이므로 수용액에서 완전히 해리되지만, 약산인 HA는 부분적으로 해리된다. 이러한 수용액에 존재하는 화학종들의 평형은 HA의 해리에 의한 평형에 과량의 A^- 이온이 가해져 평형이 교란된 것으로 설명할 수 있다. 따라서 르샤틀리에(Le Châtelier)의 원리에 의해 평형은 반응물 쪽으로 이동하여 HA의 해리는 억제되고, H_3O^+ 이온 농도는 감소한다. 이와 같은 현상을 공통 이온 효과(common ion effect)라고 한다.

HA와 A^-가 평형을 이루고 있는 계에 산을 가하여 H_3O^+ 이온 농도가 증가되면 평형은 H_3O^+ 이온 농도를 감소시키는 방향인 반응물 쪽으로 이동하고, 염기를 가하여 OH^- 이온 농도가 증가하면 H_3O^+ 이온과 중화 반응을 하여 물을 형성하므로 평형은 H_3O^+ 이온 농도를 증가시키는 방향인 생성물 쪽으로 이동하여 소모된 H_3O^+을 보충하게 된다. 이와 같은 현상을 이용하여 평형 상태의 수용액에 가한 외부 자극(산 또는 염기의 첨가)에 저항하여 pH 변화가 작은 용액을 만들 수 있다.

약산 HA와 강전해질 NaA를 포함하는 완충 용액의 pH는 다음과 같이 계산할 수 있다. 약산의 산 이온화 상수(K_a)는 다음과 같이 표현된다.

$$K_a = \frac{[H_3O^+][A^-]}{[HA]} \tag{3}$$

식을 $[H_3O^+]$에 대해 풀고 양변에 음의 상용로그를 취하면 식은 다음과 같이 바뀐다.

$$-\log[H_3O^+] = -\log K_a + \log\frac{[A^-]}{[HA]} \tag{4}$$

$-\log[H_3O^+] = \text{pH}$, $-\log K_a = \text{p}K_a$를 대입하면 위 식은 다음과 같이 정리되며, 이 식을 Henderson-Hasselbalch 식이라고 한다.

$$\text{pH} = \text{p}K_a + \log\frac{[A^-]}{[HA]} \tag{5}$$

따라서 완충 용액의 pH는 약산의 pK_a와 약산과 그 짝염기의 농도를 알면 계산할 수 있다. 완충 용액이 효과적으로 작용하는 pH 범위(완충 범위)는 pK_a의 값에 가까운 범위이며, 일반적으로 pH 범위는 pK_a ± 1.00 범위를 사용한다. 완충 용량(buffer capacity), 즉 완충 용액의 효능은 완충 용액을 만든 약산과 그 짝염기의 양에 따라 달라진다. 양이 많을수록 완충 용량은 커진다.

이 실험에서는 약산과 그 짝염기를 이용하여 산성 조건의 완충 용액을 제조하여 pH를 확인하고, 같은 부피의 물, 0.010 M HCl 수용액, 완충 용액에 같은 양의 염기를 첨가할 때 일어나는 pH 변화를 관찰할 것이다.

기구 및 시약

- 100 mL 부피 플라스크
- 100 mL 비커
- 100 mL 눈금 실린더
- 10 mL 눈금 피펫

- 화학저울
- 온도계
- CH_3COOH
- HCl
- pH meter(pH 시험지)
- 물
- CH_3COONa
- NaOH

주의 사항

1. pH meter의 유리전극은 매우 정교한 기기이므로 사용법을 익히고 조심스럽게 다루어야 한다. 특히 전극의 끝부분에 있는 유리막은 손상되기 쉬우므로 용액을 젓는 데 사용하지 않는다.

실험 방법

1. CH_3COOH / CH_3COONa 완충 용액 제조

① 100 mL 부피 플라스크에 다음 표와 같이 2.00 M CH_3COOH(aq)와 2.00 M CH_3COONa(aq)를 넣고 물을 표시선까지 채워 완충 용액을 만든다.

구분	CH_3COOH(aq)의 부피 (mL)	CH_3COONa(aq)의 부피 (mL)	수용액의 전체 부피 (mL)
완충 용액Ⅰ	2.50	7.50	100.0
완충 용액Ⅱ	5.00	5.00	100.0
완충 용액Ⅲ	7.50	2.50	100.0

② 100 mL 비커에 완충 용액 약 30 mL를 옮긴 후 pH meter를 사용하여 수용액의 pH를 측정한다. pH meter가 없으면 pH 시험지를 사용한다.

2. 물과 수용액의 pH 변화 관찰

① 물, 0.0100 M HCl 수용액, 완충 용액을 50.0 mL씩 취해 각각 비커에 옮긴 후 pH를 측정한다(실험실에 방치된 물은 공기 중의 이산화 탄소가 용해되어 pH가 6보다 작게 나올 수 있다).

② 물과 각 수용액에 2.00 M NaOH(aq) 1.00 mL를 가하고 다시 pH를 측정한 후 pH 변화를 살펴본다.

실험 결과

1. CH_3COOH / CH_3COONa 완충 용액 제조

구분	완충 용액I	완충 용액II	완충 용액II
2.00 M $CH_3COOH(aq)$의 부피(mL)			
2.00 M $CH_3COONa(aq)$의 부피(mL)			
수용액의 전체 부피(mL)			
예상 pH			
관찰된 pH			

2. 물과 수용액의 pH 변화 관찰

구분	물	0.0100 M HCl(aq)	완충 용액I	완충 용액II	완충 용액III
사용한 부피(mL)					
첨가한 2.00 M NaOH(aq)의 부피(mL)					
초기 pH					
나중 pH					
pH 변화					

복습

1. 완충 용액

약산과 그 약산의 염, 약염기와 그 약염기의 염을 포함하는 용액이며, 소량의 산이나 염기를 가해도 pH 변화에 저항하는 능력을 가진 용액이다.

2. 완충 용량

완충 용량은 산이나 염기를 가했을 때 pH 변화를 억제하는 능력이며, 완충 용액을 만든 약산과 그 짝염기의 양이 많을수록 완충 용량은 커진다.

3. 헨더슨-하셀바흐 식(Henderson-Hasselbalch equation)

완충 용액의 pH를 계산하는 데 유용하게 사용되는 공식이며, 산 해리 상수(K_a)와 완충 용액 내 산과 짝염기의 농도 비율을 이용하여 pH를 계산한다.

$$pH = pK_a + \log\frac{[A^-]}{[HA]}$$

4. 예상 pH 계산

CH_3COOH / CH_3COONa 완충 용액 제조

완충 용액Ⅱ에서 묽힘에 의해 100 mL 완충 용액 속에는 0.100 M CH_3COOH 과 0.100 M CH_3COONa이 들어 있으며 짝산-짝염기 전체의 농도는 0.200 M이다. 아세트산의 K_a는 25℃에서 1.76×10^{-5}이다. K_a와 짝산-짝염기의 농도로부터 Henderson-Hasselbalch 식은 다음과 같고, 얻어진 pH = 4.75이다.

$$pH = pK_a + \log\frac{[A^-]}{[HA]} = 4.75 + \log\frac{[0.100]}{[0.100]} = 4.75$$

물과 수용액의 pH 변화 관찰

① 물 50.0 mL에 2.00 M NaOH(aq) 1.00 mL를 가하면 $[OH^-]$는 0.0392 M가 된다.

$$[OH^-] = \frac{2.00M\times 0.00100L}{0.0510L} = 0.0392M$$

따라서 $[H_3O^+]$는 2.55×10^{-13} M, pH는 12.59이고, pH 변화는 6.59(= 12.59 - 7.00)가 된다.

② 완충 용액Ⅱ 50.0 mL에는 CH_3COOH 과 CH_3COONa가 각각 0.00500 mol 포함되어 있다. 2.00 M NaOH(aq) 1.00 mL(0.00200 mol)를 가하면 0.00200 mol의 CH_3COOH가 중화되어 0.00200 mol의 CH_3COONa를 생성한다. 따라서

CH_3COOH와 CH_3COONa의 농도는 각각 0.0588 M과 0.137 M이 된다.

$$pH = 4.75 + \log\frac{[0.137]}{[0.0588]} = 5.12$$

이고, pH 변화는 0.37(= 5.12 − 4.75)이 된다.

③ 0.0100 M HCl(*aq*) 50.0 mL(0.000500 mol)에 2.00 M NaOH(*aq*) 1.00 mL(0.00200 mol)를 가하면 0.000500 mol의 HCl이 전부 중화되어 물과 NaCl로 바뀐다. 따라서 수용액 중에는 0.00150 mol의 NaOH가 존재하게 되며 $[OH^-]$는 0.0294 M가 되며 pH는 12.47이고, pH 변화는 10.47(= 12.47−2.00)이 된다.

실험 29

화장품 제조 및 특성

목 적

생활 주변에서 많이 사용되는 화장품 중에서 피부 보습제로 주로 사용되는 로션의 실험실적 제조 방법을 알아본다. 또한 립스틱과 향수의 특성을 알아보는 실험을 통하여 화장품의 성분과 특성을 알아본다.

원 리

옛날부터 인간은 세정용이나 아름다움을 위하여 화장품을 사용해 왔다. 화학적으로 합성한 화장품을 사용하기 전에는 자연에서 얻은 물질들을 화장품으로 사용하였으며, 그 증거로 약 7000년 전 이집트인은 눈 화장을 위하여 분말의 안티모니와 초록색의 구리원광 공작석(malachite)을 사용하였다. 서기 2세기경 그리스의 학자인 Caludius Galen은 콜드크림을 발명하였다. 17세기 유럽인들은 몸 냄새를 감추기 위하여 향수를 사용하기 시작하였고, 18세기 유럽 여성들은 얼굴을 하얗게 하기 위하여 탄산 납을 사용하였는데 이로 인해 많은 사람들이 납 중독으로 사망하기도 하였다.

20세기에 들어와서 화학을 비롯한 과학기술의 발달로 인하여 화장품의 종류는 급속히 증가해 왔으며, 그 용도도 매우 다양해졌다. 현재 화장품에는 약 8,000가지의 화학물질이 사용되고 있으며, 이들 물질을 섞어서 2~4만 종류의 화장품이 시판되고 있다.

많은 화장품은 색소나 향료를 포함하고 있는 반고체의 왁스나 기름이 주성분을 이룬다. 시중에 선전하고 있는 수많은 비슷한 용도의 화장품들은 주성분은 모두 같고 단지 색소나 향료의 종류만 다를 뿐이다.

화장품 중에서 가장 널리 사용되는 것은 스킨로션과 크림이다. 로션은 물에 기름을 작은 방울 형태로 분산시켜 만든 유상액이며, 크림은 이와 반대의 조성을 갖는다. 이들은 피부에 지방이나 기름의 얇은 보호막을 형성하여 피부를 부드럽게 보호해 주며, 이런 종류의 화장품을 피부 연화제라고도 한다. 순수한 바셀린이나 질 좋은 광유도 좋은 피부 연화제이다. 한편, 라놀린은 피부의 습기를 유지시켜 주는데, 이를 보습제라고 한다.

피부는 자외선에 의해 쉽게 손상을 입으며, 과다 노출되면 피부의 조기 노화와 피부암의 유발 가능성이 있다. 이를 방지하기 위하여 햇빛 차단 로션(sun screen lotion)을 사용한다. 이 제품의 주요 성분은 파라-아미노벤조산이다. 이 화합물의 농도에 따라 피부 보호 지수(SPF)가 결정된다. SPF 값은 2~35까지 있으며, SPF가 10인 로션은 바르지 않았을 때보다 피부 화상 없이 10배 정도 햇빛에 노출시킬 수 있음을 의미한다.

립스틱은 입술의 채색을 위해 사용된다. 립스틱의 성분은 피부 크림과 유사하나 잘 지워지지 않게 하기 위해 왁스의 비율을 높인다. 또한 각종 염료와 안료를 사용하여 다양한 색의 립스틱을 제조한다.

눈 화장을 위한 화장품으로는 마스카라(mascara)와 아이섀도(eye shadow)가 있다. 마스카라는 속눈썹을 진하게 하기 위한 화장품으로 주성분은 역시 기름과 왁스이며, 색을 내기 위하여 약 5%의 색소 화합물을 사용한다. 아이섀도는 약 60% 바셀린에 10%의 지방과 왁스, 6% 라놀린, 그리고 나머지 소량의 염료와 안료가 그 성분이다. 어떤 사람들은 눈 화장품의 성분에 알레르기 반응을 일으키기도 하며, 좀 더 심한 경우는 박테리아에 의한 감염이 있다. 따라서 눈 화장품은 석 달 후에는 폐기해야 한다.

화장의 최종 마무리로 화장을 지우는 것 역시 중요한 일이다. 화장을 지우기 위해서는 화장에 사용하였던 물질을 녹여서 제거해야 하는데, 물이나 비누, 클렌징크림이나 콜드크림, 베이비오일, 아스트린젠트(화장수) 등이 사용된다. 물은 극성 물질과 이온성 물질, 그리고 질소나 산소, 플루오린을 포함한 작은 종류의 화합물들을 잘 녹인다. 비누는 기름이나 그리스 등을 감싸서 물에 녹게 하며, 클렌징크림은 기름이나 지방을 잘 제거한다. 베이비오일은 배우 화장과 같은 짙은 화장을 지우기 위해 사용된다. 아스트린젠트는 화장 제거 후에 사용하는 것으로서 피부의 기공에 먼지가 끼는 것을 방지해 준다.

많은 화장품에는 좋지 않은 냄새를 제거하기 위하여 향료가 첨가된다. 향수는 알코올에 향료가 약 10~25% 첨가된 용액이다. 콜론(cologne)은 묽은 향수로서 약 1~2%의 향료를 포함하고 있다.

본 실험에서는 화장품의 한 종류인 로션을 만들고, 립스틱의 제거와 향수의 분리 등의 실험을 통하여 화장품의 제조 과정과 성질, 특성 등을 이해하기로 한다.

기구 및 시약

- 150 mL 비커
- 500 mL 비커
- 스테아르산(stearic Acid)
- 라놀린(lanolin)
- 광유
- 증류수
- Triethanolamine
- 유리막대
- 향수
- 물중탕 장치

- 립스틱
- 클렌징크림
- 아스트린젠트
- 화장솜
- 시험관
- 온도계
- 클램프
- 비눗물
- 베이비오일
- 티슈
- 25 mL Vial
- 화학저울
- 스탠드
- 시험관 집게

주의 사항

1. 시간 단축을 위해, 실험 초반에 물중탕을 위한 가열을 시작한다.
2. 가열된 시험관은 뜨겁기 때문에 반드시 시험관 집게나 면장갑을 이용한다.

실험 방법

1. 화장품(로션) 만들기

① 150 mL 비커에 스테아르산(stearic Acid) 10 g, 라놀린(lanolin) 7 g, 광유 10 g을 넣고, 내용물이 다 녹을 때까지 물중탕에서 가열한다(유기 물질이 분해될 수 있으므로 불에 직접 가열하지 않는다).

② 500 mL 비커에 물 48 mL와 Triethanolamine 2 mL를 가하고, 물중탕에서 가열한다.

③ 약 5분간 끓는 물중탕에서 두 용액을 가열한 후, ①의 기름 용액을 ②의 수용액에 저으면서 천천히 가한다. 부드럽고 균일한 크림이 형성될 때까지 계속 저어 준다.

④ 크림을 상온에서 식힌 후, 적당한 양의 향수를 넣고 섞는다.

2. 립스틱 지우기

① 팔에 립스틱으로 다섯 개의 줄을 긋고 다른 사람과 비교한다.

② 물, 비눗물, 클렌징크림, 베이비오일, 아스트린젠트를 각각 티슈에 묻혀서 팔에 그은 줄을 제거하고, 그 결과를 비교한다.

3. 향수의 분리

① 화장용 솜을 향수에 넣어 적신다. 적신 화장 솜을 작은 병에 넣고 뚜껑을 막는다(시료 1).

②두 개의 시험관에 약 10 mL의 향수를 넣고 물중탕에서 가열한다.

③ 부피가 약 1/3로 줄었을 때, 화장 솜을 용액에 넣어 적신다. 적신 화장 솜을 병에 넣고 뚜껑을 막는다(시료 2).

④ 시험관에 액체가 약 1 mL 남을 때까지 계속하여 물중탕에서 가열한 후, 시험관에 액체를 화장 솜으로 적신다. 적신 화장 솜을 병에 넣고 뚜껑을 막는다(시료 3).

⑤ 충분히 식은 후에 병뚜껑을 열고 각 시료의 향을 맡아 비교한다.

실험 결과

1. 화장품 만들기

여러분이 만든 화장품과 시판되는 화장품을 비교하시오.

2. 립스틱 제거

결과를 간단히 기술하시오. 립스틱 제거에 가장 효과적인 물질은 무엇인가?

- 물
- 비눗물
- 크린싱 크림
- 베이비오일
- 아스트린젠트

동일한 립스틱을 사용하여 그은 다섯 개의 줄이 모두 같은 색인가? 다른 사람의 경우는 어떠한가?

3. 향수의 분리

향수의 세 가지 시료의 향이 어떤지를 비교 설명하시오.

복습

1. 계면 활성제

묽은 용액 속에서 계면에 흡착하여 그 표면 장력을 감소시키는 물질이다.

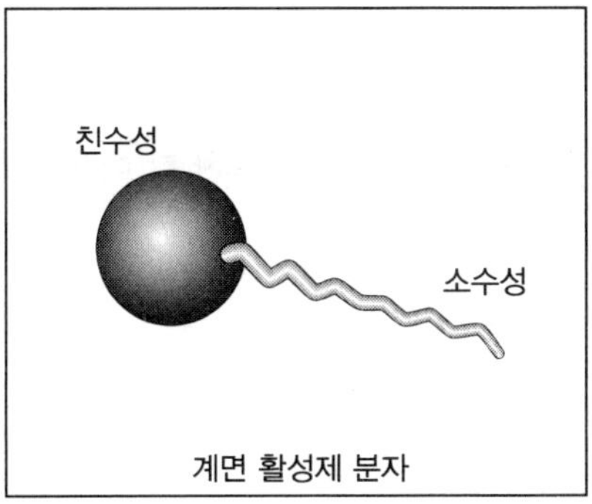

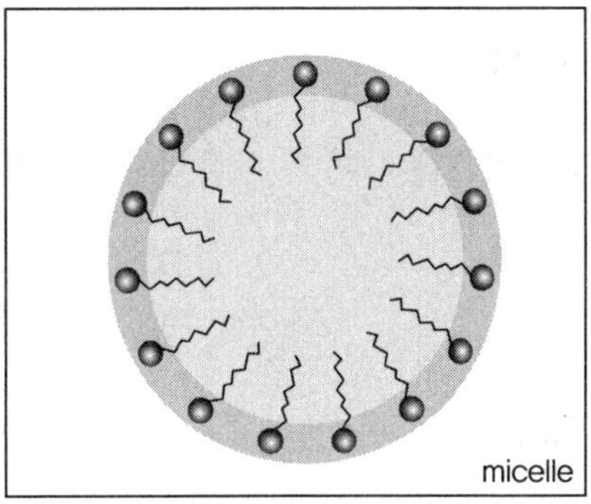

2. 에멀션

대표적인 예로는 동물의 젖이므로 유탁질 또는 유탁액이라고도 한다. 에멀션화 혹은 유화는 물과 기름처럼 서로 섞이지 않는 두 액체를 흔들어 섞으면 한 액체가 미세하게 쪼개져서 다른 액체 속으로 분산되는 현상을 말한다. 분산되어 있는 계를 에멀션이라고 한다. 하지만 일반적으로 불안정하여 방치해 두면 다시 두 액상으로 갈라지기 때문에 안정화시키려면 에멀션화제를 첨가한다. 이러한 원리는 다양한 화장품의 제조에 이용된다.

3. 유화제

① 계면 활성제의 한 종류로서, 계면의 액상에 흡수되어 계면장력이 큰 액상 쪽은 입자가 되고 작은 쪽이 분산매가 되어 유화를 형성한다.
② 물과 기름을 유화하여 안정된 에멀션을 만들기 위해 쓰이는 물질을 말한다. 유화제의 작용은 물과 기름의 계면 활성제에 흡착하여 계면장력을 떨어뜨리는 것, 즉 계면에 보호막을 형성하는 것을 말한다.

4. 콜로이드

보통의 분자나 이온보다 크고 지름이 1~100 nm 정도의 미립자가 기체 또는 액체 중에 분산된 상태를 콜로이드 상태라고 하며, 콜로이드 상태로 되어 있는 전체를 콜로이드라고 한다. 생물체를 구성하고 있는 물질은 대부분 콜로이드이다.

Ⅰ족 양이온의 정성 분석

목적

Ⅰ족 양이온을 다른 족 이온과 분리하여 침전시킨 후 Ⅰ족에 속한 각 이온을 분리하고 확인한다.

원리

양이온의 정성 분석은 금속 이온의 각종 화학 반응(산-염기 중화 반응, 산화-환원 반응, 침전 반응, 착물 형성 반응 등)을 토대로 하여 혼합 용액으로부터 각 이온을 분리시키고 확인하는 분석 방법의 한 종류이다. Ⅰ족 양이온에 포함되는 이온들은 차가운 산성 용액에서 염화물 침전을 일으키는 양이온들로서, Pb^{2+}, Hg_2^{2+}, Ag^+ 이온이 있다.

차가운 미지 시료에 HCl을 가했을 때 침전이 생기지 않으면 Pb^{2+}, Hg_2^{2+}, Ag^+ 이온이 존재하지 않는 것이다. 만일 침전이 생겼다면 침전을 걸러서 어떤 이온들이 들어있는지를 개별적으로 확인하면 된다.

$$Pb^{2+}(aq) + 2Cl^-(aq) \rightarrow PbCl_2(s)$$
$$Hg_2^{2+}(aq) + 2Cl^-(aq) \rightarrow Hg_2Cl_2(s)$$
$$Ag^+(aq) + Cl^-(aq) \rightarrow AgCl(s)$$

이때 HCl을 너무 과량으로 넣어주면 $AgCl_2^-$와 $PbCl_4^{2-}$의 착이온이 형성되어 용해되어 나오는 경향이 있으므로 주의해야 한다.

$$AgCl(s) + Cl^-(aq) \rightarrow AgCl_2^-(aq)$$
$$PbCl_2(s) + 2Cl^-(aq) \rightarrow PbCl_4^{2-}(aq)$$

Pb^{2+} 이온은 $PbCl_2$가 뜨거운 수용액에서 용해도가 증가한다는 점과 $PbCrO_4$의 노란색 침전을 만든다는 점을 이용하여 확인할 수 있다.

$$Pb^{2+}(aq) + CrO_4^{2-}(aq) \rightarrow PbCrO_4(s)$$

Hg_2^{2+} 이온은 Hg_2Cl_2가 다음과 같은 불균등화 반응을 하여 흰색의 염화아마이드수은 그리고 검은색을 띠는 가는 입자의 수은과 같은 난용성 물질을 만드는 것을 이용하여 확인할 수 있다.

$$Hg_2Cl_2(s) + 2NH_3(aq) \rightarrow HgNH_2Cl(s) + Hg(l) + Cl^-(aq) + NH_4^+(aq)$$

Ag^+는 AgCl이 NH_3와 반응하여 다음과 같이 용해되어 나온다.

$$AgCl(s) + 2NH_3(aq) \rightarrow Ag(NH_3)_2^+(aq) + Cl^-(aq)$$

이 용액을 산성이 되게 한 후 흰색 침전(AgCl)이 생기는 것으로부터 Ag^+ 이온을 확인할 수 있다.

$$Ag(NH_3)_2^+(aq) + 2H^+(aq) + Cl^-(aq) \rightarrow AgCl(s) + 2NH_4^+(aq)$$

기구 및 시약

- 시험관
- 스포이트
- 원심 분리관
- 유리 막대
- $Hg_2(NO_3)^2$
- HCl
- K_2CrO_4
- NH_4OH
- 100 mL 비커
- 5 mL 피펫
- 원심 분리기
- 씻기병
- $AgNO_3$
- $Pb(NO_3)_2$
- CH_3COONa
- 푸른색 리트머스 시험지
- HNO_3
- 핫플레이트

주의 사항

1. 뜨거운 물에 화상을 입지 않도록 한다.
2. 실험 시작할 때에 100 mL 비커에 증류수를 넣고 먼저 가열한다(시간 절약).
3. 원심 분리기가 돌아가는 동안 손을 대지 않도록 주의한다.

실험 방법

1. I족 양이온의 침전

① 0.1 M Ag^{+}, Hg_2^{2+}, Pb^{2+}의 질산염 용액을 원심 분리관에 각각 1 mL씩을 취하여 혼합 용액을 만든다. 여기에 6 M HCl 용액 10방울 정도를 가한다.

② 침전이 생기면 원심 분리기에 넣고 원심 분리를 한다.

③ 원심 분리를 한 후 세 이온들이 모두 침전되었는지를 확인하기 위하여 6 M HCl 용액 2방울 정도를 더 가해본다.

④ 이때 침전이 더 생기지 않으면 상층액을 버리고, 만일 상층액에 다른 이온이 존재하는지를 확인하려면 상층액을 따로 보관한다.

⑤ 침전에 다른 이온들이 존재하지 않도록 침전을 1~2 mL의 증류수로 2~3번 씻어준다.

2. Pb^{2+} 확인

① 원심 분리관에 들어 있는 침전에 증류수 2 mL 정도를 넣고 유리 막대로 저어주면서 가열한다.

② 이것을 다시 원심 분리하여 상층액은 다른 시험관에 옮기고 침전은 잘 보관하여 다른 이온들을 확인하는 데 사용한다.

③ 시험관에 들어 있는 상층액에 6 M CH_3COONa 용액 3방울을 가한 후 1 M K_2CrO_4 용액 1방울을 가한다.

④ 이때 $PbCrO_4$의 노란색 침전이 생기면 Pb^{2+} 이온이 존재한다는 것을 의미한다.

3. Hg_2^{2+} 확인

① 원심 분리관 안에 있는 침전을 뜨거운 물로 씻고 씻은 액은 버린다.

② 원심 분리관에 있는 침전에 6 M NH_4OH 용액을 10방울 넣고 유리 막대로 잘 저어준다.

③ 이것을 원심 분리하고 위에 남아 있는 상층액을 따라내어 Ag^{+} 확인에 사용하고 침전이 회색이나 흰색으로 변화되어 있으면 Hg_2^{2+} 이온이 들어 있다는 증거가 된다.

4. Ag^{+} 확인

① 3에서 얻은 상층액에 6 M HNO_3를 한 방울씩 가하면서 산성 용액으로 만들었을 때(푸른색 리트머스 시험지로 확인) 흰색의 AgCl 침전이 생기면 Ag^{+} 이온이 들어

있다는 것을 나타내는 것이다.

실험 결과

I족 양이온을 정성 분석할 수 있는 계통표를 만드시오.

복습

1. 양이온의 정성 분석: 금속 이온의 각종 화학 반응을 이용해 혼합 용액에서 각 이온을 분리시키고 확인하는 분석 방법

2. I족 양이온에 포함되는 이온: Ag^+, Pb^{2+}, Hg_2^{2+}

- 차가운 산성 용액에서 염화물 침전을 만든다.

⇒ 차가운 미지 시료에 HCl을 가했을 때 침전이 생기지 않으면 Ag^+, Pb^{2+}, Hg_2^{2+} 이온이 존재하지 않는 것이다.

3. 침전이 된다면

$$Pb^{2+}(aq) + 2Cl^-(aq) \rightarrow PbCl_2(s)$$
$$Hg_2^{2+}(aq) + 2Cl^-(aq) \rightarrow Hg_2Cl_2(s)$$
$$Ag^+(aq) + Cl^-(aq) \rightarrow AgCl(s)$$

⇒ 개별적으로 확인이 가능하다.

주의 이때 HCl을 과량으로 넣어 주면 $AgCl_2^-$과 $PbCl_4^{2-}$의 착이온을 형성해서 용해되어 침전이 되지 않는 경향이 있으므로 주의해야 한다.

$$AgCl(s) + Cl^-(aq) \rightarrow AgCl_2^-(aq)$$
$$PbCl_2(s) + 2Cl^-(aq) \rightarrow PbCl_4^{2-}(aq)$$

4. Pb^{2+} 이온의 확인

- $PbCl_2$는 뜨거운 수용액에서 용해도가 증가한다.
- Pb^{2+}는 CrO_4^{2-}와 $PbCrO_4$의 노란색 침전을 생성한다.

$$\therefore\ Pb^{2+}(aq) + CrO_4^{2-}(aq) \rightarrow PbCrO_4(s)$$

5. Hg_2^{2+} 이온의 확인

- Hg_2Cl_2는 NH_3와 불균등화 반응해서 흰색의 염화아마이드 수은($HgNH_2Cl$)을 만든다.
- 검은색을 띠는 가는 입자의 수은과 같은 난용성 물질을 만든다.

$$Hg_2Cl_2(s) + 2NH_3(aq) \rightarrow HgNH_2Cl(s) + Hg(l) + Cl^-(aq) + NH_4^+(aq)$$

6. Ag^+ 이온의 확인

- AgCl은 NH_3와 반응해 용해된다.

$$AgCl(s) + 2NH_3(aq) \rightarrow Ag(NH_3)_2^+(aq) + Cl^-(aq)$$

- 이를 산성이 되게 하면 흰색 침전이 생성된다.

$$\therefore\ Ag(NH_3)_2^+(aq) + 2H^+(aq) + Cl^-(aq) \rightarrow AgCl(s) + 2NH_4^+(aq)$$

실험 31

Ⅱ족 양이온의 정성 분석

목적

Ⅱ족 양이온 중 Cu^{2+}, Bi^{3+}, Cd^{2+}의 세 가지 이온을 분리하여 황화물 침전을 만든 후 각 이온을 분리하고 확인한다.

원리

Ⅱ족 양이온에 포함되는 이온들은 차가운 산성 용액에서 염화물 침전을 만들지 않고, 대신 산성 용액에서 H_2S에 의하여 황화물 침전이 만들어지는 양이온들로서, Cu^{2+}, Bi^{3+}, Cd^{2+} 등 여러 이온들이 있다.

Cu^{2+}는 H_2S에 의하여 검은색 침전 CuS를 만든다.

$$Cu^{2+}(aq) + H_2S(aq) \rightarrow CuS(s) + 2H^+(aq)$$

이 침전은 HCl, $(NH_4)_2S$에 의해서는 용해되지 않지만 HNO_3에 의해서는 용해된다.

$$3CuS(s) + 8NO_3^-(aq) + 8H^+(aq) \\ \rightarrow 3Cu^{2+}(aq) + 3S(s) + 2NO(g) + 4H_2O(l) + 6NO_3^-(aq)$$

Cu^{2+}는 과량의 NH_3에 의하여 진한 푸른색 착물인 $Cu(NH_3)_4{}^{2+}$를 만들고, NaOH가 첨가되면 푸른색 침전인 $Cu(OH)_2$를 만든다. 또한 중성 또는 약한 산성에서는 Cu^{2+}가 $K_4Fe(CN)_6$와 반응하여 갈색인 $Cu_2Fe(CN)_6$ 침전을 만든다.

Bi^{3+} 용액에 H_2S를 가하면 흑갈색의 Bi_2S_3 침전이 생긴다.

$$2Bi^{3+}(aq) + 3H_2S(aq) \rightarrow Bi_2S_3(s) + 6H^+(aq)$$

이것은 HCl이나 S^{2-}에 의해서는 용해되지 않지만 HNO_3에 의해서는 용해된다.

$$Bi_2S_3(s) + 8NO_3^-(aq) + 8H^+(aq) \\ \rightarrow 2Bi^{3+}(aq) + 3S(s) + 2NO(g) + 4H_2O(l) + 6NO_3^-(aq)$$

NaOH를 가하면 흰색 침전 $Bi(OH)_3$가 생기고 NaOH를 과량으로 가하더라도 용해되지 않는다. Bi^{3+}는 강한 산성 용액이 아닌 경우에는 Cl^- 이온과 물과 반응하여 난용성 흰색 침전 BiOCl을 만든다.

$$Bi^{3+}(aq) + Cl^-(aq) + H_2O(l) \rightarrow BiOCl(s) + 2H^+(aq)$$

Cd^{2+}는 H_2S에 의하여 노란색 침전 CdS를 만들고, 강한 산성 용액에서는 침전이 오렌지색으로 변한다.

$$Cd^{2+}(aq) + H_2S(aq) \rightarrow CdS(s) + 2H^+(aq)$$

CdS는 묽은 HCl, Na_2S, $(NH_4)_2S$ 등에 의해 용해되지 않고, 단지 진한 염산, 황산 또는 질산에 의해서만 용해된다.

$$\begin{aligned}&3CdS(s) + 8NO_3^-(aq) + 8H^+(aq)\\&\quad \rightarrow 3Cd^{2+}(aq) + 3S(s) + 2NO(g) + 4H_2O(l) + 6NO_3^-(aq)\end{aligned}$$

NaOH에 의해 $Cd(OH)_2$ 침전이 만들어지고 NaOH를 과량으로 가하더라도 $Cd(OH)_2$는 용해되지 않는다. 그러나 NH_3 용액에 의해서도 $Cd(OH)_2$ 침전을 얻을 수 있고

$$NH_3(aq) + H_2O(l) \rightarrow NH_4^+(aq) + OH^-(aq)$$
$$Cd^{2+}(aq) + 2OH^-(aq) \rightarrow Cd(OH)_2(s)$$

NH_3를 과량으로 가해 주면 $Cd(NH_3)_4^{2+}$ 착물이 형성되어 용해된다.

$$Cd(OH)_2(s) + 4NH_3(aq) \rightarrow Cd(NH_3)_4^{2+}(aq) + 2OH^-(aq)$$

Cd^{2+}는 NH_4Cl 포화 용액에서 $CdCl_4^{2-}$ 착물을 만들고

$$Cd^{2+}(aq) + 4Cl^-(aq) \rightarrow CdCl_4^{2-}(aq)$$

이것은 염기성 용액에서 H_2S와 반응하여 노란색 CdS 침전을 만든다.

$$CdCl_4^{2-}(aq) + H_2S(g) \rightarrow CdS(s) + 2H^+(aq) + 4Cl^-(aq)$$

금속 황화물 침전을 만들려고 할 때는 보통 H_2S 기체와 반응시킨다. 그러나 H_2S는 냄새가 별로 좋지 않아 사용하는 데 매우 어렵다. 따라서 싸이오아세트아마이드(thioacetamide) 용액을 시료에 가한 후 가열하여 직접 용액에서 생성되는 H_2S를 사용한다.

$$H_3CSNH_2(aq) + 2H_2O(l) \xrightarrow{\triangle} H_2S(aq) + CH_3COO^-(aq) + NH_4^+(aq)$$

이때 수용액에서의 S^{2-}의 농도는 수소 이온의 농도에 따라 달라진다. 양이온 Ⅱ족은 용해도가 매우 낮은 금속 황화물 침전을 만듦으로 S^{2-} 이온의 농도가 매우 작을 때, 즉 수소 이온 농도가 매우 큰 강한 산성 용액에서도 침전이 잘 이루어지는 양이온들이다.

수소 이온 농도가 증가하면 H_2S의 해리 평형이 왼쪽으로 이동하여 S^{2-} 농도가 감소한다.

$$H_2S(aq) \rightleftharpoons 2H^+(aq) + S^{2-}(aq)$$

기구 및 시약

- 시험관
- 5 mL 피펫
- 스포이트
- 핫플레이트
- 100 mL 비커
- $Cu(NO_3)_2$
- HCl
- CH_3CSNH_2
- HNO_3
- 푸른색 리트머스 시험지
- 붉은색 리트머스 시험지
- 원심 분리관
- 원심 분리기
- 물중탕 장치
- $Bi(NO_3)_3$
- $Cd(NO_3)_2$
- 만능 pH 시험지
- NH_4Cl
- NH_4OH
- CH_3COONa
- $K_2Fe(CN)_6$
- CH_3COOH

주의 사항

1. 물중탕 시 뜨거운 물에 화상을 입지 않도록 조심한다.
2. 실험을 시작할 때 물중탕 장치를 먼저 가열한다.
3. 원심 분리기가 돌아가는 동안 손을 대지 않는다.
4. pH를 잘 조절한다.

실험 방법

1. 황화물 침전

① Cu^{2+}, Bi^{3+}, Cd^{2+}의 질산염 0.1 M 용액을 원심 분리관에 각각 1 mL씩을 취하여 혼합 용액을 만든다.

② 6 M HCl 용액을 가하여 만능 pH 시험지를 이용하여 pH가 약 0.5 정도로 되게 한다.

③ 여기에 1 M 싸이오아세트아마이드 용액을 20방울 정도 넣어주고 물중탕에서 5분 동안 가열한다.

④ 이것을 원심 분리한 후 상층액은 다른 이온들을 확인하는 데 사용하려면 따로 보관하고, 그렇지 않으면 버린다.

2. Cu^{2+} 확인

① 원심 분리관에 들어 있는 침전에 6 M HNO_3 용액 30방울을 가하고 가열하여 황화물 침전을 용해시킨다.

② 이것을 원심 분리하여 상층액은 비커에 옮기고 증발시켜 0.5 mL가 되게 하고, 이 증발시킨 용액에 15 M NH_4OH 용액을 가하여 염기성(붉은색 리트머스 시험지가 푸른색으로 될 때)이 되게 한다.

③ 이때 용액이 진한 푸른색을 띠면 $Cu(NH_3)_4^{2+}$ 착물이 만들어진 것이므로 Cu^{2+}가 있다는 증거가 된다.

④ 이 용액은 나중에 Cd^{2+}를 확인할 때 이용한다.

⑤ Cu^{2+}를 더 정확하게 확인하기 위해서는 이 용액 중 적은 양을 따로 시험관에 취하고 여기에 6 M CH_3COOH 용액을 가하여 푸른색을 없앤다.

⑥ 그 다음 0.2 M $K_2Fe(CN)_6$ 용액 5방울 정도를 가하였을 때 $Cu_2Fe(CN)_6$ 갈색 침전이 생기면 Cu^{2+}가 있다는 증거가 된다.

3. Bi^{3+} 확인

① 실험 2에서 15 M NH_4OH 용액을 가했을 때 흰색 침전이 생기면 $Bi(OH)_3$ 침전이라고 예상할 수 있다.

② 그러나 더 정확한 확인을 하기 위해서는 원심 분리를 한 후 침전을 6 M HCl 용액 5방울로 용해시킨다.

③ 이때 용해되지 않는 침전물이 있으면 황이므로 제거한다.

④ 이 용액을 100 mL 차가운 증류수에 부어 흰색 침전 BiOCl가 생기면 Bi^{3+}가 있다는 증거가 된다.

4. Cd^{2+} 확인

① 만일 실험 2의 용액에서 Cu^{2+}가 있었다면 푸른색 리트머스 시험지를 이용하여 용액이 산성으로 될 때까지 6 M HCl 용액을 가하고 6방울 정도를 더 가한다.

② 그리고 용액에 고체 NH_4Cl을 가하여 포화시킨다.

③ 여기에 1 M 싸이오아세트아마이드 용액 10방울 정도를 가하고 물중탕에서 5분 정도 가열한다.

④ 그 다음 원심 분리한 후 CuS 침전을 버리고 상층액은 시험관에 취하여 2 M CH_3COONa 용액 1 mL를 가한다.

⑤ 이때 CdS 노란색 침전이 생기면 Cd^{2+} 이온이 존재한다는 증거가 된다.

실험 결과

Ⅱ족 양이온을 정성 분석할 수 있는 계통표를 만드시오.

복습

1. Ⅱ족 양이온에 포함되는 이온: Cu^{2+}, Bi^{3+}, Cd^{2+}

⇒ 산성 용액에서 H_2S에 의하여 황화물 침전을 만든다.

$$Cu^{2+}(aq) + H_2S(aq) \rightarrow CuS(s)\ (\text{검은색 침전}) + 2H^+(aq)$$
$$2Bi^{3+}(aq) + 3H_2S(aq) \rightarrow Bi_2S_3(s)\ (\text{흑갈색 침전}) + 6H^+(aq)$$
$$Cd^{2+}(aq) + H_2S(aq) \rightarrow CdS(s)\ (\text{노란색 침전}) + 2H^+(aq)$$

- 금속 황화물 침전 반응 시 유독한 H_2S 기체 대신 소량의 싸이오아세트아마이드(thioacetamide)를 가하여 끓이면 냄새도 덜 나고 침전도 잘 가라앉기 때문에 간편하고 좋다. H_2S가 수용액 중에서 가수 분해되는 반응은 다음과 같다.

$$CH_3CSNH_2(aq) + 2H_2O(l) \xrightarrow{\triangle} H_2S(aq) + CH_3COO^-(aq) + NH_4^+(aq)$$

- 이때 수용액에서의 S^{2-}의 농도는 수소 이온 농도가 증가하면 H_2S의 해리 평형이 왼쪽으로 이동하여 S^{2-} 농도가 감소한다.

$$H_2S(aq) \rightleftharpoons 2H^+(aq) + S^{2-}(aq)$$

2. Cu^{2+} 이온의 확인

- $CuS(s)$는 HNO_3에 용해되며, 과량의 NH_3에 의하여 진한 청색 착이온 $Cu(NH_3)_4^{2+}(aq)$을 형성한다.

$$\therefore\ Cu^{2+}(aq) + 4NH_3(aq) \rightarrow \underset{\text{진한 청색}}{\underline{Cu(NH_3)_4^{2+}(aq)}}$$

3. Bi^{3+} 이온의 확인

- $Bi_2S_3(s)$는 HCl에 용해되며, 여기에 차가운 물을 부으면 난용성 흰색 침전물 BiOCl을 형성한다.

$$\therefore\ Bi^{3+}(aq) + Cl^-(aq) + H_2O(l) \rightarrow \underset{\text{흰색 침전}}{\underline{BiOCl(s)}} + 2H^+(aq)$$

4. Cd^{2+} 이온의 확인

- Cd^{2+}는 NH_4Cl 포화 용액에서 $CdCl_4^{2-}$ 착물을 만든다.

$$Cd^{2+}(aq) + 4Cl^-(aq) \rightarrow CdCl_4^{2-}(aq)$$

- $CdCl_4^{2-}$ 착물은 염기성 용액에서 H_2S와 반응하여 노란색 CdS 침전을 만든다.

$$\therefore\ CdCl_4^{2-}(aq) + H_2S(g) \rightarrow \underset{\text{노란색 침전}}{\underline{CdS(s)}} + 2H^+(aq) + 4Cl^-(aq)$$

실험 32

Ⅲ족 양이온의 정성 분석

목 적

Ⅲ족 양이온을 수산화물 침전으로 만들어 분리한 후 각 이온을 분리하고 착염 형성 반응을 응용하여 확인한다.

원 리

Ⅲ족 양이온들은 차가운 산성 용액에서 염화물 침전을 만들지 않고, 산성 용액에서 H_2S에 의해 황화물 침전이 만들어지지 않으며, 대신 염기성 용액에서 수산화물 침전이 생기는 것들로 Al^{3+}, Ni^{2+}, Fe^{3+} 등 여러 이온들이 있다.

Al^{3+}은 수용액 중에서 황화물 침전을 만들지 않지만 NH_4OH 용액에서 수산화 알루미늄($Al(OH)_3$) 흰색 침전을 만든다.

$$Al^{3+}(aq) + 3OH^-(aq) \rightarrow Al(OH)_3(s)$$

$Al(OH)_3$ 침전은 과량의 NH_4OH 또는 NH_4Cl에 의해서도 용해되지 않으나 NaOH 용액에서는 $Al(OH)_3$가 양쪽성이기 때문에 BrönstedLowry 산으로 작용하여 용해된다.

$$Al(OH)_3(s) + OH^-(aq) \rightarrow Al(OH)_4^-(aq)$$

또 $Al(OH)_3$ 침전은 염기성 용액에서 알루미논(aluminon) 시약이 세게 흡착되면서 붉은색 침전으로 변한다.

Ni^{2+} 이온은 염기성 용액에서 $(NH_4)_2S$ 또는 H_2S에 의하여 검은색 침전 NiS를 만들고 이 침전은 1 M HCl에는 용해되지 않고 진한 질산 또는 왕수에는 매우 잘 용해된다.

$$3NiS(s) + 8NO_3^-(aq) + 8H^+(aq) \\ \rightarrow 3Ni^{2+}(aq) + 2NO(g) + 3S(s) + 4H_2O(l) + 6NO_3^-(aq)$$

또 NH_4OH와 반응해서는 연한 녹색 침전인 $Ni(OH)_2$가 생기다가 과량의 NH_4OH가 첨가되면 착이온 $Ni(NH_3)_4^{2+}$를 만들기 때문에 자주색 용액을 만들면서 용해된다.

$$Ni^{2+}(aq) + 2OH^-(aq) \rightarrow Ni(OH)_2(s)$$

$$Ni(OH)_2(s) + 4NH_3(aq) \rightarrow Ni(NH_3)_4{}^{2+}(aq) + 2OH^-(aq)$$

NaOH에 의해서도 연한 녹색 침전인 $Ni(OH)_2$가 생긴다.

약한 산성 용액에서 Ni^{2+}는 다이메틸글리옥심과 정량적으로 반응하여 빨간색 침전을 만든다.

$$Ni^{2+}(aq) + 2H_2DMG \rightarrow Ni(HDMG)_2(s) + 2H^+(aq)$$

Fe^{3+}는 H_2S에 의하여 Fe^{3+}에서 Fe^{2+}로 환원되면서 S(황) 침전을 만든다. 또 $(NH_4)_2S$ 또는 Na_2S에 의해서는 Fe^{3+}가 Fe^{2+}로 환원되어 S^{2-}와 반응하여 검은색 FeS 침전을 만든다. 그러나 산성 용액에서는 H_2S로부터 나오는 S^{2-}의 농도는 FeS를 침전시키기에 충분한 농도가 되지 못한다.

Fe^{3+}가 들어 있는 용액에 NH_4OH 또는 NaOH를 가하면 $Fe(OH)_3$ 적갈색 침전을 얻을 수 있다. 이 $Fe(OH)_3$ 침전을 HCl로 용해시켜 얻은 용액에 SCN^-를 넣으면 진한 빨간색의 착이온, $FeSCN^{2+}$이 생긴다.

$$Fe(OH)_3(s) + 3H^+(aq) \rightarrow Fe^{3+}(aq) + 3H_2O(l)$$

$$Fe^{3+}(aq) + SCN^-(aq) \rightarrow FeSCN^{2+}(aq)$$

기구 및 시약

- 시험관
- 5 mL 피펫
- 스포이트
- 핫플레이트
- 100 mL 비커
- $Ni(NO_3)_2$
- HCl
- NH_4Cl
- NH_4OH
- 알루미논(0.1 g을 100 mL 물에 용해)
- 다이메틸글리옥심(1.2 g의 DMG를 95% 에탄올 100 mL에 용해)
- 원심 분리관
- 원심 분리기
- 물중탕 장치
- $Fe(NO_3)_3$
- $Al(NO_3)_3$
- NaOH
- HNO_3
- KSCN

주의 사항

1. 물중탕 시 뜨거운 물에 화상을 입지 않도록 한다.
2. 실험 시작할 때에 물중탕 장치를 먼저 가열한다.
3. 원심 분리기가 돌아가는 동안 손을 대지 않도록 주의한다.
4. 진한 염산(12 M)과 진한 질산(15 M) 사용 시 항상 주의한다.

실험 방법

1. Ⅲ족 양이온의 분리

① Ⅱ족 양이온을 분리하고 남은 용액을 사용할 경우, 이 용액을 100 mL 비커에 넣어 끓여서 H_2S와 남아 있는 산을 날려 보내고 전체 용액의 부피를 1 mL 정도 되게 한다. 이때 침전물이 있으면 원심 분리하여 제거한다.

② 만일 Ⅲ족 양이온 혼합물을 사용하고자 할 때는 0.1 M의 Fe^{3+}, Ni^{2+}, Al^{3+} 질산염 용액 각각 1 mL씩을 시험관에 취하고 6 M NaOH 15방울을 가하여 용액을 강염기성으로 만든다.

③ 원심 분리하여 침전으로는 Fe^{3+}와 Ni^{2+}를 확인하고 상층액으로는 Al^{3+}를 확인한다.

2. Al^{3+} 확인

① 실험 1의 상층액을 12 M HCl 용액으로 조심스럽게 중화시킨다.

② 6 M NH_4OH 용액으로 용액을 염기성으로 만들고 6 M NH_4OH 용액을 10방울 더 가하고 가열한다. 이때 흰색의 젤라틴 모양이 생기면 Al^{3+}가 있다는 증거이다.

③ 이 용액에 알루미논 용액 2방울을 넣고 잘 저어준 다음 빨간색 침전이 생기는가를 확인한다. 이 빨간색 침전은 알루미논이 $Al(OH)_3$에 흡착되어 생기는 것이다.

3. Ni^{2+}와 Fe^{3+} 분리

① 실험 1에서 얻은 침전 $Ni(OH)_2$와 $Fe(OH)_3$를 15 M HNO_3 용액 10방울을 가하고 끓는 물중탕 속에서 가열하여 완전히 용해시킨다.

② 이것을 냉각시켜서 용액이 염기성이 될 때까지 15 M NH_4OH 용액을 가한다.

③ 여기에 6 M NH_4OH 용액 5방울을 더 가하면 Fe^{3+}는 $Fe(OH)_3$ 갈색 침전이 되고, Ni^{2+}는 $Ni(NH_3)_6^{2+}$ 착이온이 형성되어 용해되어 존재하므로 원심 분리하여 상층액은 Ni^{2+} 확인에, 침전은 Fe^{3+} 확인에 사용한다.

4. Ni^{2+} 확인

① 실험 3의 상층액에 다이메틸글리옥심 용액 5방울을 가하여 빨간색 침전이 있으면 Ni^{2+}가 있다는 증거가 된다.

5. Fe^{3+} 확인

① 실험 3의 침전을 6 M HCl 용액으로 용해시키고 3 mL 정도의 증류수로 묽힌 다음 0.5 M KSCN 용액을 3방울 가한다. 이때 용액이 빨간색을 띠면 Fe^{3+}가 존재한다는 증거가 된다.

실험 결과

Ⅲ족 양이온을 정성 분석할 수 있는 계통표를 만드시오.

복습

1. Ⅲ족 양이온에 포함되는 이온: Al^{3+}, Ni^{2+}, Fe^{3+}

⇒ 염기성 용액에서 수산화물 침전을 만든다.

$$Al^{3+}(aq) + 3OH^-(aq) \rightarrow Al(OH)_3(s)\ \text{(흰색 침전)}$$
$$Ni^{2+}(aq) + 2OH^-(aq) \rightarrow Ni(OH)_2(s)\ \text{(연한 녹색 침전)}$$
$$Fe^{3+}(aq) + 3OH^-(aq) \rightarrow Fe(OH)_3(s)\ \text{(적갈색 침전)}$$

2. Al^{3+} 이온의 확인

• 알루미논 시약이 젤라틴 형태의 $Al(OH)_3(s)$ 표면에 흡착되어 붉은색 침전이 생성된다.

3. Ni^{2+} 이온의 확인

• $Ni(OH)_2(s)$는 과량의 NH_4OH와 반응하여, 자주색 착이온 $Ni(NH_3)_4{}^{2+}(aq)$를 형성한다.

$$Ni(OH)_2(s) + 4NH_3(aq) \rightarrow Ni(NH_3)_4{}^{2+}(aq) + 2OH^-(aq)$$

• Ni^{2+}는 약한 산성 용액에서 다이디메틸글리옥심(H_2DMG)과 정량적으로 반응하여 빨간색 침전을 만든다.

$$\therefore\ Ni^{2+}(aq) + 2H_2DMG \rightarrow \underline{Ni(HDMG)_2(s)} + 2H^+(aq)$$

빨간색 침전

4. Fe^{3+} 이온의 확인

- $Fe(OH)_3(s)$ 침전을 HCl에 용해시키면 다음과 같이 반응한다.

$$Fe(OH)_3(s) + 3H^+(aq) \rightarrow Fe^{3+}(aq) + 3H_2O(l)$$

- $Fe^{3+}(aq)$ 용액에 SCN^-을 넣으면 진한 빨간색 착이온 $FeSCN^{2+}$이 형성된다.

$$\therefore\ Fe^{3+}(aq) + SCN^-(aq) \rightarrow \underline{FeSCN^{2+}(aq)}$$

진한 빨간색 침전

종이 크로마토그래피

목적

종이 크로마토그래피의 분리 원리를 이해하고 혼합 용액을 분리하여 각각의 R_f 값을 비교함으로써 미지의 물질을 확인한다.

원리

크로마토그래피(chromatography)란 혼합물을 고정상(stationary phase)과 이동상(mobile phase)에 분배시켜 분리하는 것을 말하며, 기본적인 원리는 혼합물을 이룬 각각의 성분들이 두 상에 분배되는 분배비가 다름을 이용하는 것으로서, 이동상에 있는 한 성분이 고정상에 흡착되는 정도가 클수록 이 성분은 이동하지 않으려 할 것이고, 고정상에 흡착되는 정도가 작으면 이동이 잘 될 것이다. 즉 이동되는 정도의 차이에 의해 분리가 되는 것이다. 크로마토그래피에는 관(column), 얇은 막(thin-layer), 종이(paper), 기체(gas), 그리고 액체(liquid) 크로마토그래피 등의 종류가 있으며, 이것은 사용되는 상의 종류에 따라 분류된다.

종이 크로마토그래피는 아주 미량의 물질을 정성적으로 확인하는 데 매우 편리한 방법이다. 혼합물인 시료의 용액을 거름종이 위에 점적하고 말린 다음 물로 포화된 전개 용매 속에 한쪽 끝을 담그어 두면 용매는 모세관 인력으로 인하여 종이 위쪽으로 퍼져 올라가거나(상행 전개법), 또는 중력에 의하여 아래쪽 방향으로 이동하게 된다(하행 전개법). 거름종이에 흡착된 물은 고정상이 되고, 물과 잘 섞이지 않는 전개 용매는 이동상의 구실을 하고, 다만 거름종이의 셀룰로스는 고정상의 지지체에 해당한다. 이때 시료의 성분들도 용매와 함께 이동하지만 이동하는 동안에 물과 전개 용매에 대한 용해도(분배 계수)의 차이에 따라 이동 속도가 다르다. 즉 유기 용매에 잘 녹는 성분은 덜 녹는 성분보다 먼 곳까지 이동한다. 이렇게 혼합물의 성분은 거름종이 위에서 분리된다. 종이 위에서 분리된 각 성분의 위치는 적당한 발색 시약을 뿌려서 쉽게 확인할 수 있다. 각 성분의 이동 거리는 R_f 값으로 나타낸다(그림 33-1). 화합물의 R_f 값은 똑같은 조건하에서는 일정하지만 온도, 용매의 pH, 거름종이 및 용매의 종류에 따라 달라진다.

$$R_f = \frac{\text{용질의 이동 거리(b)}}{\text{용매의 이동 거리(a)}}$$

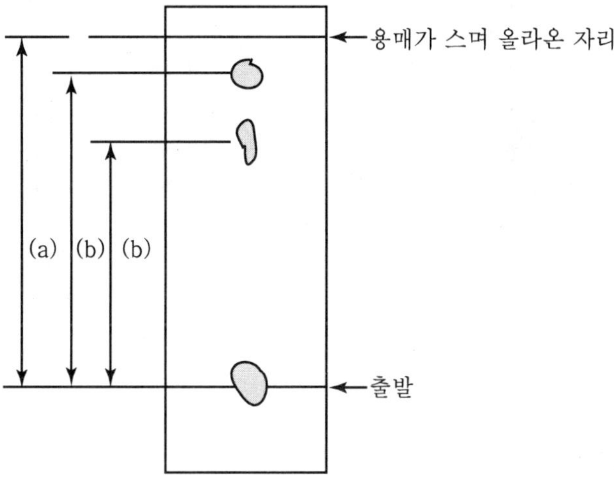

[그림 33-1] R_f 측정법

기구 및 시약

- $Cu(NO_3)_2$
- $Fe(NO_3)_3$
- $Ni(NO_3)_2$
- HCl
- Acetone
- NH_4SCN
- 암모니아수
- 다이메틸글리옥심(DMG, 1% 에탄올 용액)
- 전개 용매(Acetone/concHCl/water: 19 mL/4 mL/2 mL)
- 거름종이(Whatman No. 1, 10 × 5cm)
- 실린더
- 핀셋
- 고무마개
- 분무기
- 모세관
- 헤어드라이어

주의 사항

1. 시료를 점적할 때, 점적의 크기가 너무 크지 않도록 조심하고 조금씩 여러 번 점적한다.
2. 헤어드라이어 사용 시 옆 사람의 신체에 바람이 가지 않도록 조심한다.

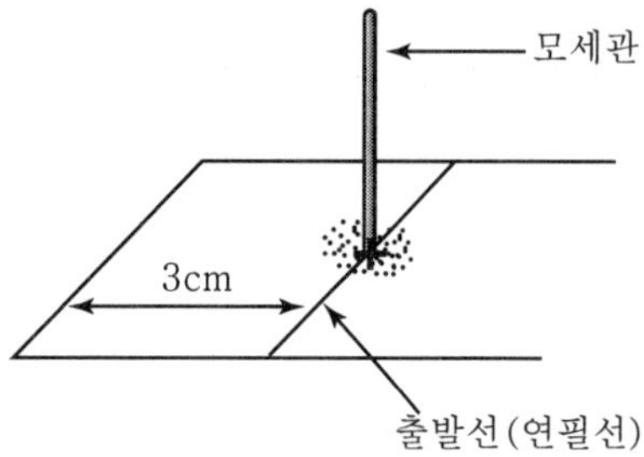

[그림 33-2] 시료 혼합물 점적

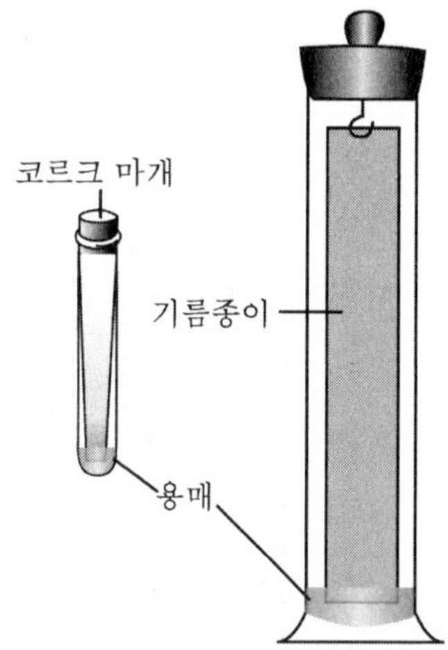

[그림 33-3] 종이 크로마토그래피 장치

실험 방법

① 비커에 전개 용매를 바닥에서 2.0 cm 정도 되게 넣고 마개를 닫는다.

② 거름종이의 가장자리로부터 약 3 cm 정도 위에 연필로 흐리게 수평선을 긋는다. 이 선 위에 X표를 4개 하고, 여기에 $Cu(NO_3)_2$ 용액, $Fe(NO_3)_3$ 용액, $Ni(NO_3)_2$ 용액, 혼합 용액의 시료를 모세관으로 점적한다. 점적 후 빨리 마르지 않으면 헤어드라이어로 말린다. 점적의 크기는 가능한 한 작을수록 좋으며 2~3cm가 넘지 않도록 한다.

③ 바닥에서 2.0 cm 정도 되게 전개 용매가 들어 있는 비커에 시료를 점적한 거름종이를 넣고 뚜껑을 덮는다. 거름종이가 비커 벽에 닿지 않도록 한다. 점적한 시료가 용매 속에 잠기지 않도록 조심해야 한다.

④ 전개가 다 된 후 비커로부터 종이를 꺼내어 연필로 전개 용매가 올라간 곳을 표시하고 종이를 말린다.

⑤ 따로 준비한 비커에 5방울 정도의 진한 암모니아수를 떨어뜨리고, 여기에 전개한 거름종이를 2~3분간 넣었다가 꺼내어 말린 후 발색된 부분을 확인한다($Cu(NH_3)_4^{2+}$ → 진한 청색).

⑥ 다음에는 다이메틸글리옥심의 용액에 담갔다가 말린 후 색을 띠는 부분을 확인하고(NiDMG: 붉은색) 이 거름종이를 싸이오사이안산암모늄 용액에 넣었다가 꺼내서 말린 후 붉은색이 되었는지를 확인한다($FeSCN^{2+}$).

⑦ 각각의 R_f 값을 구한다.

⑧ 혼합 용액에 들어 있는 용질이 무엇인지 확인한다.

실험 결과

- 용매가 이동한 거리 ______________________________
- $Cu(NO_3)_2$가 이동한 거리 ______________________________
- $Fe(NO_3)_3$가 이동한 거리 ______________________________
- $Ni(NO_3)_2$가 이동한 거리 ______________________________
- 혼합 용액 중 용질이 이동한 거리 ______________________________
- $Cu(NO_3)_2$의 R_f ______________________________
- $Fe(NO_3)_3$의 R_f ______________________________
- $Ni(NO_3)_2$의 R_f ______________________________
- 혼합 용액 중 용질의 R_f ______________________________
- 혼합 용액 중 용질은 무엇인가? ______________________________

복습

1. 크로마토그래피(chromatography)는 혼합물을 흡착제(absorbent)에 대한 친화도의 차, 즉 분별 흡착 현상을 이용하여 분리·정제·정성 및 정량 분석을 할 수 있는 방법으로 정의할 수 있다.

- 크로마토그래피는 1903년 M.S. Tswett의 흡착 크로마토그래피에 대한 첫 논문이 발표된 이후 별다른 발전이 없었으나, N.A. Izmailov, M.S. Schraiber(1938) 및 E. Stahl(1958)에 의해 얇은 막 크로마토그래피(thin layer chromatography: TLC)에 관한 기술과 이론이 정립되고, A.J.P. Martin과 A.T. James(1952)의 기체 크로마토그래피(gas chromatography: GC)에 대한 첫 논문이 발표되자 1960년대 후반부터 매우 훌륭한 분석 기술로 발전되었다. 1960년대 후반부터 GC의 단점을 보완하여 분석 시료의 적용 범위를 확장시킴과 동시에 분석 시간의 단축, 분리된 각 성분 시료 회수의 용이성 등을 개선한 고성능 액체 크로마토그래피[high performance(혹은 pressure) liquid chromatography, HPLC]가 등장함으로써 가히 크로마토그래피의 혁명이라 할 만큼 이 분야의 실험 방법 및 이론의 발전을 가져오게 되었다.

2. 종이 크로마토그래피

- 종이 크로마토그래피(paper chromatography: PC)는 엄밀히 말하면 흡착과 분배

크로마토그래피의 혼합이라고 말할 수 있다. 종이 크로마토그래피에서 용질의 분배는 셀룰로스의 수화된 물과 유기 상 사이에서 일어나기 때문에 극성이 크거나 다중 작용기를 갖는 화합물(예 당, 아미노산 등)의 분리에 용이하다. PC의 흡착제 혹은 고정상(stationary phase)은 종이를 구성하고 있는 셀룰로스이다.

- PC에서는 주로 Whatman No. 1 정도 규격의 여과지를 적당한 크기로 잘라서 한 끝을 시료액에 담가 시료를 전개시켜 사용하면, 분리된 성분 물질의 이동 거리와 용매의 이동 거리의 비로 물질을 확인하는데 이 비를 R_f 값이라고 한다.

$$R_f = \frac{\text{성분 물질의 이동 거리}}{\text{용매의 이동 거리}}$$

- PC는 실험 비용이 저렴한 반면에 분리된 성분의 회수가 불가능하며, 분리된 성분의 위치 확인을 위해서 반드시 발색을 시켜야 하는 번거로움이 있다.

실험 1

실험 데이터

실험 1 유리세공

학부(과)		학 번		성 명	
실험일자		실험조		담당교수	

1. 유리관 자르기

2. 유리관 구부리기

3. 유리관 가늘게 뽑기

4. 유리관을 고무마개에 끼우기

자르는 선

자르는 선

실험 2

실험 데이터

실험 2 질량 측정과 액체 옮기기

학부(과)		학 번		성 명	
실험일자		실험조		담당교수	

1. 피펫을 이용한 액체의 이동

1회 취한 액체의 부피(mL) ____________

피펫	1회	2회	3회	4회	5회
처음 무게(g)					
나중 무게(g)					
액체의 무게(g)					

- 평균 무게(g) ____________
- 무게의 불확정도(g) ____________
- 실제로 옮긴 증류수의 평균 부피(mL) ____________
- 실제로 옮긴 증류수 부피의 불확정도(mL) ____________

2. 눈금 실린더를 이용한 액체의 이동

1회 취한 액체의 부피(mL) ____________

눈금 실린더	1회	2회	3회	4회	5회
처음 무게(g)					
나중 무게(g)					
액체의 무게(g)					

- 평균 무게(g) ____________
- 무게의 불확정도(g) ____________
- 실제로 옮긴 증류수의 평균 부피(mL) ____________
- 실제로 옮긴 증류수 부피의 불확정도(mL) ____________

자르는 선

3. 뷰렛을 이용한 액체의 이동

뷰렛	1회	2회	3회	4회	5회
처음 눈금(mL)					
마지막 눈금(mL)					
옮긴 부피(mL)					
액체의 무게(g)					
액체의 밀도(g/mL)					

- 액체의 평균 밀도(g/mL) ____________
- 액체 밀도의 불확정도(g/mL) ____________

자르는 선

실험 3

실험 데이터

실험 3 물질의 밀도

학부(과)		학 번		성 명	
실험일자		실험조		담당교수	

1. 증류수의 밀도

	1차 측정	2차 측정	3차 측정
• 비커의 질량			
• 비커+증류수의 질량			
• 증류수의 질량			
• 증류수의 부피			
• 증류수의 온도			

2. 미지 액체 시료의 밀도

• 미지 시료의 번호 ____________

	1차 측정	2차 측정	3차 측정
• 실린더의 질량			
• 실린더+액체 시료의 질량			
• 액체 시료의 질량			
• 액체 시료의 부피			

자르는 선

3. 미지 고체 시료의 밀도

- 미지 시료의 번호 ______________

	1차 측정	2차 측정	3차 측정
• 고체 시료의 질량			
• 증류수의 부피			
• 증류수+고체 시료의 부피			
• 고체 시료의 부피			

자르는 선

실험 4

실험 데이터

실험 4 물질의 녹는점과 끓는점

학부(과)		학 번		성 명	
실험일자		실험조		담당교수	

1. 녹는점 측정

	m-Dinitrobenzene	Benzoic Acid	Urea	Salicylic Acid
• 1차 측정				
• 2차 측정				
• 3차 측정				

2. 끓는점 측정

	증류수	아세트산	Chloroform	Aniline
• 1차 측정				
• 2차 측정				
• 3차 측정				

자르는 선

자르는 선

실험 5

실험 데이터

실험 5 혼합물의 분리

학부(과)		학 번		성 명	
실험일자		실험조		담당교수	

1. 소금물의 증류

- 증류 전 소금물의 부피 ____________
- 증류 시작 온도 ____________
- 증류 마지막 온도 ____________
- 물의 끓는점 ____________
- 증류된 물의 부피 ____________

2. 알코올 혼합물의 증류

- 증류 전 알코올 혼합물의 부피 ____________
- 증류 시작 온도 ____________
- 증류 마지막 온도 ____________
- 알코올의 끓는점 ____________
- 증류된 알코올의 부피 ____________

자르는 선

자르는 선

실험 6

실험 데이터

실험 6 아보가드로 수의 결정

학부(과)		학 번		성 명	
실험일자		실험조		담당교수	

1. 피펫의 보정

- 1.00 mL에 해당하는 헥세인의 방울 수 ______________
- 헥세인 한 방울의 부피(mL/방울) ______________

2. 스테아르산 용액 한 방울의 덮은 표면적

- 단층막의 지름(cm) ______________
- 단층막의 넓이(cm^2) ______________

3. 스테아르산 단층막의 두께

- 스테아르산 한 방울의 질량(g/방울) ______________
- 스테아르산 한 방울의 부피(mL) ______________
- 단층막의 넓이(cm^2) ______________
- 단층막의 두께(cm) ______________

4. 탄소 원자의 크기와 부피

- 단층막의 두께로부터 계산된 탄소 원자의 크기(cm) (스테아르산의 탄소 원자 18개가 빈틈이 없는 사슬 모양으로 연결된 것으로 간주한다) ______________
- 탄소 원자가 정육면체라고 가정했을 때의 부피(mL) ______________

자르는 선

5. 탄소 원자 1몰의 부피

• 다이아몬드의 밀도(3.51 g/cm^3)로부터 계산된 탄소의 몰부피(mL/mol)

____

6. 아보가드로 수 계산

• 탄소의 몰부피와 실험에서 얻은 탄소 원자의 부피로부터 계산한 아보가드로 수(/mol)

____

7. 실제 아보가드로 수와 비교

• 오차(%) ______________________

자르는 선

실험 7

실험 데이터

실험 7 금속의 비열

학부(과)		학 번		성 명	
실험일자		실험조		담당교수	

- 알루미늄의 질량 ____________
- 50 mL 비커의 질량 ____________
- 뜨거운 물중탕 속에서의 알루미늄의 초기 온도 ____________
- 물의 질량(1 mL를 1 g으로 가정함) ____________
- 물의 초기 온도 ____________
- 물과 알루미늄의 최종 온도 ____________

자르는 선

자르는 선

실험 8

실험 데이터

실험 8 수화물의 조성

학부(과)		학 번		성 명	
실험일자		실험조		담당교수	

- 시료(수화물)의 화학식 ______________
- 시험관+비커의 질량 ______________
- 시험관+비커+시료의 질량 ______________
- 시료의 질량 ______________
- 1차 가열 후 시험관+비커+시료의 질량 ______________
- 2차 가열 후 시험관+비커+시료의 질량 ______________
- 3차 가열 후 시험관+비커+시료의 질량 ______________
- 3차 가열 후 시료의 질량 ______________
- 가열하기 전 시료(수화물)의 색깔과 모양 ______________
- 가열한 후 시료(무수물)의 색깔과 모양 ______________

자르는 선

자르는 선

실험 9

실험 데이터

실험 9 수화물의 화학식

학부(과)		학 번		성 명	
실험일자		실험조		담당교수	

- 도가니의 질량 ______________________
- 도가니+시료의 질량 ______________________
- 시료의 질량 ______________________
- 1차 가열 후 도가니+시료의 질량 ______________________
- 2차 가열 후 도가니+시료의 질량 ______________________
- 3차 가열 후 도가니+시료의 질량 ______________________
- 3차 가열 후 시료의 질량 ______________________

자르는 선

자르는 선

실험 10

실험 데이터

실험 10 분자 구조

학부(과)		학 번		성 명	
실험일자		실험조		담당교수	

분자 모형으로부터 다음 분자들의 입체 구조를 그리시오.

1. H_2O

2. NH_3

3. CH_4

4. SF_4

5. XeF_4

6. BrF_3

7. SeF_2

8. PF_5

9. IF_5

✂ 자르는 선

자르는 선

실험 11

실험 데이터

실험 11 혼합물의 조성

학부(과)		학 번		성 명	
실험일자		실험조		담당교수	

- 미지 시료의 번호 ______________
- 시험관+비커의 질량 ______________
- 시험관+비커+시료의 질량 ______________
- 시료의 질량 ______________
- 1차 가열 후 시험관+비커+시료의 질량 ______________
- 2차 가열 후 시험관+비커+시료의 질량 ______________
- 3차 가열 후 시험관+비커+시료의 질량 ______________
- 3차 가열 후 시료의 질량 ______________
- 가열 후의 시료의 질량 손실 ______________

자르는 선

자르는 선

실험 12

실험 데이터

실험 12 금속의 반응성

학부(과)		학 번		성 명	
실험일자		실험조		담당교수	

1. 산과 금속의 반응

① 관찰 결과 ______________________

화학 반응식 ______________________

② 관찰 결과 ______________________

화학 반응식 ______________________

③ 관찰 결과 ______________________

화학 반응식 ______________________

자르는 선

2. 금속과 다른 금속 화합물과의 반응

① 관찰 결과 ____________________

화학 반응식 ____________________

② 관찰 결과 ____________________

화학 반응식 ____________________

③ 관찰 결과 ____________________

화학 반응식 ____________________

④ 관찰 결과 ____________________

화학 반응식 ____________________

⑤ 관찰 결과 ____________________

화학 반응식 ____________________

⑥ 관찰 결과 ____________________

화학 반응식 ____________________

자르는 선

실험 13

실험 데이터

실험 13 반응열

학부(과)		학 번		성 명	
실험일자		실험조		담당교수	

1. 반응 (1)의 반응열

- 삼각 플라스크의 질량 ____________________
- 고체 NaOH이 질량 ____________________
- 용액+삼각 플라스크의 질량 ____________________
- 용액의 질량 ____________________
- 염산 용액의 온도 ____________________
- 용액의 최고 온도 ____________________
- 온도 차(ΔT_1) ____________________

2. 반응 (2)의 반응열

- 삼각 플라스크의 질량 ____________________
- 고체 NaOH의 질량 ____________________
- 용액+삼각 플라스크의 질량 ____________________
- 용액의 질량 ____________________
- 증류수의 온도 ____________________
- 용액의 최고 온도 ____________________
- 온도 차(ΔT_2) ____________________

자르는 선

3. 반응 (3)의 반응열

- 삼각 플라스크의 질량 ______________
- 용액+삼각 플라스크의 질량 ______________
- 용액의 질량 ______________
- 염산 용액의 온도 ______________
- 용액의 최고 온도 ______________
- 온도 차(ΔT_3) ______________

자르는 선

실험 14

실험 데이터

실험 14 용액의 농도

학부(과)		학 번		성 명	
실험일자		실험조		담당교수	

1. 1.0g의 NaCl과 NH_4Cl이 상온에서 5 mL의 물과 용액을 만들었을 때

	NaCl	NH_4Cl
• 용매(물)의 질량		
• 용질의 질량		
• 포화 여부		
• 질량 백분율 농도		

2. 2.4g의 NaCl과 NH_4Cl이 상온에서 5 mL의 물과 용액을 만들었을 때

	NaCl	NH_4Cl
• 용매(물)의 질량		
• 용질의 질량		
• 포화 여부		
• 질량 백분율 농도		

3. 2.4g의 NaCl과 NH4Cl이 높은 온도에서 5 mL의 물과 용액을 만들었을 때

	NaCl	NH_4Cl
• 용매(물)의 질량		
• 용질의 질량		
• 포화 여부		
• 질량 백분율 농도		

자르는 선

자르는 선

실험 15

실험 데이터

실험 15 염의 용해도

학부(과)		학 번		성 명	
실험일자		실험조		담당교수	

- 시험관+비커의 질량 __________
- 시험관+비커+KNO_3의 질량 __________
- KNO_3의 질량 __________
- KNO_3를 넣기 전의 증류수의 온도 __________
- KNO_3를 넣은 후의 용액의 온도 __________
- 결정이 석출되기 시작한 온도 __________
  - 5 mL의 H_2O를 넣었을 때의 온도(t_1℃) __________
  - 7 mL의 H_2O를 넣었을 때의 온도(t_2℃) __________
  - 9 mL의 H_2O를 넣었을 때의 온도(t_3℃) __________
  - 11 mL의 H_2O를 넣었을 때의 온도(t_4℃) __________
  - 13 mL의 H_2O를 넣었을 때의 온도(t_5℃) __________

자르는 선

자르는 선

실험 16

실험 데이터

실험 16 분별 결정

학부(과)		학　번		성　　명	
실험일자		실험조		담당교수	

- 넣어준 황산 구리(II)의 질량 ____________
- 넣어준 염화 소듐의 질량 ____________
- 증류수의 질량 ____________
- 결정이 석출되기 시작하는 온도 ____________
- 거름종이의 질량 ____________
- 거름종이+황산 구리(II)의 질량 ____________
- 석출된 황산 구리(II)의 질량 ____________
- 석출된 황산 구리(II)의 색과 모양 ____________

자르는 선

자르는 선

실험 17

실험 데이터

실험 17 재결정

학부(과)		학 번		성 명	
실험일자		실험조		담당교수	

- 분리와 재결정에 사용한 혼합 시료의 무게 ____________
- 벤조산을 중화시키는 데 사용한 NaOH의 부피 ____________
- 실험 1에서 얻은 아세트아닐라이드의 무게 ____________
- 재결정한 아세트아닐라이드의 녹는 범위 ____________
- 실험 2에서 첨가한 HCl 수용액의 부피 ____________
- 실험 2에서 얻은 벤조산의 무게 ____________
- 재결정한 벤조산의 녹는 범위 ____________

자르는 선

자르는 선

실험 18

실험 데이터

실험 18 분자량 결정

학부(과)		학 번		성 명	
실험일자		실험조		담당교수	

- 나프탈렌의 질량 __________ __________
- 순수한 나프탈렌의 어는점 __________ __________
- 2 g 다이페닐아민의 질량 __________ __________
- 나프탈렌 + 2 g 다이페닐아민의 어는점 __________ 어는점 내림 __________
- 4 g 다이페닐아민의 질량 __________ __________
- 나프탈렌 + 4 g 다이페닐아민의 어는점 __________ 어는점 내림 __________

자르는 선

자르는 선

실험 19

실험 데이터

실험 19 이상 기체 방정식을 이용한 몰질량 측정

학부(과)		학 번		성 명	
실험일자		실험조		담당교수	

- 플라스크와 알루미늄 뚜껑의 처음 무게 ______________________
- 냉각시킨 플라스크와 뚜껑의 무게 ______________________
- 응축된 시료의 무게 ______________________
- 끓는 물의 온도 ______________________
- 대기압 ______________________
- 플라스크의 부피 ______________________
- 액체 시료의 몰질량 ______________________

자르는 선

자르는 선

실험 20

실험 데이터

실험 20 산과 염기의 성질

학부(과)		학 번		성 명	
실험일자		실험조		담당교수	

1. 산

① 열의 발생 여부(온도 변화)

6 M HCl	
3 M H_2SO_4	
6 M HNO_3	

② 지시약 또는 리트머스 시험지의 색깔 변화

	메틸오렌지	페놀프탈레인	푸른색 리트머스 시험지
HCl			
H_2SO_4			
HNO_3			

③ 휘발성 산의 생성 여부(화학식 완성)

$NaCl + H_2SO_4 \rightarrow$

$NaNO_3 + H_2SO_4 \rightarrow$

④ 수소 기체의 발생 여부

	Mg	Zn	Cu	Fe
6 M HCl				
3 M H_2SO_4				
6 M HNO_3				

자르는 선

2. 염기

① 열의 발생 여부(온도 변화) NaOH ______

Na_2CO_3 ______

② 지시약 또는 리트머스 시험지의 색깔 변화

	메틸오렌지	페놀프탈레인	붉은색 리트머스 시험지
NaOH			
Na_2CO_3			

자르는 선

실험 21

실험 데이터

실험 21 산-염기의 적정

학부(과)		학 번		성 명	
실험일자		실험조		담당교수	

	1차	2차	3차
• 0.10 M HCl의 부피	25.00 mL	25.00 mL	25.00 mL
• NaOH의 부피			
• NaOH의 농도			

자르는 선

자르는 선

실험 22

실험 데이터

실험 22 산소의 몰부피

학부(과)		학 번		성 명	
실험일자		실험조		담당교수	

- 가열 전의 시험관+비커+시료의 질량 ______________
- 가열 후의 시험관+비커+시료의 질량 ______________
- 생성된 산소 기체의 질량 ______________
- 생성된 산소 기체의 몰수 ______________
- 생성된 산소 기체의 부피 ______________
- 생성된 산소 기체의 온도(물의 온도) ______________
- 대기압 ______________
- 물의 증기압 ______________
- 산소의 부분 압력(대기압-물의 증기압) ______________

자르는 선

자르는 선

실험 데이터

실험 23 기체 상수 결정

학부(과)		학 번		성 명	
실험일자		실험조		담당교수	

- 가열 전의 시험관+비커+시료의 질량 ____________________
- 가열 후의 시험관+비커+시료의 질량 ____________________
- 생성된 산소 기체의 질량 ____________________
- 생성된 산소 기체의 몰수 ____________________
- 생성된 산소 기체의 부피 ____________________
- 생성된 산소 기체의 온도(물의 온도와 같다) ____________________
- 대기압 ____________________
- 물의 증기압 ____________________
- 산소 기체의 부분 압력(대기압-물의 증기압) ____________________
- 기체 상수 값 ____________________
- 오차 % ____________________

자르는 선

자르는 선

실험 24

실험 데이터

실험 24 화학 평형

학부(과)		학 번		성 명	
실험일자		실험조		담당교수	

1. 크로뮴산-다이크로뮴산 이온의 평형

① CrO_4^{2-} ______________ 색

$Cr_2O_7^{2-}$ ______________ 색

② CrO_4^{2-} + NaOH ______________ 색

$Cr_2O_7^{2-}$ + NaOH ______________ 색

③ CrO_4^{2-} + NaOH + 과량의 HCl ______________ 색

$Cr_2O_7^{2-}$ + NaOH + 과량의 HCl ______________ 색

④ CrO_4^{2-} + HCl ______________ 색

$Cr_2O_7^{2-}$ + HCl ______________ 색

⑤ CrO_4^{2-} + HCl + 과량의 NaOH ______________ 색

$Cr_2O_7^{2-}$ + HCl + 과량의 NaOH ______________ 색

자르는 선

2. 코발트(II) 이온 착물

① $CoCl_2$ ________ 색

$CoCl_2 + HCl$ ________ 색

② $CoCl_2$ ________ 색

$CoCl_2 + NH_4Cl$ ________ 색

③ 가열한 후

$CoCl_2$ ________ 색

$CoCl_2 + HCl$ ________ 색

$CoCl_2 + NH_4Cl$ 색

④ 식힌 후

$CoCl_2$ ________ 색

$CoCl_2 + HCl$ ________ 색

$CoCl_2 + NH_4Cl$ ________ 색

자르는 선

실험 25

실험 데이터

실험 25 은거울 반응

학부(과)		학 번		성 명	
실험일자		실험조		담당교수	

1. 질산 은 용액에 암모니아수를 넣었을 때

- 관찰 결과 ____________________
- 화학 반응식 ____________________

2. 암모니아수를 더 넣었을 때

- 관찰 결과 ____________________
- 화학 반응식 ____________________

3. 수산화 소듐 용액과 포도당 용액을 가했을 때

- 관찰 결과 ____________________
- 화학 반응식 ____________________

자르는 선

자르는 선

실험 26

실험 데이터

실험 26 비누화 반응

학부(과)		학 번		성 명	
실험일자		실험조		담당교수	

• 취한 지방의 질량 ____________

• 거름종이의 질량 ____________

• 거름종이+비누의 질량 ____________

• 비누의 질량 ____________

자르는 선

자르는 선

실험 27

실험 데이터

실험 27 아스피린의 합성

학부(과)		학 번		성 명	
실험일자		실험조		담당교수	

- 살리실산의 질량 ______________
- 무수 아세트산의 부피 ______________
- 무수 아세트산의 질량(d = 1.08g/mL) ______________
- 거름종이의 질량 ______________
- 거름종이+결정의 질량 ______________
- 결정(아스피린)의 질량 ______________

자르는 선

자르는 선

실험 28

실험 데이터

실험 28 완충 용액: pH 변화가 작은 용액

학부(과)		학 번		성 명	
실험일자		실험조		담당교수	

1. CH_3COOH / CH_3COONa 완충 용액 제조

구분	완충 용액I	완충 용액II	완충 용액II
2.00 M CH_3COOH(aq)의 부피(mL)			
2.00 M CH_3COONa(aq)의 부피(mL)			
수용액의 전체 부피(mL)			
예상 pH			
관찰된 pH			

2. 물과 수용액의 pH 변화 관찰

구분	물	0.0100 M HCl(aq)	완충 용액I	완충 용액II	완충 용액III
사용한 부피(mL)					
첨가한 2.00 M NaOH(aq)의 부피(mL)					
초기 pH					
나중 pH					
pH 변화					

자르는 선

자르는 선

실험 29

실험 데이터

실험 29 화장품 제조 및 특성

학부(과)		학 번		성 명	
실험일자		실험조		담당교수	

1. 화장품 만들기: 여러분이 만든 화장품과 시판되는 화장품을 비교하시오.

2. 립스틱 제거: 결과를 간단히 기술하시오.

- 물
- 비눗물
- 크린싱 크림
- 베이비오일
- 아스트린젠트

3. 향수의 분리: 세 가지 시료의 향이 어떤지를 비교 설명하시오.

자르는 선

자르는 선

실험 30

실험 데이터

실험 30 I족 양이온의 정성 분석

학부(과)		학 번		성 명	
실험일자		실험조		담당교수	

I족 양이온을 정성 분석할 수 있는 계통표를 만드시오.

자르는 선

자르는 선

실험 31

실험 데이터

실험 31 Ⅱ족 양이온의 정성 분석

학부(과)		학 번		성 명	
실험일자		실험조		담당교수	

Ⅱ족 양이온을 정성 분석할 수 있는 계통표를 만드시오.

자르는 선

자르는 선

실험 32

실험 데이터

실험 32 Ⅲ족 양이온의 정성 분석

학부(과)		학 번		성 명	
실험일자		실험조		담당교수	

Ⅲ족 양이온을 정성 분석할 수 있는 계통표를 만드시오.

자르는 선

자르는 선

실험 33

실험 데이터

실험 33 종이 크로마토그래피

학부(과)		학 번		성 명	
실험일자		실험조		담당교수	

- 용매가 이동한 거리 ____________________
- $Cu(NO_3)_2$가 이동한 거리 ____________________
- $Fe(NO_3)_3$가 이동한 거리 ____________________
- $Ni(NO_3)_2$가 이동한 거리 ____________________
- 혼합 용액 중 용질이 이동한 거리 ____________________

자르는 선

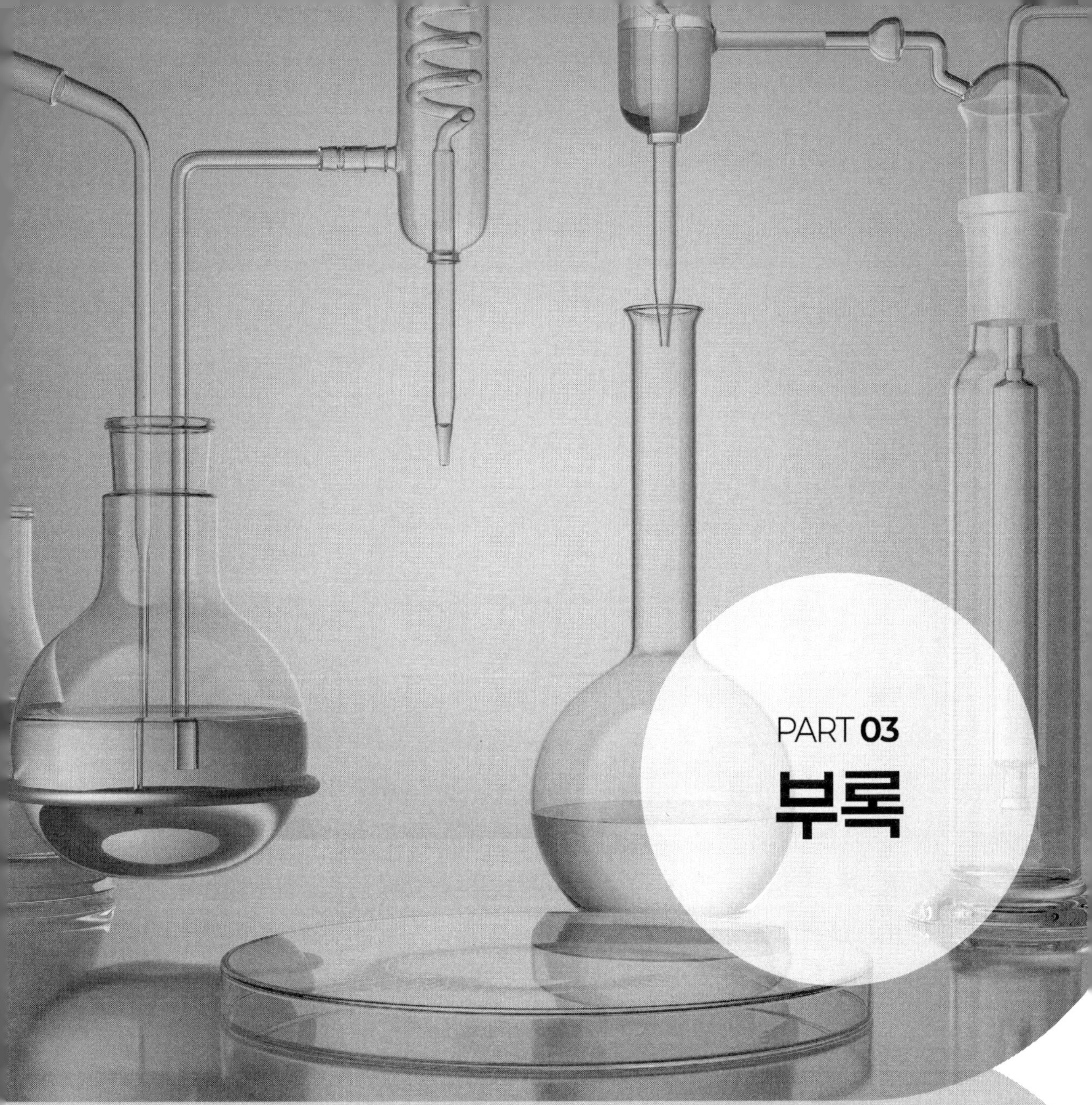

PART **03**

부록

1. 기본 상수값

이름	기호	값
기체 상수	R	0.08205 L·atm/K·mol
		62.36 L·torr/K·mol
		8.314J/K·mol
볼츠만 상수	k	1.38062×10^{-23} J/K
아보가드로 수	N_{AVOG}	6.02217×10^{23}/mol
기체의 몰부피		22.414 L(STP에서)
빛의 속도	c	2.997925×10^{8} m/sec
플랑크 상수	h	6.62620×10^{-34} J·sec
전자의 전하	e	1.60210×10^{-19} coulomb
전자의 질량	m_e	9.10956×10^{-31} kg
		5.48597×10^{-41} amu
양성사의 질량	m_p	1.67261×10^{-27} kg
		1.00727 amu
리드베리 상수(수소)	R_H	1.097373×10^{-7}m^{-1}

2. 몇몇 기체들의 van der Waals 상수

기체의 종류	a (L^2·atm/mol^2)	b (L/mol)	기체의 종류	a (L^2·atm/mol^2)	b (L/mol)
He	0.034	0.0237	Ne	0.211	0.0171
Ar	1.34	0.0322	Kr	2.32	0.0398
Xe	4.19	0.0266	H_2	0.244	0.0266
N_2	1.39	0.0391	O_2	1.36	0.0318
Cl_2	6.49	0.0562	CO_2	3.59	0.0427
CH_4	2.25	0.0428	CCl_4	20.4	0.138
NH_3	4.17	0.0371	H_2O	5.46	0.0305

3. 측정 단위 및 환산 인자

1) 기본 SI 단위의 명칭과 기호

물리적 양	SI 단위의 명칭	SI 단위의 명칭
길이	미터	m
질량	킬로그램	kg
시간	초	s
전류	암페어	A
온도	켈빈	K
광도	칸델라	cd
물질의 양	몰	mol

2) 유도 SI 단위에 대한 특별 SI 명칭과 기호

물리적 양	단위의 명칭	단위의 기호	단위의 정의
힘	뉴턴	N	$kg \cdot m \cdot s^{-2}$
에너지	주울	J	$kg \cdot m^2 \cdot s^{-2}$
일률	와트	W	$kg \cdot m^2 \cdot s^{-3}(=J \cdot s^{-1})$
전하	쿨롱	C	$A \cdot s$
전위차	볼트	V	$kg \cdot m^2 \cdot s^{-3} \cdot A^{-1}(=J \cdot A^{-1} \cdot s^{-1})$
전기 저항	오옴	Ω	$kg \cdot m^2 \cdot s^{-3} \cdot A^{-2}(=V \cdot A^{-1})$
전기 커페시턴스	패러데이	F	$A^2 \cdot s^4 \cdot kg^{-1} \cdot m^{-2}(=A \cdot s \cdot V^{-1})$
자기 선속	웨버	Wb	$kg \cdot m^2 \cdot s^{-2} \cdot A^{-1}(=V \cdot s)$
인덕턴스	헨리	H	$kg \cdot m^2 \cdot s^{-2} \cdot A^{-2}(=V \cdot A^{-1} \cdot s)$
자기 선속 밀도	테슬라	T	$kg \cdot s^{-2} \cdot A^{-1}(=V \cdot s \cdot m^{-2})$
광선속	루멘	lm	$cd \cdot sr$
조명도	룩스	lx	$cd \cdot sr \cdot m^{-2}$
주파수	헤르츠	Hz	s^{-1}

3) 환산 인자

1 electon volt(eV) $= 1.60 \times 10^{-12}$ erg
$= 1.60 \times 10^{-19}$ joule

1 faraday = 96,500 coulombs/mol

1 atmosphere = 760 mmHg = 760 torr = 14.7 lb/in^2 = 29.92 inHg

1 bar = $10^6 dyne/cm^2 = 10^5 newtons/m^2$(SI)

1 newton(N)(SI) = $1 kg \cdot m/sec^2 = 10^5$ dyne

1 joule = $1N \cdot m = 1kg \cdot m^2/sec^2$

1 dyne = $1\ g \cdot cm/sec^2$

1 erg = $1 dyne \cdot cm = 1\ g \cdot cm^2/sec^2 = 1 \times 10^{-7}$ joule(J)

1 joule(J) = 0.239 calorie

1 watt(W) = 1 J/sec(SI)

1 liter · atm = 24.2 calories

R(기체 상수) = $0.0821\ L \cdot atm / K \cdot mol = 1.99\ cal / K \cdot mol$
$= 8.31 \times 10^7 erg / K \cdot mol$

k(Boltzmann, 분자 기체 상수) = $1.38 \times 10^{-16} erg / K$

Avogadro 수 = 6.0222×10^{23}/mol

Planck's constant(h) = $6.63 \times 10^{-27} erg \cdot sec = 6.63 \times 10^{-34}$ joule · sec

4. 표준 환원 전위(E°)

전극	전극 반응	E°(V)
산 용액		
Li^+/Li	$Li^+ + e^- \rightleftarrows Li(s)$	−3.04
K^+/K	$K^+ + e^- \rightleftarrows K(s)$	−2.92
Rb^+/Rb	$Rb^+ + e^- \rightleftarrows Rb(s)$	−2.92
Cs^+/Cs	$Cs^+ + e^- \rightleftarrows Cs(s)$	−2.92
Ba^{2+}/Ba	$Ba^{2+} + 2e^- \rightleftarrows Ba(s)$	−2.91
Sr^{2+}/Sr	$Sr^{2+} + 2e^- \rightleftarrows Sr(s)$	−2.89
Ca^{2+}/Ca	$Ca^{2+} + 2e^- \rightleftarrows Ca(s)$	−2.87
Na^+/Na	$Na^+ + e^- \rightleftarrows Na(s)$	−2.71
La^{3+}/La	$La^{3+} + 3e^- \rightleftarrows La(s)$	−2.52
Ce^{3+}/Ce	$Ce^{3+} + 3e^- \rightleftarrows Ce(s)$	−2.48
Eu^{3+}/Eu	$Eu^{3+} + 3e^- \rightleftarrows Eu(s)$	−2.41
Mg^{2+}/Mg	$Mg^{2+} + 2e^- \rightleftarrows Mg(s)$	−2.36
Lu^{3+}/Lu	$Lu^{3+} + 3e^- \rightleftarrows Lu(s)$	−2.26
H_2/H^-	$H_2(g) + 2e^- \rightleftarrows 2H^-$	−2.25
Sc^{3+}/Sc	$Sc^{3+} + 3e^- \rightleftarrows Sc(s)$	−2.08
Be^{2+}/Be	$Be^{2+} + 2e^- \rightleftarrows Be(s)$	−1.85
U^{3+}/U	$U^{2+} + 3e^- \rightleftarrows U(s)$	−1.79
Al^{3+}/Al	$Al^{3+} + 3e^- \rightleftarrows Al(s)$	−1.66
Ti^{2+}/Ti	$Ti^{2+} + 2e^- \rightleftarrows Ti(s)$	−1.63
V^{2+}/V	$V^{2+} + 2e^- \rightleftarrows V(s)$	−1.19
Mn^{2+}/Mn	$Mn^{2+} + 2e^- \rightleftarrows Mn(s)$	−1.18
Zn^{2+}/Zn	$Zn^{2+} + 2e^- \rightleftarrows Zn(s)$	−0.76
Cr^{3+}/Cr	$Cr^{3+} + 3e^- \rightleftarrows Cr(s)$	−0.74
Ga^{3+}/Ga	$Ga^{3+} + 3e^- \rightleftarrows Ga(s)$	−0.53
Fe^{2+}/Fe	$Fe^{2+} + 2e^- \rightleftarrows Fe(s)$	−0.44
Eu^{3+}/Eu^{2+}	$Eu^{2+} + e^- \rightleftarrows Eu^{2+}$	−0.43
Cr^{3+}/Cr^{2+}	$Cr^{3+} + e^- \rightleftarrows Cr^{2+}$	−0.41
Cd^{2+}/Cd	$Cd^{2+} + 2e^- \rightleftarrows Cd(s)$	−0.40
Ti^{3+}/Ti^{2+}	$Ti^{3+} + e^- \rightleftarrows Ti^{2+}$	−0.37
$PbSO_4/Pb$	$PbSO_4(s) + 2e^- \rightleftarrows Pb(s) + SO_4^{2-}$	−0.36

전극	전극 반응	E°(V)
산 용액		
Tl^+/Tl	$Tl^+ + e^- \rightleftarrows Tl(s)$	−0.34
Co^{2+}/Co	$Co^{2+} + 2e^- \rightleftarrows Co(s)$	−0.28
H_3PO_4/H_3PO_3	$H_3PO_4 + 2H^+ + 2e^- \rightleftarrows H_3PO_3 + H_2O$	−0.28
Ni^{2+}/Ni	$Ni^{2+} + 2e^- \rightleftarrows Ni(s)$	−0.25
AgI/Ag	$AgI(s) + e^- \rightleftarrows Ag(s) + I^-$	−0.15
Sn^{2+}/Sn	$Sn^{2+} + 2e^- \rightleftarrows Sn(s)$	−0.14
Pb^{2+}/Pb	$Pb^{2+} + 2e^- \rightleftarrows Pb(s)$	−0.13
H^+/H_2	$2H^+ + 2e^- \rightleftarrows H_2(s)$	0.000
$AgBr/Ag$	$AgBr(s) + e^- \rightleftarrows Ag(s) + Br^-$	+0.07
Sn^{4+}/Sn^{2+}	$Sn^{4+} + 2e^- \rightleftarrows Sn^{2+}$	+0.15
Cu^{2+}/Cu^+	$Cu^{2+} + e^- \rightleftarrows Cu^+$	+0.15
SO_4^{2-}/H_2SO_3	$SO_4^{2-} + 4H^+ + 2e^- \rightleftarrows H_2SO_3 + H_2O$	+0.17
$AgCl/Ag$	$AgCl(s) + e^- \rightleftarrows Ag(s) + Cl^-$	+0.22
Hg_2Cl_2/Hg	$Hg_2Cl_2(s) + 2e^- \rightleftarrows 2Hg(l) + 2Cl^-$	+0.27
Cu^{2+}/Cu	$Cu^{2+} + 2e^- \rightleftarrows Cu(s)$	+0.34
$Fe(CN)_6^{3-}/Fe(CN)_6^{4-}$	$Fe(CN)_6^{3-} + e^- \rightleftarrows Fe(CN)_6^{4-}$	+0.36
Ag_2CrO_4/Ag	$Ag_2CrO_4(s) + 2e^- \rightleftarrows 2Ag(s) + CrO_4^{2-}$	+0.46
Cu^+/Cu	$Cu^+ + e^- \rightleftarrows Cu(s)$	+0.52
I_2/I^-	$I_2(s) + 2e^- \rightleftarrows 2I^-$	+0.54
I_3^-/I^-	$I_3^- + 2e^- \rightleftarrows 3I^-$	+0.54
MnO_4^-/MnO_4^{2-}	$MnO_4^- + e^- \rightleftarrows MnO_4^{2-}$	+0.56
O_2/H_2O_2	$O_2(g) + 2e^- + 2H^+ \rightleftarrows H_2O_2$	+0.68
$PtCl_4^{2-}/Pt$	$PtCl_4^{2-} + 2e^- \rightleftarrows Pt(s) + 4Cl^-$	+0.73
Fe^{3+}/Fe^{2+}	$Fe^{3+} + e^- \rightleftarrows Fe^{2+}$	+0.77
Hg_2^{2+}/Hg	$Hg_2^{2+} + 2e^- \rightleftarrows 2Hg(l)$	+0.79
Ag^+/Ag	$Ag^+ + e^- \rightleftarrows Ag(s)$	+0.80
NO_3^-/N_2O_4	$2NO_3^- + 4H^+ + 2e^- \rightleftarrows N_2O_4(g) + 2H_2O$	+0.80
Hg^{2+}/Hg	$Hg^{2+} + 2e^- \rightleftarrows Hg(l)$	+0.85
NO_3^-/HNO_2	$NO_3^- + 3H^+ + 2e^- \rightleftarrows HNO_2 + H_2O$	+0.94
NO_3^-/NO	$NO_3^- + 4H^+ + 3e^- \rightleftarrows NO(g) + 2H_2O$	+0.96
N_2O_4/NO	$N_2O_4(g) + 4H^+ + 4e^- \rightleftarrows 2NO(g) + 2H_2O$	+1.03
Br_2/Br^-	$Br_2(l) + 2e^- \rightleftarrows 2Br^-$	+1.07
ClO_4^-/ClO_3^-	$ClO_4^- + 2H^+ + 2e^- \rightleftarrows ClO_3^- + H_2O$	+1.19
IO_3^-/I_2	$2IO_3^- + 12H^+ + 10e^- \rightleftarrows I_2(s) + 6H_2O$	+1.20
$ClO_3^-/HClO_2$	$ClO_3^- + 3H^+ + 2e^- \rightleftarrows HClO_2 + H_2O$	+1.21
O_2/H_2O	$O_2(g) + 4H^+ + 4e^- \rightleftarrows 2H_2O$	+1.23

전극	전극 반응	E°(V)
산 용액		
MnO_2/Mn^{2+}	$MnO_2(s)+4H^++2e^- \rightleftarrows Mn^{2+}+2H_2O$	+1.23
Tl^{3+}/Tl	$Tl^{3+}+3e^- \rightleftarrows Tl(s)$	+1.25
$Cr_2O_7^{2-}/Cr^{3+}$	$Cr_2O_7^{2-}+14H^++6e^- \rightleftarrows 2Cr^{3+}+7H_2O$	+1.33
Cl_2/Cl^-	$Cl_2(g)+2e^- \rightleftarrows 2Cl^-$	+1.36
PbO_2/Pb^{2+}	$PbO_2(s)+4H^++2e^- \rightleftarrows Pb^{2+}+2H_2O$	+1.46
Au^{3+}/Au	$Au^{3+}+3e^- \rightleftarrows Au(s)$	+1.50
MnO_4^-/Mn^{2+}	$MnO_4^-+8H^++5e^- \rightleftarrows Mn^{2+}+4H_2O$	+1.51
BrO_3^-/Br^-	$2BrO_3^-+12H^++10e^- \rightleftarrows Br_2(l)+6H_2O$	+1.52
Ce^{4+}/Ce^{3+}	$Ce^{4+}+e^- \rightleftarrows Ce^{3+}$	+1.61
$HClO/Cl_2$	$2HClO+2H^++2e^- \rightleftarrows Cl_2(g)+2H_2O$	+1.63
$HClO_2/HClO$	$HClO_2+2H^++2e^- \rightleftarrows HClO+H_2O$	+1.64
$PbO_2/PbSO_4$	$PbO_2(s)+SO_4^{2-}+4H^++2e^- \rightleftarrows PbSO_4(s)+2H_2O$	+1.68
Au^+/Au	$Au^++e^- \rightleftarrows Au(s)$	+1.69
MnO_4^-/MnO_2	$MnO_4^-+4H^++3e^- \rightleftarrows MnO_2(s)+2H_2O$	+1.70
H_2O_2/H_2O	$H_2O_2+2H^++2e^- \rightleftarrows 2H_2O$	+1.78
Co^{3+}/Co^{2+}	$Co^{3+}+e^- \rightleftarrows Co^{2+}$	+1.81
$S_2O_8^{2-}/SO_4^{2-}$	$S_2O_8^{2-}+2e^- \rightleftarrows 2SO_4^{2-}$	+2.01
O_3/O_2	$O_3(g)+2H^++2e^- \rightleftarrows O_2(g)+H_2O$	+2.07
F_2/F^-	$F_2(g)+2e^- \rightleftarrows 2F^-$	+2.87
F_2/HF	$F_2(g)+2H^++2e^- \rightleftarrows 2HF$	+3.06
기본 용액		
BeO/Be	$BeO(s)+H_2O+2e^- \rightleftarrows Be(s)+2OH^-$	−2.61
$Al(OH)_4^-/Al$	$Al(OH)_4^-+3e^- \rightleftarrows Al(s)+4OH^-$	−2.33
$Zn(OH)_4^{2-}/Zn$	$Zn(OH)_4^{2-}+2e^- \rightleftarrows Zn(s)+4OH^-$	−1.22
SO_4^{2-}/SO_3^{2-}	$SO_4^{2-}+H_2O+2e^- \rightleftarrows SO_3^{2-}+2OH^-$	−0.93
H_2O/H_2	$2H_2O+2e^- \rightleftarrows H_2(g)+2OH^-$	−0.83
$Ni(OH)_2/Ni$	$Ni(OH)_2(s)+2e^- \rightleftarrows Ni(s)+2OH^-$	−0.72
S/S^{2-}	$S(s)+2e^- \rightleftarrows S^{2-}$	−0.45
$CrO_4^{2-}/Cr(OH)_3$	$CrO_4^{2-}+4H_2O+3e^- \rightleftarrows Cr(OH)_3(s)+5OH^-$	−0.13
NO_3^-/NO_2^-	$NO_3^-+H_2O+2e^- \rightleftarrows NO_2^-+2OH^-$	+0.01
$S_4O_6^{2-}/S_2O_3^{2-}$	$S_4O_6^{2-}+2e^- \rightleftarrows 2S_2O_3^{2-}$	+0.08
IO_3^-/I^-	$IO_3^-+3H_2O+6e^- \rightleftarrows I^-+6OH^-$	+0.26
ClO_3^-/ClO_2^-	$ClO_3^-+H_2O+2e^- \rightleftarrows ClO_2^-+2OH^-$	+0.33
ClO_4^-/ClO_3^-	$ClO_4^-+H_2O+2e^- \rightleftarrows ClO_3^-+2OH^-$	+0.36
O_2/OH^-	$O_2(g)+2H_2O+4e^- \rightleftarrows 4OH^-$	+0.40

전극	전극 반응	E°(V)
염기 용액		
MnO_4^-/MnO_2	$MnO_4^- + 2H_2O + 3e^- \rightleftarrows MnO_2(s) + 4OH^-$	+0.59
MnO_4^{2-}/MnO_2	$MnO_4^{2-} + 2H_2O + 2e^- \rightleftarrows MnO_2(s) + 4OH^-$	+0.60
BrO_3^-/Br^-	$BrO_3^- + 3H_2O + 6e^- \rightleftarrows Br^- + 6OH^-$	+0.61
BrO^-/Br^-	$BrO^- + H_2O + 2e^- \rightleftarrows Br^- + 2OH^-$	+0.76
HO_2^-/OH^-	$HO_2^- + H_2O + 2e^- \rightleftarrows 3OH^-$	+0.88
ClO^-/Cl^-	$ClO^- + H_2O + 2e^- \rightleftarrows Cl^- + 2OH^-$	+0.89
O_3/O_2	$O_3(g) + H_2O + 2e^- \rightleftarrows O_2(g) + 2OH^-$	+1.24

5. 물의 밀도, 점도 및 표면 장력, 증기압

1) 밀도

온도(℃)	0	1	2	3	4	5	6	7	8	9
−10	0.99815	0.99843	0.99869	0.99802	0.99912	0.99930	0.99945	0.99958	0.99970	0.99979
0	0.99987	0.99993	0.99997	0.99999	1.00000	0.99999	0.99997	0.99993	0.99988	0.99981
10	0.99973	0.99963	0.99952	0.99940	0.99927	0.99913	0.99897	0.99880	0.99862	0.99843
20	0.99823	0.99802	0.99780	0.99756	0.99732	0.99707	0.99681	0.99654	0.00626	0.99597
30	0.99567	0.99537	0.99505	0.99437	0.99440	0.99406	0.99371	0.99336	0.99299	0.9922

2) 점도 및 표면 장력

온도(℃)	0	10	20	30	40	50	60	70	80	90	100
점도(cp)	1.7921	1.3077	1.0050	0.807	0.6560	0.5494	0.61688	0.4061	0.3565	0.3165	0.2838
표면 장력 dyne·cm (공기 중)	75.62	74.20	72.75	71.15	69.55	67.90	66.17	64.41	62.60	60.74	58.84

3) 증기압

온도(℃)	증기압(mmHg)	온도(℃)	증기압(mmHg)	온도(℃)	증기압(mmHg)
0	4.579	21	18.650	42	61.500
1	4.926	22	19.827	43	64.800
2	5.294	23	21.068	44	68.260
3	5.685	24	22.377	45	71.880
4	6.101	25	23.756	46	75.650
5	6.543	26	25.209	47	79.600
6	7.013	27	26.739	48	83.710
7	7.513	28	28.349	49	88.020
8	8.045	29	30.043	50	92.510
9	8.609	30	31.824	55	118.04
10	9.209	31	33.695	60	149.38
11	9.844	32	35.663	65	187.54
12	10.518	33	37.729	70	233.70
13	11.231	34	39.898	75	289.10
14	11.987	35	42.175	80	355.10
15	12.788	36	44.563	85	433.60
16	13.634	37	47.067	90	525.76
17	14.530	38	49.692	95	633.90
18	15.477	39	52.442	99	733.24
19	16.477	40	55.324	100	760.00
20	17.535	41	58.340	101	787.57

6. 산-염기 용액의 평형 상수(25℃)

일양성자산	이온화 식	이온화 상수
아세트산	$HC_2H_3O_2 \rightleftarrows H^+ + C_2H_3O_2^-$	1.8×10^{-5}
벤조산	$HC_7H_5O_2 \rightleftarrows H^+ + C_7H_5O_2^-$	6.0×10^{-5}
다이옥소염소산	$HClO_2 \rightleftarrows H^+ + ClO_2^-$	1.1×10^{-2}
사이안산	$HOCN \rightleftarrows H^+ + OCN^-$	1.2×10^{-4}
폼산	$HCHO_2 \rightleftarrows H^+ + CHO_2^-$	1.8×10^{-4}
아자이드화수소산	$HN_3 \rightleftarrows H^+ + N_3^-$	1.9×10^{-5}
사이안화수소산	$HCN \rightleftarrows H^+ + CN^-$	4.0×10^{-10}
플루오린화수소산	$HF \rightleftarrows H^+ + F^-$	6.7×10^{-4}
하이포브로민산	$HOBr \rightleftarrows H^+ + OBr^-$	2.1×10^{-9}
하이포염소산	$HOCl \rightleftarrows H^+ + OCl^-$	3.2×10^{-8}
아질산	$HNO_2 \rightleftarrows H^+ + NO_2^-$	4.5×10^{-4}

다양성자산	이온화 식	이온화 상수
비소산	$H_3AsO_4 \rightleftarrows H^+ + H_2AsO_4^-$	$K_1 = 2.5\times10^{-4}$
	$H_2AsO_4^- \rightleftarrows H^+ + HAsO_4^{2-}$	$K_2 = 5.6\times10^{-8}$
	$HAsO_4^{2-} \rightleftarrows H^+ + AsO_4^{3-}$	$K_3 = 3\times10^{-13}$
탄산	$CO_2 + H_2O \rightleftarrows H^+ + HCO_3^-$	$K_1 = 4.2\times10^{-7}$
	$HCO_3^- \rightleftarrows H^+ + CO_3^{2-}$	$K_2 = 4.8\times10^{-11}$
황화이수소산	$H_2S \rightleftarrows H^+ + HS^-$	$K_1 = 1.1\times10^{-7}$
	$HS^- \rightleftarrows H^+ + S^{2-}$	$K_2 = 1.0\times10^{-14}$
옥살산	$H_2C_2O_4 \rightleftarrows H^+ + HC_2O_4^-$	$K_1 = 5.9\times10^{-2}$
	$HC_2O_4^- \rightleftarrows H^+ + C_2O_4^{2-}$	$K_2 = 6.4\times10^{-5}$
인산	$H_3PO_4 \rightleftarrows H^+ + H_2PO_4^-$	$K_1 = 7.5\times10^{-3}$
	$H_2PO_4^- \rightleftarrows H^+ + HPO_4^{2-}$	$K_2 = 6.2\times10^{-8}$
	$HPO_4^{2-} \rightleftarrows H^+ + PO_4^{3-}$	$K_3 = 1\times10^{-12}$
아인산 (이양성자산)	$H_3PO_3 \rightleftarrows H^+ + H_2PO_3^-$	$K_1 = 1.6\times10^{-2}$
	$H_2PO_3^- \rightleftarrows H^+ + HPO_3^{2-}$	$K_2 = 7\times10^{-7}$
황산	$H_2SO_4 \rightleftarrows H^+ + HSO_4^-$	강산
	$HSO_4^- \rightleftarrows H^+ + SO_4^{2-}$	$K_2 = 1.3\times10^{-2}$
아황산	$H_2SO_3 \rightleftarrows H^+ + HSO_3^-$	$K_1 = 1.3\times10^{-2}$
	$HSO_3^- \rightleftarrows H^+ + SO_3^{2-}$	$K_2 = 5.6\times10^{-8}$

염기	이온화 식	이온화 상수
암모니아	$NH_3 + H_2O \rightleftarrows NH_4^+ + OH^-$	1.8×10^{-5}
아닐린	$C_6H_5NH_2 + H_2O \rightleftarrows C_6H_5NH_3^+ + OH^-$	4.6×10^{-10}
다이메틸아민	$(CH_3)_2NH + H_2O \rightleftarrows (CH_3)_2NH_2^+ + OH^-$	7.4×10^{-4}
하이드라진	$N_2H_4 + H_2O \rightleftarrows N_2H_5^+ + OH^-$	9.8×10^{-7}
메틸아민	$CH_3NH_2 + H_2O \rightleftarrows CH_3NH_3^+ + OH^-$	5.0×10^{-4}
피리딘	$C_5H_5N + H_2O \rightleftarrows C_5H_5NH^+ + OH^-$	1.5×10^{-9}
트라이메틸아민	$(CH_3)_3N + H_2O \rightleftarrows (CH_3)_3NH^+ + OH^-$	7.4×10^{-5}

7. 위험 물질

1) 폭발성 물질

물질	성질
다량의 산소를 포함하는 물질: 염소산 포타슘($KClO_3$) 과산화물:과산화 소듐(Na_2O_2)	갑자기 센 충격이나 고온으로 가열하면 폭발한다. 또 타기 쉬운 것이 혼합해 있으면 폭발성이 더 강해진다.
중금속의 아세틸라이드: 구리, 은의 아세틸라이드(Cu_2C_2, Ag_2C_2)	건조해 있을 때 폭발성이 크다.
나이트로 화합물, 나이트로글리세린, 면화약, T.N.T., 피크린산	세게 충격을 주거나 가열하면 심하게 폭발한다.
암모니아성 질산은 용액	공기 속에 방치해 두거나 가열하면 흑색의 사이안산 은이 침전된다(용액을 오래 보존하지 말 것). 강한 폭발성을 가진다.
과산화 수소(H_2O_2)의 진한 용액에 금속 가루, 탄소 가루, 산화물, 염소산 포타슘($KClO_3$)과 숯가루(C), 황(S), 마그네슘(Mg), 알루미늄(Al) 등의 가루, 유기물	폭발한다. 가열 또는 진한 황산을 떨어뜨리면 폭발한다.
과망가니즈산 포타슘($KMnO_4$)과 암모니아수(NH_4OH)	진한 할로젠화 질소가 생긴다.
액체 공기, 에터, 알코올, 아세톤	폭발성이 있다.

2) 인화성 물질

물질	성질과 취급법	보존
황인(P), 백금흑(백금 분말, Pt), 니켈 분말(Ni)	공기 속에서 자발적으로 발화하므로 공기 속에 방치해서는 안 된다.	황인은 물속에 넣어둘 것
소듐(Na), 포타슘(K), 산화 칼슘(CaO), 아세틸렌화칼슘(CaC_2)	심하게 물과 반응하여 발화하므로 사용량을 줄일 것	소듐, 포타슘은 석유 속에 넣어둘 것
알코올, 에터, 석유에터, 석유벤젠, 아세톤, 벤젠, 톨루엔, 이황화 탄소, 코로디온	인화성이 크다. 불을 가까이 하면 위험하다.	실험실에는 다량 두지 말 것
안티모니(Sb)	마찰에 의해서 쉽게 발화한다.	진동이 심한 곳에 두지 말 것

8. 자주 쓰이는 화합물의 독성 비교

화합물	위험선(ppm)	화합물	위험선(ppm)
아세트알데하이드	100	일산화 탄소	50
아세트산	10	사염화 탄소	10
아세트산 무수물	5	염소	1
아세톤	1,000	클로로벤젠	75
암모니아	25	클로로폼	25
벤젠	25	p-다이클로로벤젠	75
브로민	0.1	에틸 알코올	1,000
n-뷰틸 알코올	100	헥세인	500
t-뷰틸 알코올	100	아이오딘	0.1
이산화 탄소	5,000	수은	0.001
메틸 알코올	200	페놀	5
나프탈렌	10	톨루엔	100

9. 자주 쓰이는 화합물의 화학식량

화합물	화학식량	화합물	화학식량
$AgBr$	187.78	$K_2Cr_2O_7$	294.19
$AgCl$	143.32	$K_3Fe(CN)_6$	329.26
Ag_2CrO_4	331.73	$K_4Fe(CN)_6$	368.38
AgI	234.77	$KHC_8H_4O_4$(Phthalate	204.23
$AgNO_3$	1659.87	$KH(IO_3)_2$	389.92
$AgSCN$	165.95	K_2HPO_4	174.18
Al_2O_3	101.96	KH_2PO_4	136.09
$Al_2(SO_4)_3$	342.14	$KHSO_4$	136.17
As_2O_3	197.85	KI	166.01
B_2O_3	69.62	KIO_3	214.00
$BaCO_3$	197.35	KIO_4	230.00
$BaCl_2 \cdot 2H_2O$	244.28	$KMnO_4$	158.04
$BaCrO_4$	253.33	KNO_3	101.11
$Ba(IO_3)_2$	487.14	KOH	56.11
$Ba(OH)_2$	171.36	$KSCN$	97.18
$BaSO_4$	233.40	K_2SO_4	174.27
Bi_2O_3	466.0	$La(IO_3)_3$	663.62
CO_2	44.01	$Mg(C_9H_6OH)_2$	312.59
$CaCO_3$	100.09	$MgCO_3$	84.32
CaC_2O_4	128.10	$MgNH_4PO_4$	137.35
CaF_2	78.08	MgO	40.31
CaO	56.08	$Mg_2P_2O_7$	222.57
$CaSO_4$	136.14	$MgSO_4$	120.37
$Ce(HSO_4)_4$	528.4	MnO_2	86.94
CeO_2	172.12	Mn_2O_3	157.88
$Ce(HSO_4)_2$	332.25	Mn_3O_4	228.81
$(NH_4)_2Ce(NO_3)_6$	548.23	$Na_2B_4O_7 \cdot 10H_2O$	381.37
$(NH_4)_4Ce(SO_4)_4 \cdot 2H_2O$	632.6	$NaBr$	102.90
Cr_2O_3	151.99	$NaC_2H_3O_2$	82.03
CuO	79.54	$Na_2C_2O_4$	134.00
Cu_2O	143.08	$NaCl$	58.44

화합물	화학식량	화합물	화학식량
$CuSO_4$	159.60	NaCN	49.01
$Fe(NH_4)_2(SO_4)_2 \cdot 6H_2O$	392.14	Na_2CO_3	105.99
FeO	71.85	$NaHCO_2$	84.01
Fe_2O_3	159.69	$Na_2H_2EDTA \cdot 2H_2O$	372.2
Fe_3O_4	231.54	Na_2O_2	77.98
HBr	80.92	NaOH	40.00
$HC_2H_3O_2$(acetic acid)	60.05	NaSCN	81.07
$HC_7H_5O_2$(benzoic acid)	122.12	Na_2SO_4	142.04
HCl	36.46	$Na_2S_2O_3 \cdot 5H_2O$	248.18
$HClO_4$	100.46	NH_4Cl	53.49
$H_2C_2O_4 \cdot 2H_2O$	126.07	$(NH_4)_2C_2O_4 \cdot H_2O$	142.11
H_5IO_6	227.94	NH_4NO_3	80.04
HNO_3	63.01	$(NH_4)_2SO_4$	132.14
H_2O	18.015	$(NH_4)_2S_2O_8$	228.18
H_2O_2	34.01	NH_4VO_3	116.98
H_3PO_4	98.00	$Ni(C_4H_6O_2N_2)_2$	286.91
H_2S	34.08	PbCrO	323.18
H_2SO_3	82.08	PbO	223.19
H_2SO_4	98.08	PbO_2	239.19
HgO	216.59	$PbSO_4$	303.25
Hg_2Cl_2	472.09	P_2O_5	141.94
$HgCl_2$	271.09	Sb_2S_3	339.69
KBr	119.01	SiO_2	60.08
$KBrO_3$	167.01	$SnCl_2$	189.60
KCl	74.56	SnO_2	150.69
$KClO_3$	122.55	SO_2	64.06
KCN	65.12	SO_3	80.06
K_2CrO_4	194.20	$Zn_2P_2O_7$	304.68

10. 유해화학물질 위험분석 및 기본조치

NFPA 등급

구분	4	3	2	1	0
인체위해물질 (Health Hazard)	치명적임	매우 유해함	유해함	약간 유해함	유해하지 않음
화재위험물질 (Fire Hazard)	인화점이 22.8℃ 이하	인화점이 37.8℃ 이하	인화점이 37.8℃~93.3℃	인화점이 93.3℃ 이상	잘 타지 않음
반응성물질 (Reactivity)	폭발할 수 있음	충격이나 열을 가하면 폭발할 수 있음	화학물질과 격렬하게 반응함	열에 불안전함	안정함

주요 유해인자에 대한 기본정보, 안전계획 및 비상조치계획

유해인자	유해인자 기본정보		
「산업안전보건법」 제39조의 유해인자 중 화학물질 및 「화학물질관리법」 제2조에 따른 유해화학물질	CAS NO 물질명	GHS등급 (위험, 경고)	위험분석(NFPA 등급)
	10326-27-9 1. 염화 바륨 이수화물		급성 독성, 경구 (구분 3) 급성 독성, 흡입 (구분 4)
	7664-93-9 2. 황산		금속 부식성 물질 (구분 1) 급성 독성, 흡입 (구분 2) 피부 부식성/피부 자극성 (구분 1) 만성 수생환경 유해성 (구분 3)
	7446-20-0 3. 황산 아연 칠수화물		급성 독성, 경구 (구분 4) 심한 눈 손상성/눈 자극성 (구분 1) 급성 수생환경 유해성 (구분 1) 만성 수생환경 유해성 (구분 1)
	7758-98-7 4. 황산 구리(II)		급성 독성, 경구 (구분 4) 피부 부식성/피부 자극성 (구분 2) 심한 눈 손상성/눈 자극성 (구분 2) 급성 수생환경 유해성 (구분 1) 만성 수생환경 유해성 (구분 1)
	7782-63-0 5. 황산 철(II) 칠수화물		급성 독성, 경구 (구분 4) 피부 부식성/피부 자극성 (구분 2) 심한 눈 손상성/눈 자극성 (구분 2)
	12125-02-9 6.염화암모늄		급성 독성, 경구 (구분 4) 눈 자극성 (구분 2) 생식독성 (구분 2) 특정표적장기 독성-1회 노출 (구분 3), 호흡계통 특정표적장기 독성-반복 노출 (구분 1), 전신 독성

유해인자	유해인자 기본정보		
	1336-21-6 7. 암모니아수		급성 독성, 경구 (구분 4) 피부 부식성/피부 자극성 (구분1) 심한 눈 손상성/눈 자극성 (구분 1) 특정표적장기 독성-1회 노출 (구분 1) 특정표적장기 독성-반복 노출 (구분 2) 급성 수생환경 유해성 (구분 1) 만성 수생환경 유해성 (구분 1) 금속 부식성 물질 (구분1)
	7646-79-9 8. 염화 코발트		급성 독성, 경구 (구분 4) 심한 눈 손상성/눈 자극성 (구분 1) 호흡기 과민성 (구분 1) 피부 과민성 (구분 1) 생식세포 변이원성 (구분 2) 발암성 (구분 1B) 생식독성 (구분 1B) 급성 수생환경 유해성 (구분 1) 만성 수생한경 유해성 (구분 1)
「산업안전보건법」 제39조의 유해인자 중 화학물질 및 「화학물질관리법」 제2조에 따른 유해화학물질	10099-74-8 9. 질산 납(II)		산화성 고체 (구분 2) 피부 부식성/피부 자극성 (구분2) 심한 눈 손상성/눈 자극성 (구분 2) 생식세포 변이원성 (구분 2) 생식독성 (구분 1B) 특정표적장기 독성-1회 노출 (구분 1) 특정표적장기 독성-반복 노출 (구분 1) 급성 수생환경 유해성 (구분 1) 만성 수생환경 유해성 (구분 2)
	7697-37-2 10. 질산		산화성 액체 (구분 1) 금속부식성 물질 (구분 1) 피부 부식성/피부 자극성 (구분 1) 심한 눈 손상성/눈 자극성 (구분 1)
	77-09-8 11. 페놀프탈레인		생식세포 변이원성 (구분 2) 발암성 (구분 1B) 생식독성 (구분 2)
	7757-79-1 12. 질산 포타슘		산화성 고체 (구분 3) 피부 부식성/피부 자극성 (구분 2) 심한 눈 손상성/눈 자극성 (구분 2) 생식독성 (구분 2) 특정표적장기 독성-1회 노출 (구분 3), 호흡기계 특정표적장기 독성-반복 노출 (구분 2)

유해인자	유해인자 기본정보		
「산업안전보건법」 제39조의 유해인자 중 화학물질 및 「화학물질관리법」 제2조에 따른 유해화학물질	7778-50-9 13. 다이크로뮴산 포타슘		산화성 고체 (구분 2) 급성 독성, 경구 (구분 3) 급성 독성, 흡입 (구분 2) 급성 독성, 경피 (구분 3) 피부 부식성/피부 자극성 (구분 1) 호흡기 과민성 (구분 1) 피부 과민성 (구분 1) 생식세포 변이원성 (구분 1) 발암성 (구분 1) 생식독성 (구분 1) 특정표적장기 독성-반복 노출 (구분 1) 급성 수생환경 유해성 (구분 1) 만성 수생환경 유해성 (구분 1)
	7789-00-6 14. 크로뮴산 포타슘		급성 독성, 경구 (구분 3) 급성 독성, 흡입 (구분 3) 심한 눈 손상성/눈 자극성 (구분 1) 피부 부식성/피부 자극성 (구분 1) 호흡기 과민성 (구분 1) 피부과민성 (구분 1) 발암성 (구분 1A) 생식세포 변이원성 (구분 2) 특정 표적장기독성-1회 노출 (구분 2) 특정 표적장기독성-반복 노출 (구분 2) 급성 수생환경 유해성 (구분 1) 만성 수생환경 유해성 (구분 1)
	1310-73-2 15. 수산화 소듐		피부 부식성/피부 자극성 (구분 1) 심한 눈 손상성/눈 자극성 (구분1) 특정표적장기 독성-1회 노출 (구분3-호흡기계 자극)
	497-19-8 16. 탄산 소듐		심한 눈 손상성/눈 자극성 (구분 2)
	7761-88-8 17. 질산 은		산화성 고체 (구분 2) 급성 독성, 경구 (구분 4) 피부 부식성/피부 자극성 (구분1) 심한 눈 손상성/눈 자극성 (구분 1) 특정표적장기 독성-1회 노출 (구분 1) 특정표적장기 독성-반복 노출 (구분 1) 급성 수생환경 유해성 (구분 1) 만성 수생환경 유해성 (구분 1)

유해인자	유해인자 기본정보		
「산업안전보건법」 제39조의 유해인자 중 화학물질 및 「화학물질관리법」 제2조에 따른 유해화학물질	7647-01-0 18. 염산		금속부식성 물질 (구분 1) 급성 독성, 경구 (구분 3) 급성 독성, 흡입:가스 (구분 3) 심한 눈 손상성/눈 자극성 (구분 1) 피부 부식성/피부 자극성 (구분 1) 호흡기 과민성 (구분 1) 특정 표적장기독성-1회 노출 (구분 3-호흡기계)

1. 염화 바륨 이수화물

안전계획	
취급방법	• 눈이나 피부와의 접촉을 피한다. 분진과 에어로졸이 생성되지 않도록 한다. • 분진이 생성되는 곳에 적절한 배기 장치를 설치한다.
저장방법	• 시원한 곳에 보관한다. • 용기를 밀폐한 다음 건조하고 통풍이 잘되는 곳에 보관한다.
폐기방법	• 잔여물과 비재생 용액은 정식 폐기업체에 제공한다. • 가연성의 용매에 녹이거나 섞고 애프터버너와 스크러버를 갖추어 소각로에서 연소시킨다.
안전설비 및 개인 보호구 활용방안	• 긴급세척시설 및 세안설비 설치 • 호흡기, 눈, 손, 신체 보호구 착용

비상조치계획	
응급조치 방법	**a. 눈에 들어갔을 때** 예방 차원에서 두 눈을 흐르는 물로 씻는다. **b. 피부에 접촉했을 때** 비누와 물로 충분히 씻어낸다. 환자를 즉시 병원으로 이송한다. 의사의 검진을 받는다. **c. 흡입했을 때** 들이마신 경우, 사람을 공기가 신선한 곳으로 옮긴다. 호흡을 하지 않는 경우, 인공호흡을 실시한다. 의사의 검진을 받는다. **d. 먹었을 때** 의식이 없는 사람에게는 절대로 어떠한 것도 먹이지 않는다. 물로 입을 헹군다. 의사의 검진을 받는다.
누출시 대처방법	**a. 인체를 보호하기 위해 필요한 조치 사항 및 보호구** 호흡 보호구를 착용한다. 분진이 생기지 않도록 한다. 증기, 미스트 또는 가스를 흡입하지 않도록 한다. 적절하게 통풍이 되도록 한다. 분진을 흡입하지 않도록 한다. 사람들을 안전한 지역으로 대피시킨다. **b. 환경을 보호하기 위해 필요한 조치사항** 안전한 방법으로, 더 이상의 누출이나 유출이 없도록 한다. 제품이 배수구에 유입되지 않도록 한다.

비상조치계획	
	c. 정화 또는 제거 방법 폐기물 취급 및 수거시 분진을 일으키지 않는다. 깨끗이 쓴 다음 부삽으로 퍼낸다. 적절한 밀폐용기에 보관해서 폐기한다.
화재·폭발시 대처방법	**a. 적절한 소화제** 물 분무, 내알코올 포말, 건조한 화학약품 또는 이산화탄소를 사용한다. **b. 화학물질로부터 생기는 특정 유해성** 자료 없음 **c. 화재 진압 시 착용할 보호구 및 예방조치** 화재 진압시 필요할 경우 자급식 호흡장비를 착용한다.

2. 황산

안전계획	
취급방법	• 증기나 미스트의 흡입을 피한다.
저장방법	• 시원한 곳에 보관한다. • 용기를 밀폐한 다음 건조하고 통풍이 잘되는 곳에 보관한다. 개봉한 • 용기는 조심스럽게 재밀봉하고 기울지 않게 하여 새는 것을 방지해야 한다.
폐기방법	• 잔여물과 비재생 용액은 정식 폐기업체에 제공한다.
안전설비 및 개인 보호구 활용방안	• 긴급세척시설 및 세안설비 설치 • 호흡기, 눈, 손, 신체 보호구 착용

비상조치계획	
응급조치 방법	**a. 눈에 들어갔을 때** 최소 15분 동안 물로 충분히 씻어내고 의사의 검진을 받는다. **b. 피부에 접촉했을 때** 오염된 의복과 신발을 즉시 벗고 비누와 물로 충분히 씻어낸다. 의사의 검진을 받는다. **c. 흡입했을 때** 들이마신 경우, 사람을 공기가 신선한 곳으로 옮긴다. 호흡을 하지 않는 경우, 인공호흡을 실시한다. 의사의 검진을 받는다. **d. 먹었을 때** 구토를 유도하지 않는다. 의식이 없는 사람에게는 절대로 어떠한 것도 먹이지 않는다. 물로 입을 헹군다. 의사의 검진을 받는다.
누출시 대처방법	**a. 인체를 보호하기 위해 필요한 조치 사항 및 보호구** 호흡 보호구를 착용한다. 증기, 미스트 또는 가스를 흡입하지 않도록 한다. 적절하게 통풍이 되도록 한다. 사람들을 안전한 지역으로 대피시킨다. **b. 환경을 보호하기 위해 필요한 조치사항** 제품이 배수구에 유입되지 않도록 한다. **c. 정화 또는 제거 방법** 불활성 흡수제로 흡수하여 수거한 후 유해 폐기물로 폐기한다. 적절한 밀폐 용기에 보관해서 폐기한다.

화재·폭발시 대처방법	**a. 적절한 소화제** 물 분무, 내알코올성 포말, 건조 화학물질 또는 이산화탄소를 사용한다. **b. 화학물질로부터 생기는 특정 유해성** 자료 없음 **c. 화재 진압 시 착용할 보호구 및 예방조치** 화재 진압 시 필요할 경우 자급식 호흡장비를 착용한다.

3. 황산 아연 칠수화물

안전계획	
취급방법	• 눈이나 피부와의 접촉을 피한다. 분진과 에어로졸이 생성되지 않도록 한다. • 분진이 생성되는 곳에 적절한 배기 장치를 설치한다.
저장방법	• 시원한 곳에 보관한다. • 용기를 밀폐한 다음 건조하고 통풍이 잘되는 곳에 보관한다.
폐기방법	• 잔여물과 비재생 용액은 정식 폐기업체에 제공한다. • 가연성의 용매에 녹이거나 섞고 애프터버너와 스크러버를 갖추어 소각로에서 연소시킨다.
안전설비 및 개인 보호구 활용방안	• 긴급세척시설 및 세안설비 설치 • 호흡기, 눈, 손, 신체 보호구 착용

비상조치계획	
응급조치 방법	**a. 눈에 들어갔을 때** 최소 15분 동안 물로 충분히 씻어내고 의사의 검진을 받는다. **b. 피부에 접촉했을 때** 비누와 물로 충분히 씻어낸다. 의사의 검진을 받는다. **c. 흡입했을 때** 들이마신 경우, 사람을 공기가 신선한 곳으로 옮긴다. 호흡을 하지 않는 경우, 인공호흡을 실시한다. 의사의 검진을 받는다. **d. 먹었을 때** 의식이 없는 사람에게는 절대로 어떠한 것도 먹이지 않는다. 물로 입을 헹군다. 의사의 검진을 받는다.
누출시 대처방법	**a. 인체를 보호하기 위해 필요한 조치 사항 및 보호구** 개인 보호장비를 착용한다. 분진이 생기지 않도록 한다. 증기, 미스트 또는 가스를 흡입하지 않도록 한다. 적절하게 통풍이 되도록 한다. 사람들을 안전한 지역으로 대피시킨다. 분진을 흡입하지 않도록 한다. **b. 환경을 보호하기 위해 필요한 조치사항** 안전한 방법으로, 더 이상의 누출이나 유출이 없게 한다. 제품이 배수구에 유입되지 않도록 한다. 자연 환경에 그대로 방출해서는 안 된다. **c. 정화 또는 제거 방법** 폐기물 취급 및 수거시 분진을 일으키지 않는다. 깨끗이 쓴 다음 부삽으로 퍼내고 적절한 밀폐용기에 보관해서 폐기한다.

화재·폭발시 대처방법	**a. 적절한 소화제** 물 분무, 내알코올성 포말, 건조 화학물질 또는 이산화탄소를 사용한다. **b. 화학물질로부터 생기는 특정 유해성** 자료 없음 **c. 화재 진압 시 착용할 보호구 및 예방조치** 화재 진압 시 필요할 경우 자급식 호흡장비를 착용한다.

4. 황산 구리(II)

안전계획	
취급방법	• 눈이나 피부와의 접촉을 피한다. • 분진과 에어로졸이 생성되지 않도록 한다. • 분진이 생성되는 곳에 적절한 배기 장치를 설치한다.
저장방법	• 시원한 곳에 보관한다. • 용기를 밀폐한 다음 건조하고 통풍이 잘되는 곳에 보관한다. • 공기에 민감하므로 비활성 가스하에 보관한다.
폐기방법	• 잔여물과 비재생 용액은 정식 폐기업체에 제공한다. • 가연성의 용매에 녹이거나 섞고 애프터버너와 스크러버를 갖추어 소각로에서 연소시킨다.
안전설비 및 개인 보호구 활용방안	• 긴급세척시설 및 세안설비 설치 • 호흡기, 눈, 손, 신체 보호구 착용

비상조치계획	
응급조치 방법	**a. 눈에 들어갔을 때** 최소 15분 동안 물로 충분히 씻어내고 의사의 검진을 받는다. **b. 피부에 접촉했을 때** 비누와 물로 충분히 씻어낸다. 의사의 검진을 받는다. **c. 흡입했을 때** 들이마신 경우, 사람을 공기가 신선한 곳으로 옮긴다. 호흡을 하지 않는 경우, 인공호흡을 실시한다. 의사의 검진을 받는다. **d. 먹었을 때** 의식이 없는 사람에게는 절대로 어떠한 것도 먹이지 않는다. 물로 입을 헹군다. 의사의 검진을 받는다.
누출시 대처방법	**a. 인체를 보호하기 위해 필요한 조치 사항 및 보호구** 개인 보호장비를 착용한다. 분진이 생기지 않도록 한다. 증기, 미스트 또는 가스를 흡입하지 않도록 한다. 적절하게 통풍이 되도록 한다. 분진을 흡입하지 않도록 한다. **b. 환경을 보호하기 위해 필요한 조치사항** 안전한 방법으로, 더 이상의 누출이나 유출이 없게 한다. 제품이 배수구에 유입되지 않도록 한다. 자연 환경에 그대로 방출해서는 안 된다. **c. 정화 또는 제거 방법** 폐기물 취급 및 수거시 분진을 일으키지 않는다. 깨끗이 쓴 다음 부삽으로 퍼낸다. 적절한 밀폐용기에 보관해서 폐기한다.

화재·폭발시 대처방법	**a. 적절한 소화제** 물 분무, 내알코올성 포말, 건조 화학물질 또는 이산화탄소를 사용한다. **b. 화학물질로부터 생기는 특정 유해성** 자료 없음 **c. 화재 진압 시 착용할 보호구 및 예방조치** 화재 진압 시 필요할 경우 자급식 호흡장비를 착용한다.

5. 황산 철(II) 칠수화물

안전계획	
취급방법	• 눈이나 피부와의 접촉을 피한다. • 분진과 에어로졸이 생성되지 않도록 한다. • 분진이 생성되는 곳에 적절한 배기 장치를 설치한다.
저장방법	• 시원한 곳에 보관한다. • 용기를 밀폐한 다음 건조하고 통풍이 잘되는 곳에 보관한다. • 공기에 민감하므로 비활성 가스하에 보관한다.
폐기방법	• 잔여물과 비재생 용액은 정식 폐기업체에 제공한다. • 가연성의 용매에 녹이거나 섞고 애프터버너와 스크러버를 갖추어 소각로에서 연소시킨다.
안전설비 및 개인 보호구 활용방안	• 긴급세척시설 및 세안설비 설치 • 호흡기, 눈, 손, 신체 보호구 착용

비상조치계획	
응급조치 방법	**a. 눈에 들어갔을 때** 최소 15분 동안 물로 충분히 씻어내고 의사의 검진을 받는다. **b. 피부에 접촉했을 때** 비누와 물로 충분히 씻어낸다. 의사의 검진을 받는다. **c. 흡입했을 때** 들이마신 경우, 사람을 공기가 신선한 곳으로 옮긴다. 호흡을 하지 않는 경우, 인공호흡을 실시한다. 의사의 검진을 받는다. **d. 먹었을 때** 의식이 없는 사람에게는 절대로 어떠한 것도 먹이지 않는다. 물로 입을 헹군다. 의사의 검진을 받는다.
누출시 대처방법	**a. 인체를 보호하기 위해 필요한 조치 사항 및 보호구** 개인 보호장비를 착용한다. 분진이 생기지 않도록 한다. 증기, 미스트 또는 가스를 흡입하지 않도록 한다. 적절하게 통풍이 되도록 한다. 분진을 흡입하지 않도록 한다. **b. 환경을 보호하기 위해 필요한 조치사항** 제품이 배수구에 유입되지 않도록 한다. **c. 정화 또는 제거 방법** 폐기물 취급 및 수거시 분진을 일으키지 않는다. 깨끗이 쓴 다음 부삽으로 퍼낸다. 적절한 밀폐용기에 보관해서 폐기한다.

화재·폭발시 대처방법	**a. 적절한 소화제** 물 분무, 내알코올성 포말, 건조 화학물질 또는 이산화탄소를 사용한다. **b. 화학물질로부터 생기는 특정 유해성** 자료 없음 **c. 화재 진압 시 착용할 보호구 및 예방조치** 화재 진압 시 필요할 경우 자급식 호흡장비를 착용한다.

6. 염화 암모늄

안전계획	
취급방법	• 눈이나 피부와의 접촉을 피한다. • 분진과 에어로졸이 생성되지 않도록 한다. • 분진이 생성되는 곳에 적절한 배기 장치를 설치한다.
저장방법	• 시원한 곳에 보관한다. • 용기를 밀폐한 다음 건조하고 통풍이 잘되는 곳에 보관한다.
폐기방법	• 잔여물과 비재생 용액은 정식 폐기업체에 제공한다. • 가연성의 용매에 녹이거나 섞고 애프터버너와 스크러버를 갖추어 소각로에서 연소시킨다.
안전설비 및 개인 보호구 활용방안	• 긴급세척시설 및 세안설비 설치 • 호흡기, 눈, 손, 신체 보호구 착용

비상조치계획	
응급조치 방법	**a. 눈에 들어갔을 때** 최소 15분 동안 물로 충분히 씻어내고 의사의 검진을 받는다. **b. 피부에 접촉했을 때** 비누와 물로 충분히 씻어낸다. 의사의 검진을 받는다. **c. 흡입했을 때** 들이마신 경우, 사람을 공기가 신선한 곳으로 옮긴다. 호흡을 하지 않는 경우, 인공호흡을 실시한다. 의사의 검진을 받는다. **d. 먹었을 때** 의식이 없는 사람에게는 절대로 어떠한 것도 먹이지 않는다. 물로 입을 헹군다. 의사의 검진을 받는다.
누출시 대처방법	**a. 인체를 보호하기 위해 필요한 조치 사항 및 보호구** 개인 보호장비를 착용한다. 분진이 생기지 않도록 한다. 증기, 미스트 또는 가스를 흡입하지 않도록 한다. 적절하게 통풍이 되도록 한다. 분진을 흡입하지 않도록 한다. **b. 환경을 보호하기 위해 필요한 조치사항** 안전하다면, 더 이상의 누출이나 유출이 없도록 한다. 제품이 배수구에 유입되지 않도록 한다. 자연 환경에 그대로 방출하지 않는다. **c. 정화 또는 제거 방법** 폐기물 취급 및 수거시 분진을 일으키지 않는다. 깨끗이 쓴 다음 부삽으로 퍼낸다. 적절한 밀폐용기에 보관해서 폐기한다.

화재·폭발시 대처방법	**a. 적절한 소화제** 물 분무, 내알코올 거품, 건조한 화학약품 또는 이산화탄소 사용. **b. 화학물질로부터 생기는 특정 유해성** 자료 없음 **c. 화재 진압 시 착용할 보호구 및 예방조치** 소화 작업시 필요할 경우 자급식 호흡장비 착용.

7. 암모니아수

안전계획	
취급방법	• 눈이나 피부와의 접촉을 피한다. • 항상 어떠한 압력도 가해지지 않는 허가된 통풍구를 약간은 열어둔다. • 눈이나 피부와의 접촉을 피한다. 증기나 미스트의 흡입을 피한다.
저장방법	• 시원한 곳에 보관한다. • 용기를 밀폐한 다음 건조하고 통풍이 잘되는 곳에 보관한다. 개봉한 • 용기는 조심스럽게 재밀봉하고 기울지 않게 하여 새는 것을 방지해야 한다.
폐기방법	• 잔어물과 비재생 용액은 정식 폐기업체에 제공한다.
안전설비 및 개인 보호구 활용방안	• 긴급세척시설 및 세안설비 설치 • 호흡기, 눈, 손, 신체 보호구 착용

비상조치계획	
응급조치 방법	**a. 눈에 들어갔을 때** 최소 15분 동안 물로 충분히 씻어내고 의사의 검진을 받는다. **b. 피부에 접촉했을 때** 오염된 의복과 신발을 즉시 벗고 비누와 물로 충분히 씻어낸다. 의사의 검진을 받는다. **c. 흡입했을 때** 들이마신 경우, 사람을 공기가 신선한 곳으로 옮긴다. 호흡을 하지 않는 경우, 인공호흡을 실시한다. 의사의 검진을 받는다. **d. 먹었을 때** 구토를 유도하지 않는다. 의식이 없는 사람에게는 절대로 어떠한 것도 먹이지 않는다. 물로 입을 헹군다. 의사의 검진을 받는다.
누출시 대처방법	**a. 인체를 보호하기 위해 필요한 조치 사항 및 보호구** 개인 보호장비를 착용한다. 증기, 미스트 또는 가스를 흡입하지 않도록 한다. 적절하게 통풍이 되도록 한다. 사람들을 안전한 지역으로 대피시킨다. **b. 환경을 보호하기 위해 필요한 조치사항** 안전한 방법으로, 더 이상의 누출이나 유출이 없게 한다. 제품이 배수구에 유입되지 않도록 한다. 자연 환경에 그대로 방출하지 않는다. **c. 정화 또는 제거 방법** 불활성 흡수제로 흡수하여 수거한 후 적절한 밀폐 용기에 보관해서 유해 폐기물로 폐기한다.

화재·폭발시 대처방법	**a. 적절한 소화제** 물 분무, 내알코올 거품, 건조한 화학약품 또는 이산화탄소 사용. **b. 화학물질로부터 생기는 특정 유해성** 자료 없음 **c. 화재 진압 시 착용할 보호구 및 예방조치** 소화 작업시 필요할 경우 자급식 호흡장비 착용.

8. 염화 코발트

안전계획	
취급방법	• 눈이나 피부와의 접촉을 피한다. • 분진과 에어로졸이 생성되지 않도록 한다. 노출을 피한다. - 사용 전에 자세한 사용지침서를 입수하여 읽어본다. • 분진이 생성되는 곳에 적절한 배기 장치를 설치한다.
저장방법	• 시원한 곳에 보관한다. • 용기를 밀폐한 다음 건조하고 통풍이 잘되는 곳에 보관한다. • 비활성 가스하에 보관한다. 흡습성이 강하므로 수분 민감성 비활성 가스하에서 취급 및 저장한다.
폐기방법	• 잔여물과 비재생 용액은 정식 폐기업체에 제공한다. • 가연성의 용매에 녹이거나 섞고 애프터버너와 스크러버를 갖추어 소각로에서 연소시킨다.
안전설비 및 개인 보호구 활용방안	• 긴급세척시설 및 세안설비 설치 • 호흡기, 눈, 손, 신체 보호구 착용

비상조치계획	
응급조치 방법	**a. 눈에 들어갔을 때** 최소 15분 동안 물로 충분히 씻어내고 의사의 검진을 받는다. **b. 피부에 접촉했을 때** 오염된 의복과 신발을 즉시 벗고 비누와 물로 충분히 씻어낸다. 의사의 검진을 받는다. **c. 흡입했을 때** 들이마신 경우, 사람을 공기가 신선한 곳으로 옮긴다. 호흡을 하지 않는 경우, 인공호흡을 실시한다. 의사의 검진을 받는다. **d. 먹었을 때** 의식이 없는 사람에게는 절대로 어떠한 것도 먹이지 않는다. 물로 입을 헹군다. 의사의 검진을 받는다.
누출시 대처방법	**a. 인체를 보호하기 위해 필요한 조치 사항 및 보호구** 개인 보호장비를 착용한다. 분진이 생기지 않도록 한다. 증기, 미스트 또는 가스를 흡입하지 않도록 한다. 적절하게 통풍이 되도록 한다. 사람들을 안전한 지역으로 대피시킨다. 분진을 흡입하지 않도록 한다. **b. 환경을 보호하기 위해 필요한 조치사항** 안전한 방법으로, 더 이상의 누출이나 유출이 없게 한다. 제품이 배수구에 유입되지

	않도록 한다. 자연 환경에 그대로 방출하지 않는다. **c. 정화 또는 제거 방법** 폐기물 취급 및 수거 시 분진을 일으키지 않는다. 깨끗이 쓴 다음 부삽으로 퍼내고 적절한 밀폐용기에 보관해서 폐기한다.
화재·폭발시 대처방법	**a. 적절한 소화제** 물 분무, 내알코올성 포말, 건조 화학물질 또는 이산화탄소 사용. **b. 화학물질로부터 생기는 특정 유해성** 자료 없음 **c. 화재 진압 시 착용할 보호구 및 예방조치** 화재 진압 시 필요할 경우 자급식 호흡장비 착용.

9. 질산 납(II)

안전계획	
취급방법	• 분진 발생을 최소화한다. • 눈이나 피부와의 접촉을 피한다. 증기나 미스트의 흡입을 피한다. • 발화원과 격리히어 보관한다. - 금연. 열과 발화원에서 멀리 할 것.
저장방법	• 시원한 곳에 보관한다. • 용기를 밀폐한 다음 건조하고 통풍이 잘되는 곳에 보관한다.
폐기방법	• 잔여물과 비재생 용액은 정식 폐기업체에 제공한다.
안전설비 및 개인 보호구 활용방안	• 긴급세척시설 및 세안설비 설치 • 호흡기, 눈, 손, 신체 보호구 착용

비상조치계획	
응급조치 방법	**a. 눈에 들어갔을 때** 최소 15분 동안 물로 충분히 씻어내고 의사의 검진을 받는다. **b. 피부에 접촉했을 때** 오염된 의복과 신발을 즉시 벗고 비누와 물로 충분히 씻어낸다. 의사의 검진을 받는다. **c. 흡입했을 때** 들이마신 경우, 사람을 공기가 신선한 곳으로 옮긴다. 호흡을 하지 않는 경우, 인공호흡을 실시한다. 의사의 검진을 받는다. **d. 먹었을 때** 구토를 유도하지 않는다. 의식이 없는 사람에게는 절대로 어떠한 것도 먹이지 않는다. 물로 입을 헹군다. 의사의 검진을 받는다.
누출시 대처방법	**a. 인체를 보호하기 위해 필요한 조치 사항 및 보호구** 개인 보호장비를 착용한다. 증기, 미스트 또는 가스를 흡입하지 않도록 한다. 적절하게 통풍이 되도록 한다. 사람들을 안전한 지역으로 대피시킨다. **b. 환경을 보호하기 위해 필요한 조치사항** 안전한 방법으로, 더 이상의 누출이나 유출이 없게 한다. 제품이 배수구에 유입되지 않도록 한다. 자연 환경에 그대로 방출하지 않는다.

	c. 정화 또는 제거 방법 고효율 진공청소기로 수거한 후 적절한 밀폐 용기에 보관해서 유해 폐기물로 폐기한다.
화재·폭발시 대처방법	**a. 적절한 소화제** 물 분무, 내알코올성 포말, 건조 화학물질 또는 이산화탄소 사용. **b. 화학물질로부터 생기는 특정 유해성** 열분해 생성물: 납, 질소산화물 **c. 화재 진압 시 착용할 보호구 및 예방조치** 화재 진압 시 필요할 경우 자급식 호흡장비 착용.

10. 질산

안전계획	
취급방법	• 증기나 미스트의 흡입을 피한다. • 발화원과 격리하여 보관한다. – 금연. 열과 발화원에서 멀리 할 것.
저장방법	• 시원한 곳에 보관한다. • 용기를 밀폐한 다음 건조하고 통풍이 잘되는 곳에 보관한다. • 개봉한 용기는 조심스럽게 재밀봉하고 기울지 않게 하여 새는 것을 방지해야 한다.
폐기방법	• 잔여물과 비재생 용액은 정식 폐기업체에 제공한다. 지방 및 국가 규정에 따라 위해 폐기물로 처리한다.
안전설비 및 개인 보호구 활용방안	• 긴급세척시설 및 세안설비 설치 • 호흡기, 눈, 손, 신체 보호구 착용

비상조치계획	
응급조치 방법	**a. 눈에 들어갔을 때** 최소 15분 동안 물로 충분히 씻어내고 의사의 검진을 받는다. **b. 피부에 접촉했을 때** 오염된 의복과 신발을 즉시 벗고 비누와 물로 충분히 씻어낸다. 의사의 검진을 받는다. **c. 흡입했을 때** 들이마신 경우, 사람을 공기가 신선한 곳으로 옮긴다. 호흡을 하지 않는 경우, 인공호흡을 실시한다. 의사의 검진을 받는다. **d. 먹었을 때** 구토를 유도하지 않는다. 의식이 없는 사람에게는 절대로 어떠한 것도 먹이지 않는다. 물로 입을 헹군다. 의사의 검진을 받는다.
누출시 대처방법	**a. 인체를 보호하기 위해 필요한 조치 사항 및 보호구** 개인 보호장비를 착용한다. 증기, 미스트 또는 가스를 흡입하지 않도록 한다. 적절하게 통풍이 되도록 한다. 사람들을 안전한 지역으로 대피시킨다. **b. 환경을 보호하기 위해 필요한 조치사항** 제품이 배수구에 유입되지 않도록 한다.

	c. 정화 또는 제거 방법 유출물을 전기적으로 보호되는 진공청소기나 젖은 빗자루로 쓸어서 지방 규정(13항 참조)에 따라 폐기용 용기에 담는다.
화재·폭발시 대처방법	**a. 적절한 소화제** 물 분무, 내알코올성 포말, 건조 화학물질 또는 이산화탄소 사용. **b. 화학물질로부터 생기는 특정 유해성** 자료 없음 **c. 화재 진압 시 착용할 보호구 및 예방조치** 화재 진압 시 필요할 경우 자급식 호흡장비 착용.

11. 페놀프탈레인

안전계획	
취급방법	• 눈이나 피부와의 접촉을 피한다. • 분진과 에어로졸이 생성되지 않도록 한다. • 노출을 피한다. - 사용 전에 자세한 사용지침서를 입수하여 읽어본다. • 분진이 생성되는 곳에 적절한 배기 장치를 설치한다.
저장방법	• 용기를 밀폐한 다음 건조하고 통풍이 잘되는 곳에 보관한다.
폐기방법	• 가연성의 용매에 녹이거나 섞고 애프터버너와 스크러버를 갖추어 소각로에서 연소시킨다. • 잔여물과 비재생 용액은 정식 폐기업체에 제공한다.
안전설비 및 개인 보호구 활용방안	• 긴급세척시설 및 세안설비 설치 • 호흡기, 눈, 손, 신체 보호구 착용

비상조치계획	
응급조치 방법	**a. 눈에 들어갔을 때** 예방 차원에서 두 눈을 흐르는 물로 씻는다. **b. 피부에 접촉했을 때** 비누와 물로 충분히 씻어낸다. 의사의 검진을 받는다. **c. 흡입했을 때** 들이마신 경우, 사람을 공기가 신선한 곳으로 옮긴다. 호흡을 하지 않는 경우, 인공호흡을 실시한다. 의사의 검진을 받는다. **d. 먹었을 때** 의식이 없는 사람에게는 절대로 어떠한 것도 먹이지 않는다. 물로 입을 헹군다. 의사의 검진을 받는다.
누출시 대처방법	**a. 인체를 보호하기 위해 필요한 조치 사항 및 보호구** 개인 보호장비를 착용한다. 분진이 생기지 않도록 한다. 증기, 미스트 또는 가스를 흡입하지 않도록 한다. 적절하게 통풍이 되도록 한다. 사람들을 안전한 지역으로 대피시킨다. 분진을 흡입하지 않도록 한다. **b. 환경을 보호하기 위해 필요한 조치사항** 안전한 방법으로, 더 이상의 누출이나 유출이 없게 한다. 제품이 배수구에 유입되

	지 않도록 한다. **c. 정화 또는 제거 방법** 폐기물 취급 및 수거 시 분진을 일으키지 않는다. 깨끗이 쓴 다음 부삽으로 퍼내고 적절한 밀폐용기에 보관해서 폐기한다.
화재·폭발시 대처방법	**a. 적절한 소화제** 물 분무, 내알코올성 포말, 건조 화학물질 또는 이산화탄소 사용. **b. 화학물질로부터 생기는 특정 유해성** 자료 없음 **c. 화재 진압 시 착용할 보호구 및 예방조치** 화재 진압 시 필요할 경우 자급식 호흡장비 착용.

12. 질산 포타슘

안전계획	
취급방법	• 분진과 에어로졸이 생성되지 않도록 한다. • 분진이 생성되는 곳에 적절한 배기 장치를 설치한다. • 발화원과 격리하여 보관한다. - 금연. 열과 발화원에서 멀리 할 것. 화재 예방을 위한 일반적인 조치.
저장방법	• 시원한 곳에 보관한다. • 흡습성이 있으므로 용기를 밀폐한 다음 건조하고 통풍이 잘되는 곳에 보관한다.
폐기방법	• 가연성이 높으므로 애프터버너와 스크러버를 갖추어 소각로에서 연소시킨다. 하지만 매우 불에 타기 쉬우므로 점화 시 특별한 주의가 필요하다. • 잔여물과 비재생 용액은 정식 폐기업체에 제공한다.
안전설비 및 개인 보호구 활용방안	• 긴급세척시설 및 세안설비 설치 • 호흡기, 눈, 손, 신체 보호구 착용

비상조치계획	
응급조치 방법	**a. 눈에 들어갔을 때** 예방 차원에서 두 눈을 흐르는 물로 씻는다. **b. 피부에 접촉했을 때** 비누와 물로 충분히 씻어낸다. 의사의 검진을 받는다. **c. 흡입했을 때** 들이마신 경우, 사람을 공기가 신선한 곳으로 옮긴다. 호흡을 하지 않는 경우, 인공호흡을 실시한다. 의사의 검진을 받는다. **d. 먹었을 때** 의식이 없는 사람에게는 절대로 어떠한 것도 먹이지 않는다. 물로 입을 헹군다. 의사의 검진을 받는다.
누출시 대처방법	**a. 인체를 보호하기 위해 필요한 조치 사항 및 보호구** 개인 보호장비를 착용한다. 분진이 생기지 않도록 한다. 증기, 미스트 또는 가스를 흡입하지 않도록 한다. 적절하게 통풍이 되도록 한다. 사람들을 안전한 지역으로 대피시킨다. 분진을 흡입하지 않도록 한다.

	b. 환경을 보호하기 위해 필요한 조치사항 안전한 방법으로, 더 이상의 누출이나 유출이 없게 한다. 제품이 배수구에 유입되지 않도록 한다. 자연 환경에 그대로 방출하지 않는다. **c. 정화 또는 제거 방법** 깨끗이 쓴 다음 부삽으로 퍼낸다. 유출물을 전기적으로 보호되는 진공청소기나 젖은 빗자루로 쓸어서 지방 규정(13항 참조)에 따라 폐기용 용기에 담는다. 적절한 밀폐 용기에 보관해서 폐기한다.
화재·폭발시 대처방법	**a. 적절한 소화제** 물 분무, 내알코올성 포말, 건조 화학물질 또는 이산화탄소 사용. **b. 화학물질로부터 생기는 특정 유해성** 자료 없음 **b. 화재 진압 시 착용할 보호구 및 예방조치** 화재 진압 시 필요할 경우 자급식 호흡장비 착용.

13. 다이크로뮴산 포타슘

안전계획	
취급방법	• 눈이나 피부와의 접촉을 피한다. • 분진과 에어로졸이 생성되지 않도록 한다. 노출을 피한다. - 사용 전에 자세한 사용지침서를 입수하여 읽어본다. • 분진이 생성되는 곳에 적절한 배기 장치를 설치한다. 발화원과 격리하여 보관한다. - 금연. 열과 발화원에서 멀리 함.
저장방법	• 시원한 곳에 보관한다. • 용기를 밀폐한 다음 건조하고 통풍이 잘되는 곳에 보관한다.
폐기방법	• 가연성이 높으므로 애프터버너와 스크러버를 갖추어 소각로에서 연소시킨다. 하지만 매우 불에 타기 쉬우므로 점화 시 특별한 주의가 필요하다. • 잔여물과 비재생 용액은 정식 폐기업체에 제공한다.
안전설비 및 개인 보호구 활용방안	• 긴급세척시설 및 세안설비 설치 • 호흡기, 눈, 손, 신체 보호구 착용

비상조치계획	
응급조치 방법	**a. 눈에 들어갔을 때** 최소 15분동안 물로 충분히 씻어내고 의사의 검진을 받는다. **b. 피부에 접촉했을 때** 오염된 의복과 신발을 즉시 벗고 비누와 물로 충분히 씻어낸다. 환자를 즉시 병원으로 이송하고 의사의 검진을 받는다. **c. 흡입했을 때** 들이마신 경우, 사람을 공기가 신선한 곳으로 옮긴다. 호흡을 하지 않는 경우, 인공호흡을 실시한다. 의사의 검진을 받는다. **d. 먹었을 때** 구토를 유도하지 않는다. 의식이 없는 사람에게는 절대로 어떠한 것도 먹이지 않는다.

	물로 입을 헹군다. 의사의 검진을 받는다.
누출시 대처방법	**a. 인체를 보호하기 위해 필요한 조치 사항 및 보호구** 호흡 보호구를 착용한다. 분진이 생기지 않도록 한다. 증기, 미스트 또는 가스를 흡입하지 않도록 한다. 적절하게 통풍이 되도록 한다. 사람들을 안전한 지역으로 대피시킨다. 분진을 흡입하지 않도록 한다. **b. 환경을 보호하기 위해 필요한 조치사항** 안전한 방법으로, 더 이상의 누출이나 유출이 없게 한다. 제품이 배수구에 유입되지 않도록 한다. 자연 환경에 그대로 방출하지 않는다. **c. 정화 또는 제거 방법** 깨끗이 쓴 다음 부삽으로 퍼낸다. 유출물을 전기적으로 보호되는 진공청소기나 젖은 빗자루로 쓸어서 지방 규정(13항 참조)에 따라 폐기용 용기에 담는다. 적절한 밀폐 용기에 보관해서 폐기한다.
화재·폭발시 대처방법	**a. 적절한 소화제** 물 분무, 내알코올성 포말, 건조 화학물질 또는 이산화탄소 사용. **b. 화학물질로부터 생기는 특정 유해성** 자료 없음 **c. 화재 진압 시 착용할 보호구 및 예방조치** 화재 진압 시 필요할 경우 자급식 호흡장비 착용.

14. 크로뮴산 포타슘

안전계획	
취급방법	• 눈이나 피부와의 접촉을 피한다. 분진과 에어로졸이 생성되지 않도록 한다. • 노출을 피한다. – 사용 전에 자세한 사용지침서를 입수하여 읽어본다. • 분진이 생성되는 곳에 적절한 배기 장치를 설치한다. • 발화원과 격리하여 보관한다. – 금연. 열과 발화원에서 멀리 함.
저장방법	• 시원한 곳에 보관한다. • 용기를 밀폐한 다음 건조하고 통풍이 잘되는 곳에 보관한다.
폐기방법	• 잔여물과 비재생 용액은 정식 폐기업체에 제공한다.
안전설비 및 개인 보호구 활용방안	• 긴급세척시설 및 세안설비 설치 • 호흡기, 눈, 손, 신체 보호구 착용

비상조치계획	
응급조치 방법	**a. 눈에 들어갔을 때** 최소 15분 동안 물로 충분히 씻어내고 의사의 검진을 받는다. **b. 피부에 접촉했을 때** 오염된 의복과 신발을 즉시 벗고 비누와 물로 충분히 씻어낸다. 환자를 즉시 병원으로 이송하고 의사의 검진을 받는다. **c. 흡입했을 때** 들이마신 경우, 사람을 공기가 신선한 곳으로 옮긴다. 호흡을 하지 않는 경우, 인공호흡을 실시한다. 의사의 검진을 받는다.

	d. 먹었을 때 구토를 유도하지 않는다. 의식이 없는 사람에게는 절대로 어떠한 것도 먹이지 않는다. 물로 입을 헹군다. 의사의 검진을 받는다.
누출시 대처방법	**a. 인체를 보호하기 위해 필요한 조치 사항 및 보호구** 누출된 물질을 만지지 않는다. 흡입과 피부 접촉을 피하고 밀폐장소인 경우, 공기호흡기 착용 및 환기시키고 발화원을 제거한다. **b. 환경을 보호하기 위해 필요한 조치사항** 유출방지를 최소화하고 유출물질은 용기에 보관하여 회수한다. **c. 정화 또는 제거 방법** 고효율 진공청소기로 잔류물을 제거한다. **a. 인체를 보호하기 위해 필요한 조치 사항 및 보호구** 호흡 보호구를 착용한다. 분진이 생기지 않도록 한다. 증기, 미스트 또는 가스를 흡입하지 않도록 한다. 적절하게 통풍이 되도록 한다. 사람들을 안전한 지역으로 대피시킨다. 분진을 흡입하지 않도록 한다. **b. 환경을 보호하기 위해 필요한 조치사항** 안전한 방법으로, 더 이상의 누출이나 유출이 없게 한다. 제품이 배수구에 유입되지 않도록 한다. 자연 환경에 그대로 방출하지 않는다. **c. 정화 또는 제거 방법** 깨끗이 쓴 다음 부삽으로 퍼낸다. 유출물을 전기적으로 보호되는 진공청소기나 젖은 빗자루로 쓸어서 지방 규정(13항 참조)에 따라 폐기용 용기에 담는다. 적절한 밀폐 용기에 보관해서 폐기한다.
화재·폭발시 대처방법	**a. 적절한 소화제** 물, 분말소화약제, 탄산가스, 할로겐화물 소화약제 사용 **b. 화학물질로부터 생기는 특정 유해성** 열분해 생성물: 포타슘 산화물, 크롬 화합물 **c. 화재 진압 시 착용할 보호구 및 예방조치** 위험 없이 할 수 있으면 용기를 화재지역으로부터 이동시킨다. 방열복 및 공기호흡기 등 필요한 보호구를 반드시 착용 후 화재진압을 하고 불가능시 즉각 철수한다. 진화가 된 후에라도 상당 시간 동안 물분무로 용기를 냉각시킨다. 관계인의 접근을 막고 위험 지역을 격리하며 출입을 금지한다.

15. 수산화 소듐

안전계획	
취급방법	• 피부접촉, 증기흡입 및 눈에 침입 방지, 모든 용기는 접지시킨다.
저장방법	• 보관용기는 밀봉하여 건조하고 서늘한 곳, 환기가 잘되는 곳에 저장한다. • 혼합금지물질과 격리시킨다. 강산류, 금속류, 식품 및 사료와 분리한다.
폐기방법	• 잔여물과 비재생 용액은 정식 폐기업체에 제공한다. • 혼합금지물질과 분리하여 폐기한다.
안전설비 및 개인 보호구 활용방안	• 긴급세척시설 및 세안설비 설치 • 호흡기, 눈, 손, 신체 보호구 착용

비상조치계획	
응급조치 방법	**a. 눈에 들어갔을 때** 최소 15분 동안 물로 충분히 씻어내고 의사의 검진을 받는다. **b. 피부에 접촉했을 때** 오염된 의복과 신발을 즉시 벗고 비누와 물로 충분히 씻어낸다. 환자를 즉시 병원으로 이송하고 의사의 검진을 받는다. **c. 흡입했을 때** 들이마신 경우, 사람을 공기가 신선한 곳으로 옮긴다. 호흡을 하지 않는 경우, 인공호흡을 실시한다. 의사의 검진을 받는다. **d. 먹었을 때** 구토를 유도하지 않는다. 의식이 없는 사람에게는 절대로 어떠한 것도 먹이지 않는다. 물로 입을 헹군다. 의사의 검진을 받는다.
누출시 대처방법	**a. 인체를 보호하기 위해 필요한 조치 사항 및 보호구** 누출된 물질을 만지지 않는다. 흡입과 피부 접촉을 피하고 밀폐장소인 경우, 공기호흡기 착용 및 환기시키고 발화원을 제거한다. **b. 환경을 보호하기 위해 필요한 조치사항** 유출방지를 최소화하고 유출물질은 용기에 보관하여 회수한다. 자연 환경에 그대로 방출하지 않는다. **c. 정화 또는 제거 방법** 고효율 진공청소기로 잔류물을 제거한다. 산성 물질을 추가하여 중화시킨다.
화재·폭발시 대처방법	**a. 적절한 소화제** 물 분무, 내알코올성 포말, 건조 화학물질 또는 이산화탄소 사용. **b. 화학물질로부터 생기는 특정 유해성** 열분해 생성물 : 소듐 산화물 **c. 화재 진압 시 착용할 보호구 및 예방조치** 화재 진압 시 필요할 경우 자급식 호흡장비 착용.

16. 탄산 소듐

안전계획	
취급방법	• 눈이나 피부와의 접촉을 피한다. • 분진과 에어로졸이 생성되지 않도록 한다. • 분진이 생성되는 곳에 적절한 배기 장치를 설치한다.
저장방법	• 시원한 곳에 보관한다. • 용기를 밀폐한 다음 건조하고 통풍이 잘되는 곳에 보관한다.
폐기방법	• 잔여물과 비재생 용액은 정식 폐기업체에 제공한다. • 가연성의 용매에 녹이거나 섞고 애프터버너와 스크러버를 갖추어 소각로에서 연소시킨다.
안전설비 및 개인 보호구 활용방안	• 긴급세척시설 및 세안설비 설치 • 호흡기, 눈, 손, 신체 보호구 착용

비상조치계획	
응급조치 방법	**a. 눈에 들어갔을 때** 최소 15분 동안 물로 충분히 씻어내고 의사의 검진을 받는다. **b. 피부에 접촉했을 때** 비누와 물로 충분히 씻어낸다. 의사의 검진을 받는다. **c. 흡입했을 때** 들이마신 경우, 사람을 공기가 신선한 곳으로 옮긴다. 호흡을 하지 않는 경우, 인공호흡을 실시한다. 의사의 검진을 받는다. **d. 먹었을 때** 의식이 없는 사람에게는 절대로 어떠한 것도 먹이지 않는다. 물로 입을 헹군다. 의사의 검진을 받는다.
누출시 대처방법	**a. 인체를 보호하기 위해 필요한 조치 사항 및 보호구** 개인 보호장비를 착용한다. 분진이 생기지 않도록 한다. 증기, 미스트 또는 가스를 흡입하지 않도록 한다. 적절하게 통풍이 되도록 한다. 분진을 흡입하지 않도록 한다. **b. 환경을 보호하기 위해 필요한 조치사항** 제품이 배수구에 유입되지 않도록 한다. **c. 정화 또는 제거 방법** 폐기물 취급 및 수거 시 분진을 일으키지 않는다. 깨끗이 쓴 다음 부삽으로 퍼낸다. 적절한 밀폐용기에 보관해서 폐기한다.
화재·폭발시 대처방법	**a. 적절한 소화제** 물 분무, 내알코올성 포말, 건조 화학물질 또는 이산화탄소 사용. **b. 화학물질로부터 생기는 특정 유해성** 자료 없음 **c. 화재 진압 시 착용할 보호구 및 예방조치** 화재 진압 시 필요할 경우 자급식 호흡장비 착용.

17. 질산 은

안전계획	
취급방법	• 눈이나 피부와의 접촉을 피한다. • 항상 어떠한 압력도 가해지지 않는 허가된 통풍구를 약간은 열어둔다. • 증기나 미스트의 흡입을 피한다. 발화원과 격리하여 보관한다. - 금연. 열과 발화원에서 멀리 할 것.
저장방법	• 시원한 곳에 보관한다. • 용기를 밀폐한 다음 건조하고 통풍이 잘되는 곳에 보관한다.
폐기방법	• 잔여물과 비재생 용액은 정식 폐기업체에 제공한다.
안전설비 및 개인 보호구 활용방안	• 긴급세척시설 및 세안설비 설치 • 호흡기, 눈, 손, 신체 보호구 착용

비상조치계획	
응급조치 방법	**a. 눈에 들어갔을 때** 최소 15분 동안 물로 충분히 씻어내고 의사의 검진을 받는다. **b. 피부에 접촉했을 때** 오염된 의복과 신발을 즉시 벗고 비누와 물로 충분히 씻어낸다. 의사의 검진을 받는다. **c. 흡입했을 때** 들이마신 경우, 사람을 공기가 신선한 곳으로 옮긴다. 호흡을 하지 않는 경우, 인공호흡을 실시한다. 의사의 검진을 받는다. **d. 먹었을 때** 구토를 유도하지 않는다. 의식이 없는 사람에게는 절대로 어떠한 것도 먹이지 않는다. 물로 입을 헹군다. 의사의 검진을 받는다.
누출시 대처방법	**a. 인체를 보호하기 위해 필요한 조치 사항 및 보호구** 개인 보호장비를 착용한다. 증기, 미스트 또는 가스를 흡입하지 않도록 한다. 적절하게 통풍이 되도록 한다. 사람들을 안전한 지역으로 대피시킨다. **b. 환경을 보호하기 위해 필요한 조치사항** 안전한 방법으로, 더 이상의 누출이나 유출이 없게 한다. 제품이 배수구에 유입되지 않도록 한다. 자연 환경에 그대로 방출하지 않는다. **c. 정화 또는 제거 방법** 고효율 진공청소기로 수거한 후 적절한 밀폐 용기에 보관해서 유해 폐기물로 폐기한다.
화재·폭발시 대처방법	**a. 적절한 소화제** 물 분무, 내알코올성 포말, 건조 화학물질 또는 이산화탄소 사용. **b. 화학물질로부터 생기는 특정 유해성** 열분해 생성물: 질소 산화물 **c. 화재 진압 시 착용할 보호구 및 예방조치** 화재 진압 시 필요할 경우 자급식 호흡장비 착용.

18. 염산

안전계획	
취급방법	• 눈이나 피부와의 접촉을 피하고 증기나 미스트의 흡입을 피한다.
저장방법	• 시원한 곳에 보관한다. • 용기를 밀폐한 다음 건조하고 통풍이 잘되는 곳에 보관한다. • 개봉한 용기는 조심스럽게 재밀봉하고 기울지 않게 하여 새는 것을 방지해야 한다.
폐기방법	• 잔여물과 비재생 용액은 정식 폐기업체에 제공한다.
안전설비 및 개인 보호구 활용방안	• 긴급세척시설 및 세안설비 설치 • 호흡기, 눈, 손, 신체 보호구 착용

비상조치계획	
응급조치 방법	**a. 눈에 들어갔을 때** 최소 15분 동안 물로 충분히 씻어내고 의사의 검진을 받는다. **b. 피부에 접촉했을 때** 오염된 의복과 신발을 즉시 벗고 비누와 물로 충분히 씻어낸다. 의사의 검진을 받는다. **c. 흡입했을 때** 들이마신 경우, 사람을 공기가 신선한 곳으로 옮긴다. 호흡을 하지 않는 경우, 인공호흡을 실시한다. 의사의 검진을 받는다. **d. 먹었을 때** 구토를 유도하지 않는다. 의식이 없는 사람에게는 절대로 어떠한 것도 먹이지 않는다. 물로 입을 헹군다. 의사의 검진을 받는다.
누출시 대처방법	**a. 인체를 보호하기 위해 필요한 조치 사항 및 보호구** 개인 보호장비를 착용한다. 증기, 미스트 또는 가스를 흡입하지 않도록 한다. 적절하게 통풍이 되도록 한다. 사람들을 안전한 지역으로 대피시킨다. **b. 환경을 보호하기 위해 필요한 조치사항** 제품이 배수구에 유입되지 않도록 한다. **c. 정화 또는 제거 방법** 불활성 흡수제로 흡수하여 수거한 후 유해 폐기물로 폐기한다. 적절한 밀폐 용기에 보관해서 폐기한다.
화재·폭발시 대처방법	**a. 적절한 소화제** 물 분무, 내알코올성 포말, 건조 화학물질 또는 이산화탄소 사용. **b. 화학물질로부터 생기는 특정 유해성** 자료 없음 **c. 화재 진압 시 착용할 보호구 및 예방조치** 화재 진압 시 필요할 경우 자급식 호흡장비 착용.

11. 지시약의 변색 범위

지시약	pH 범위	변색	용매
Methyl violet	0.2~3.0	황색에서 청색	H_2O
Thymol blue	1.2~2.8	적색에서 황색	$H_2O(+NaOH)$
Tropaeolin OO(Orange Ⅳ)	1.2~3.2	적색에서 황색	H_2O
Benzo purpurin 4B	1.2~4.0	보라색에서 적색	20% Alcohol
Methyl orange	3.1~4.4	적색에서 등황색	H_2O
Brom phenol blue	3.0~4.6	황색에서 청자색	$H_2O(+NaOH)$
Congo red	3.0~5.0	청색에서 적색	70% Alcohol
Brom cresol green	3.8~5.4	황색에서 청색	$H_2O(+NaOH)$
Methyl red	4.4~6.2	적색에서 황색	〃
Chlor phenol red	4.8~6.8	청색에서 적색	〃
Brom cresol purple	5.2~6.8	황색에서 적자색	〃
Litmus	4.5~8.3	적색에서 청색	H_2O
Brom thymol blue	6.0~7.6	황색에서 청색	$H_2O(+NaOH)$
Phenol red	6.8~8.2	황색에서 적색	〃
Thymol blue	8.0~9.2	황색에서 청색	〃
Phenolphthalein	8.3~10.0	무색에서 적색	70% Alcohol
Thymolphthalein	9.3~10.5	황색에서 청색	〃
Alizarin yellow GG	10.0~12.0	황색에서 적색	95% Alcohol
Indigo carmine	11.4~13.0	청색에서 녹색	50% Alcohol
Trinitrobenzene	12.0~14.0	무색에서 동색	70% Alcohol

12. 자주 사용되는 시약의 제조법

시약명	농도	제조법(100 mL, 부피비)
황산(진한)	36 N (18 M)	비중 1.84 g/mL
황산(묽힌)	6 N (3 M)	부피 플라스크에 물 50 mL + 황산(36 N) 17 mL를 섞은 후 100 mL로 만든다.
질산(진한)	14.5 N	비중 1.42
질산(묽힌)	6 N	부피 플라스크에 질산(진한) 38 mL를 넣은 후 100 mL로 만든다.
염산(진한)	~12 N (~35 %)	비중 ~1.19 g/mL
염산(묽힌)	6 N	부피 플라스크에 염산(진한) 50 mL를 넣은 후 100 mL로 만든다.
빙초산	17 N	시약 빙초산(99.5 %)
아세트산	6 N	부피 플라스크에 빙초산 35 mL를 넣은 후 100 mL로 만든다.
수산화 소듐 용액	1 N	부피 플라스크에 NaOH 4g을 넣은 후 100 mL로 만든다.
왕수		질산 : 염산 = 1 : 3
페놀프탈레인 용액		60 % 메탄올(1 L) + 페놀프탈레인(1 g)
메틸오렌지 용액		메틸오렌지(1 g)를 소량의 온수에 녹인 후 전체 1L로 희석한다.
E.B.T. 지시약		Eriochrome Black T(1 g)을 메탄올(100 mL)에 녹인 후 여과지에 걸러 보관한다.
아이오딘 용액		I_2(14 g) + KI(36 g)를 물(100 mL)에 넣고 가열하면서 저어준다.
1% 녹말 용액		가용성 녹말(1 g)을 물에 넣고 가열하면서 저어준다.
아이오딘화 포타슘 녹말 종이		0.1 % KI 용액(10 mL) + 1 % 녹말 용액(1 mL) 혼합 용액에 여과지를 담갔다 꺼낸다.
Nessler 시약		KI(8 g / 5 mL) 수용액과 $HgCl_2$(11.5 g / 10 mL) 수용액을 섞은 후 KOH(15 g / 30 mL) 수용액을 가한다. 희석하여 100 mL로 만든 후 여과하여 갈색병에 보관한다.

저자 소개

이주운

연세대학교 화학과(이학사, B.S.)
연세대학교 화학과(이학석사, M.S.)
State University of New York at Buffalo 화학과(이학박사, Ph.D.)

김현주

연세대학교 화학과(이학사, B.S.)
연세대학교 화학과(이학석사, M.S.)
Marquette University 화학과(이학박사, Ph.D.)

오영호

경희대학교 환경응용화학부(이학사, B.S.)
경희대학교 화학과(이학석사, M.S.)
경희대학교 화학과(이학박사, Ph.D.)

전종석

충북대학교 화학과(이학사, B.S.)
충북대학교 화학과(이학석사, M.S.)
충북대학교 화학과(이학박사, Ph.D.)

대학일반화학실험

저　　자　이주운 · 김현주 · 오영호 · 전종석
발 행 인　김지영
발 행 처　자유아카데미
주　　소　경기도 파주시 회동길 37-42
　　　　　파주출판도시
전　　화　031-955-1321
팩　　스　031-955-1322
홈페이지　www.freeaca.com
전자우편　main@freeaca.com (대표)
　　　　　editor@freeaca.com (편집)
　　　　　crm@freeaca.com (영업)
등　　록　제406-2003-017호, 1980. 7. 12
제1판1쇄　2026년 3월 1일 발행

저자와의
협의하에
인지생략

ISBN 979-11-5808-783-8　93430